IT-Service-Management mit FitSM

AF524652

Anselm Rohrer ist seit 2003 Geschäftsführer der consectra GmbH und als Lehrbeauftragter an mehreren Hochschulen tätig. Seine thematischen Schwerpunkte bilden pragmatische Ansätze im IT-Service-Management und in der Informationssicherheit sowie bei der Kopplung beider Ansätze. Er hat ein Diplom in Wirtschaftsinformatik und einen Master in Praktischer Informatik, ist zertifizierter ITIL-Expert, FitSM-Expert und Auditor für ISO/IEC 20000-1 und ISO/IEC 27001.

Dierk Söllner ist seit 1992 in verschiedenen Positionen bei IT-Dienstleistern und IT-Beratungsunternehmen aktiv. Seit 2011 konzentriert er sich als Berater, Trainer und Coach auf die Themen IT-Service-Management und agile Organisationsentwicklung.

Er ist als Trainer für Scrum beim TÜV Süd Examination Institute und für DevOps bei der DevOps Agile Skills Association (DASA) akkreditiert. Im IT-Service-Management ist er als Trainer für ITIL und FitSM tätig, hat einen Lehrauftrag zum agilen IT-Service-Management an der NORDAKADEMIE Hamburg und unterstützt aktiv die Arbeitsgruppe »FitSM« im ITEMO e.V.

Seit Jahren ist er im Organisationsteam des Regionalforums Niedersachsen des itSMF aktiv, leitet das Fachforum »itSMPe – Personalentwicklung« und hat die Geschichtensammlung »Perspektivwechsel im IT Service Management« herausgegeben.

Papier
plus+
PDF.

Zu diesem Buch – sowie zu vielen weiteren dpunkt.büchern – können Sie auch das entsprechende E-Book im PDF-Format herunterladen. Werden Sie dazu einfach Mitglied bei dpunkt.plus+:

www.dpunkt.plus

Anselm Rohrer · Dierk Söllner

IT-Service-Management mit FitSM

Ein praxisorientiertes und leichtgewichtiges Framework für die IT

Anselm Rohrer · Anselm.Rohrer@rohrer.info
Dierk Söllner · Dierk.Soellner@dsoellner.de

Lektorat: Christa Preisendanz
Copy-Editing: Ursula Zimpfer, Herrenberg
Satz: Birgit Bäuerlein
Herstellung: Susanne Bröckelmann
Umschlaggestaltung: Helmut Kraus, www.exclam.de
Druck und Bindung: M.P. Media-Print Informationstechnologie GmbH, 33100 Paderborn

Bibliografische Information der Deutschen Nationalbibliothek
Die Deutsche Nationalbibliothek verzeichnet diese Publikation in der Deutschen Nationalbibliografie; detaillierte bibliografische Daten sind im Internet über http://dnb.d-nb.de abrufbar.

ISBN:
Buch 978-3-86490-417-2
PDF 978-3-96088-253-4
ePub 978-3-96088-254-1
mobi 978-3-96088-255-8

1. Auflage 2017
Copyright © 2017 dpunkt.verlag GmbH
Wieblinger Weg 17
69123 Heidelberg

Teile der ISO/IEC 27001 wurden wiedergegeben mit Erlaubnis von DIN Deutsches Institut für Normung e.V. Maßgebend für das Anwenden der DIN-Norm ist deren Fassung mit dem neuesten Ausgabedatum, die bei der Beuth Verlag GmbH, Am DIN-Platz, Burggrafenstraße 6, 10787 Berlin, erhältlich ist.

Die folgenden Abbildungen enthalten Elemente von Fotolia: Abb. 2–3: © creadib/fotolia.de; Abb. 3–1: © JiSign/fotolia.de; Abb. 4–3: © ullrich/fotolia.de und Abb. 13–1: © Andrey/fotolia.de.

Die vorliegende Publikation ist urheberrechtlich geschützt. Alle Rechte vorbehalten. Die Verwendung der Texte und Abbildungen, auch auszugsweise, ist ohne die schriftliche Zustimmung des Verlags urheberrechtswidrig und daher strafbar. Dies gilt insbesondere für die Vervielfältigung, Übersetzung oder die Verwendung in elektronischen Systemen.
Es wird darauf hingewiesen, dass die im Buch verwendeten Soft- und Hardware-Bezeichnungen sowie Markennamen und Produktbezeichnungen der jeweiligen Firmen im Allgemeinen warenzeichen-, marken- oder patentrechtlichem Schutz unterliegen.
Alle Angaben und Programme in diesem Buch wurden mit größter Sorgfalt kontrolliert. Weder Autor noch Verlag können jedoch für Schäden haftbar gemacht werden, die in Zusammenhang mit der Verwendung dieses Buches stehen.
5 4 3 2 1 0

Geleitwort

IT-Service-Management (ITSM) ist eine der Kernkompetenzen, wenn es um eine transparente, messbare und verbesserungsfähige Aufbau- und Ablauforganisation für die IT in Unternehmen und Behörden geht. Die notwendigen Prozesse dazu sind inzwischen Best Practice und seit über 25 Jahren anerkannt sowie weltweit im Einsatz. Bis vor einigen Jahren war die IT Infrastructure Library (ITIL®) fast der einzige umfassende Methodensatz für ein ITSM. Inzwischen gibt es mit der Norm ISO/IEC 20000 eine Zertifizierungsmöglichkeit für Organisationen und mit den Weiterentwicklungen von COBIT und CMMI auch Hilfsmittel für Governance und Reifegradmessungen. Das sind viele Seiten Material, die es zu lesen und auf die eigene Organisation anzupassen gilt. Und meist ist das Material lizenzpflichtig, da die Kommerzialisierung in den genannten Bereichen ebenfalls fortgeschritten ist.

Was aber, wenn es einen leichtgewichtigen Standard gäbe, der die besten Ideen aus all diesen Methoden komprimierte und lizenzkostenfrei nutzbar wäre? Diese Methoden stehen seit nunmehr drei Jahren bereit! Aus einer EU-Initiative für IT-Organisationen in Forschungseinrichtungen wurde FitSM geboren. Auch mit diesem ITSM-Ansatz steht die Bereitstellung und Erbringung effizienter Services zur Erfüllung von Kundenanforderungen, der Wirtschaftlichkeit und der Unterstützung von Geschäftsprozessen im Vordergrund.

FitSM ist ein Standard für ein pragmatisches, mit vertretbarem Aufwand umsetzbares und somit leichtgewichtiges ITSM. Das Reifegradmodell besteht aus 14 Prozessen und kommt mit 75 zentralen Begriffen aus. Im Gegensatz zu ITIL ist bei FitSM außerdem ein Managementsystem unterlegt, ähnlich den ISO-Normen in diesem Bereich. FitSM stellt somit eine anwendbare, verständliche und kostenlose Basis für ITSM zur Verfügung und bietet einen »Keep it simple«-Einstieg für kleinere und mittlere IT-Organisationen. Von den 34 Prozessen der ITIL nutzen die meisten Organisationen ohnehin im Schnitt nur zwischen fünf und 14 Prozessen. Gleiches gilt für die ITSM-Tools, die im Einsatz sind.

Die beiden Autoren vermitteln praxisorientiert die Grundbegriffe und Konzepte für einen erfolgreichen Einsatz von FitSM in der eigenen Organisation. Die Inhalte werden in den Kontext zu anderen ITSM-Frameworks gesetzt und verständlich vermittelt. Die Einführung und Verbesserung eines ITSM-Systems wird ebenfalls beschrieben. Es eignet sich nicht nur als Vorbereitung zur FitSM-Foundation-Prüfung, sondern gleichzeitig auch als kompaktes Basiswerk zum Thema für Praktiker und Profis im ITSM. Zielgruppe des Buches sind daher alle, die sich im IT-Service-Management weiterbilden möchten oder die FitSM-Personenqualifikationen erreichen möchten.

ITSM ist nach wie vor ein Thema für die externen und internen IT-Provider bzw. -Abteilungen der Unternehmen und Behörden. Aus Sicht des itSMF Deutschland e.V. würde ich sagen: Es ist mehr denn je ein Thema! Durch die Digitalisierung der Abläufe in den Unternehmen kommen mehr und mehr IT-Services herein, teilweise auch von Cloud-Providern, die direkt von den Fachabteilungen beauftragt werden. Wie baue ich Services für IT-Leistungen auf und leiste eine effektive Aufbau- und Ablauforganisation in den Unternehmen? Wir steuere ich mehrere Sourcing-Provider? Wie können auch technische Services außerhalb der IT integriert werden? Gerade Letzteres ist durch das Aufkommen der Industrie-4.0- und Internet-of-Things-Strategien wichtig geworden – auch unter dem Aspekt der in FitSM beschriebenen IT-Security.

Ich freue mich im Namen der deutschen ITSM-Community, dass mit dem vorliegenden Buch ein Gesamtwerk zu FitSM vorliegt und somit IT-Service-Management auch für kleine und mittlere IT-Organisationen einfacher im Verständnis und der Nutzung wird.

Jürgen Dierlamm
Geschäftsführer des itSMF Deutschland e.V.
und der itSMS GmbH

Vorwort

Die Unterstützung von Geschäftsprozessen durch IT-Systeme und Applikationen ist mehr denn je von einer hohen Durchdringung und Abhängigkeit der betrieblichen Abläufe gekennzeichnet. Die Nutzung von IT sichert effizientes Arbeiten, steigert die Produktivität und ermöglicht häufig erst neue Geschäftsmodelle. Große Organisationen und professionelle IT-Dienstleister setzen dabei seit Jahren auf die Etablierung von IT-Service-Management (zur Begriffsklärung siehe Abschnitt 2.1.1). Die Definition von Prozessen auf der Basis von Best-Practice-Ansätzen ermöglicht es, IT-Services professionell zu erbringen.

Kleinere und mittlere IT-Organisationen in Wirtschaft und öffentlicher Verwaltung stehen bei der Anwendung von IT-Service-Management-Frameworks wie ITIL® vor der Herausforderung, die relevanten Teile für die eigene Organisation herauszufiltern und mit geringem Aufwand in die praktische Nutzung zu überführen. Oftmals haben die Verantwortlichen weder die finanziellen Mittel noch die Zeit, diese Aufgabe erfolgreich zu bewältigen. So kommt es häufig dazu, dass überdimensionierte Prozessmodelle angewendet, komplizierte Abläufe umgesetzt, ungeeignete Vorgaben gemacht oder Beispiele und Vorlagen »blind«, d.h. ohne die notwendige Adaption, verwendet werden.

Aus einem EU-geförderten Projekt, das unter anderem aufgrund dieser Problematik gestartet wurde, ist FitSM als leichtgewichtiges Rahmenwerk für das IT-Service-Management und somit passgenau für kleinere und mittlere IT-Organisationen entstanden. Durch die EU-Förderung ist nach Ende des Projektes eine freie Verfügbarkeit gesichert, da die Ergebnisse kostenlos der Allgemeinheit zur Verfügung gestellt werden müssen. Die Historie des Projektes ist gleich zu Beginn in Abschnitt 1.1 beschrieben.

Motivation für das Buch

Mit FitSM steht seit 2014 ein Standard für IT-Service-Management für kleinere und mittlere Unternehmen zur Verfügung. Wir haben mit diesem Buch aus den verschiedenen Teilen ein Gesamtwerk erstellt, um der Zielgruppe einen durchgängigen Einstieg zu ermöglichen. Damit möchten wir den Bedarf an einem Gesamtwerk zu einfachem IT-Service-Management decken und das manuelle

Zusammentragen der Informationen aus verschiedenen PDF-Dokumenten überflüssig machen. Jeder Interessierte an FitSM findet nun neben dem hoffentlich eingängigen Praxisbeispiel weitere praktische Tipps und natürlich alle relevanten Informationen zu FitSM sinnvoll zusammengestellt.

Weiterhin freuen wir uns, dass unsere Übersetzung des Reifegradmodells FitSM-6 zum Großteil in die Arbeit der Arbeitsgruppe zu FitSM eingeflossen ist. Vielen Dank an dieser Stelle für die Zusammenarbeit. Somit können wir mit diesem Buch FitSM im deutschsprachigen Gebiet eine noch höhere Marktwahrnehmung bieten.

Zielsetzung

Dieses Buch bündelt die einzelnen Bestandteile der FitSM-Familie zu einem zusammenhängenden Gesamtwerk. Damit wird aus einer Sammlung von wichtigen Teildokumenten eine zusammenhängende Darstellung eines leichtgewichtigen Ansatzes für IT-Service-Management. Auf der Basis von wichtigen Begriffen (FitSM-0), den Zielen und Aktivitäten der vorgeschlagenen Prozesse (FitSM-2), einem generischen Rollenkonzept (FitSM-3) sowie den Anforderungen an ein IT-Service-Management (FitSM-1) und den Ausprägungen im Sinne eines Reifegradmodells (FitSM-6) wird ein Framework beschrieben, das insbesondere kleinen und mittleren IT-Organisationen praktikable Wege zur Bewältigung der aktuellen Herausforderungen aufzeigt. Dabei haben wir die Anforderungen aus FitSM-1 als zentraler Basis von FitSM in den Kapiteln mit den zugehörigen Fähigkeitsgraden aus FitSM-6 verknüpft. Wichtig war uns das Praxisbeispiel, das sich wie ein roter Faden durch die einzelnen Kapitel zieht. So werden die Vorschläge und Inhalte von FitSM für den Einsatz in der betrieblichen Welt greifbarer. In diesem Praxisbeispiel werden auch Elemente aus FitSM-4 (stellt Vorlagen und Beispiele bereit) und FitSM-5 (liefert ausgewählte Einführungsleitfäden) integriert. Diese beiden Bereiche gehören nicht zum Kern von FitSM, sind aber für die praktische Anwendung sehr hilfreich.

Vielleicht gehören Sie zu den Menschen, die der Meinung sind, ein weiteres Rahmenwerk für IT-Service-Management sei nicht notwendig und allein durch Weglassen von einzelnen Elementen würde ein solches Framework nicht einfacher und sinnvoller in der Handhabung. Die Erfahrung der beiden Autoren aus Trainings und Beratungsmandaten zeigt jedoch, dass vielen Verantwortlichen und Mitarbeitern in kleineren und mittleren IT-Abteilungen ein wirklich nutzbarer und praxisorientierter Ansatz fehlt. FitSM und damit dieses Buch liefert einen pragmatischen und anwendungsorientierten Weg für das IT-Service-Management insbesondere in diesen kleineren IT-Organisationen. Anstelle umfangreicher Prozessbeschreibungen und weiterer detaillierter Vorschläge zeigt es den IT-Verantwortlichen anhand transparenter Anforderungen, was zu erreichen ist. Diese Anforderungen basieren auf der ITSM-Norm ISO/IEC 20000 und geben das Ziel vor, das in den IT-Abteilungen selbst in die Hand genommen werden kann.

Anstelle einer mehr oder weniger durchdachten Übernahme aus vielen Seiten Best Practice zeigen wir die wichtigsten Elemente auf und versetzen den Leser in die Lage, sich selbst und seinen Verantwortungsbereich schrittweise zu entwickeln.

Struktur

Zunächst geben wir in diesem Buch eine Einführung in FitSM sowie in grundlegende Konzepte und Begriffe. Abgerundet wird dieser Teil durch die Etablierung der Beispielfirma für das Buch und das den einzelnen Prozessrollen zugrunde liegende Rollenkonzept. Danach werden die allgemeinen Anforderungen beschrieben, mit denen FitSM übergreifende Aspekte eines erfolgreichen IT-Service-Managements aufzeigt. In der Folge sind grob strukturiert die 14 Prozesse von FitSM beschrieben und jeweils mit den dazugehörigen Rollen sowie den Anforderungen zusammengeführt. Für alle Prozesse wird anhand des Praxisbeispiels konkret eine mögliche Umsetzung in der Praxis aufgezeigt.

Die Beschreibung der Prozesse folgt immer dem gleichen Schema. Zu Beginn wird in wenigen Sätzen das Ziel oder die Hauptaufgabe des Prozesses dargestellt. Anschließend folgen die Prozessbeschreibung und die Erläuterung der wichtigsten prozessspezifischen Rollen aus FitSM-3. Danach werden die Anforderungen an den Prozess aus FitSM-1 aufgeführt. Die innerhalb dieser Anforderungen verwendeten Begriffe und Formulierungen werden bereits in der Prozessbeschreibung erläutert. Zu den Anforderungen werden jeweils die Fähigkeitsgrade betrachtet. Damit wird dargestellt, worauf es bei einer effektiven und effizienten Umsetzung des Prozesses ankommt. Den Abschluss bildet eine anschauliche Implementierung bei dem Beispielunternehmen Bikes & more.

Zielgruppen

Dieses Buch richtet sich an folgende Zielgruppen:

- IT-Verantwortliche, die qualitativ hochwertige, aber gleichzeitig schlanke und effiziente IT-Prozesse etablieren möchten.
- IT-Verantwortliche, die die Qualität ihrer IT-Abteilung nach objektiven Gesichtspunkten bewerten möchten.
- IT-Mitarbeiter, die organisatorische Aufgaben übernehmen oder zukünftig übernehmen sollen.
- IT-Mitarbeiter, die die eigenen Tätigkeiten in den Gesamtzusammenhang einordnen sollen, um diese auf das Organisationsziel hin zu optimieren.
- Geschäftsführer von IT-Dienstleistungsunternehmen, die kundenoptimierte IT-Services erbringen möchten und gegebenenfalls eine Möglichkeit suchen, sich dies durch ein Zertifikat bescheinigen zu lassen.
- Personen, die sich auf eine der FitSM-Zertifizierungsprüfungen vorbereiten möchten, insbesondere auf die Foundation- und Advanced-Prüfungen.

Danksagungen

Auch wenn beide Autoren langjährige Erfahrung auf dem Gebiet IT-Service-Management mitbringen, ist doch ein solches Werk nicht ohne breite fachliche Unterstützung umsetzbar. Mit der Zielsetzung, unsere Erfahrung und das resultierende Wissen gemeinsam mit dem FitSM-Standard so zu Papier zu bringen, dass es für die Leser aus der Praxis von kleinen und mittleren IT-Organisationen einen echten Mehrwert bietet, haben wir die Messlatte bewusst hochgelegt.

An dieser Stelle möchten wir uns daher bei einigen Personen bedanken, die zu diesem Buch entscheidend beigetragen haben.

Dr. Michael Brenner und Dr. Thomas Schaaf haben im fachlichen Lektorat mitgewirkt und wertvolle Hinweise gegeben sowie das Kapitel zur Historie von FitSM und die Beschreibung des föderativen Ansatzes beigesteuert. Wichtig war uns beiden Autoren durch diese Unterstützung eine offizielle Bestätigung der maßgeblichen deutschsprachigen Köpfe aus dem FitSM-Projekt und der aktiven Arbeitsgruppe. Nicht zuletzt durch die großzügige Genehmigung des Vereins ITEMO e.V. als Rechteinhaber von FitSM für die Nutzung des Logos und der Wortmarke sehen wir unser Buch als deutschsprachiges Standardwerk zu FitSM.

Christa Preisendanz vom dpunkt.verlag hat uns schon in der Anbahnungsphase kompetent unterstützt. Gemeinsam mit dem Team im Hintergrund hat sie Geduld bewiesen und uns das notwendige Vertrauen geschenkt. Folgende Personen haben das Manuskript aus fachlicher Sicht geprüft und wertvolle Hinweise beigesteuert:

- Ullrike Buhl, FCS Consulting GmbH
- André Claaßen, PROSOZ Herten GmbH
- Nadin Ebel, Materna GmbH
- Johann Grünauer, Materna GmbH
- Gero Kämper, Materna GmbH
- Timo Lindinger, Uni Siegen
- Jens Lüer, PHAT CONSULTING GmbH
- Thomas Pröpper, Drägerwerk AG & Co. KGaA
- Matthias Rose, TUI InfoTec GmbH
- Robert Sieber, TUDAG Dresden

Beide Autoren bedanken sich an dieser Stelle bei ihren Frauen und Töchtern für die moralische Unterstützung. Beide Familien haben immer wieder für uns eine gesunde Balance hergestellt. Einerseits gaben (und geben) sie uns Freiraum und Zeit für die Passion IT-Service-Management und die »Extrameile gehen«, andererseits sorgen sie permanent für Abstand dazu. Sie helfen uns, den Kopf freizubekommen, Abstand zu gewinnen und das Leben zu genießen.

Aus Gründen der besseren Lesbarkeit wird in diesem Buch eine eher maskuline Schreibweise (»Prozessmanager«) verwendet. Wir haben versucht, an den Stellen einen geschlechtsneutralen Begriff zu nutzen, an denen der Lesekomfort nicht beeinträchtigt wird.

Kontakt

Die Welt des IT-Service-Managements ist nach wie vor in Bewegung. Permanent haben beide Autoren Kontakte in die Praxis, die neue Fragestellungen hervorrufen und andere Blickwinkel öffnen. Mit diesem Austausch, der durch Veröffentlichungen, Projekte und Vorträge unterstützt wird, kann ein leichtgewichtiger Ansatz permanent weiterentwickelt werden. Die von beiden Autoren betriebene Webseite *fitsm.de* bietet weiterführende Informationen und aktuelle Hinweise. Zu Themen, die in einem Fachbuch dieser Art nicht Platz finden können, werden regelmäßig Beiträge veröffentlicht.

Wir möchten mit diesem Buch eine weitere Quelle der Kontaktaufnahme eröffnen. Gern stehen wir zur Verfügung, wenn Sie uns Ihre Meinung zu FitSM, diesem Buch oder ganz allgemein zum pragmatischen IT-Service-Management mitteilen möchten. Nutzen Sie die Möglichkeit, uns Ihre Fragen und Herausforderungen zu nennen, diese gemeinsam zu diskutieren und Lösungsansätze zu erarbeiten. Sie erreichen uns per Mail unter:

Anselm.Rohrer@rohrer.info und *Dierk.Soellner@dsoellner.de*

Anselm Rohrer und *Dierk Söllner*
Appenweier, Göttingen, im Mai 2017

Inhaltsübersicht

Inhaltsverzeichnis

Anhang

1 Einführung

Geschäftsprozesse in Unternehmen hängen in zunehmendem Maße von einer funktionierenden Informationstechnik ab. Die IT-Abteilungen großer Unternehmen haben dies längst erkannt und bemühen sich, ihre Abläufe an bewährten Prozessen auszurichten und sich im Rahmen von IT-Service-Management weitgehend zu organisieren. Der Bedarf, beispielsweise Störungszeiten zu reduzieren, Änderungen zu planen und koordiniert durchzuführen oder externe Dienstleister zielgerecht einzubinden, wächst auch in IT-Abteilungen mittlerer und kleiner Unternehmen sowie in der öffentlichen Verwaltung. Diese stehen – genau wie die IT großer Organisationen – vor der Herausforderung, die IT mehr an den Anforderungen der »internen Kunden« zu organisieren und neben dem technischen Sachverstand des eigenen Personals eine verlässliche Organisation und ein geändertes Qualitätsbewusstsein aufzubauen. Häufig stehen diese IT-Abteilungen jedoch vor der Problematik, dass die für größere Organisationen entwickelten Rahmenwerke, wie ITIL® und ISO/IEC 20000, für ihre Belange zu mächtig und komplex sind oder zu hohe Anforderungen stellen. IT-Leiter vieler mittelständischer Unternehmen halten speziell das etablierte Rahmenwerk ITIL für zu komplex oder sprechen ihm gar vollständig die Mittelstandsfähigkeit ab.[1,2] Hier setzt FitSM an. Die wichtigsten Bestandteile etablierter Rahmenwerke wurden herausgearbeitet und unter dem Grundsatz »Keep it simple« auf das Notwendigste beschränkt und zusammengeführt. FitSM hat das Ziel, die Dinge an den richtigen Stellen zu verbessern. FitSM legt den Schwerpunkt darauf, zu beschreiben, »was« getan werden muss. Das »Wie« wird der praktischen Umsetzung überlassen und kann damit den individuellen Bedingungen angepasst werden.

1. Studie der msg services ag mit Beteiligung von knapp 300 Unternehmen.
2. Anmerkung der Autoren: Aussagen zu anderen Rahmenwerken im IT-Service-Management sind im jeweiligen Kontext zu sehen und nicht generell wertend gemeint. Alle etablierten Rahmenwerke, insbesondere ITIL und ISO/IEC 20000, haben ihre Vorzüge und sich ihren aktuellen Stellenwert verdient. Kenntnisse dieser Rahmenwerke sind auch bei einer Vorgehensweise nach FitSM nützlich. Daher wurden sie an vielen Stellen, vor allem in Kapitel 12 in dieses Buch integriert.

FitSM bezeichnet ein unter der Creative Commons License (CC-Lizenz) stehendes und damit ein kostenloses und frei nutzbares Rahmenwerk für ein pragmatisches IT-Service-Management (ITSM). In diesem Kapitel wird zunächst die Entwicklung von FitSM dargestellt. Daran schließt sich ein Überblick zu den Bestandteilen von FitSM an, bevor auf inhaltliche Vorteile eingegangen wird.

1.1 Historie von FitSM

Die erste Version von FitSM wurde zwischen 2012 und 2015 im Rahmen eines Projektes aus dem 7. Forschungsrahmenprogramm (Seventh Framework Programme, FP7) der Europäischen Kommission entwickelt. Das primäre Ziel dieses Projektes mit dem Titel »Service-Management in Federated e-Infrastructures« (kurz: FedSM[3]) bestand darin, zunächst drei europäische Provider von IT-Services im Bereich der Forschung dabei zu unterstützen, ihr IT-Service-Management zu verbessern. Beteiligt waren die Betreiber dieser Rechenzentren aus Deutschland und weiteren europäischen Ländern. Die meisten Forschungsinstitutionen betreiben eigene Rechenzentren, die wenigsten allerdings verfügen über ausreichende Kapazitäten, um ihren Anwendern die Menge an Ressourcen zur Verfügung zu stellen, die für bestimmte Experimente oder Berechnungen benötigt werden. Mit der Zeit sind daher eng vernetzte Föderationen entstanden, die sich häufig hinter Schlagworten wie »Grid Computing«, »e-Infrastructure« oder »eScience« verbergen.

Während in der Vergangenheit die technische Entwicklung durch Vernetzung und Kopplung der Systeme und Ressourcen über spezielle Software relativ schnell voranschritt, wurde die Notwendigkeit einer (ablauf-)organisatorischen Weiterentwicklung an vielen Stellen unterschätzt. Zum Beispiel: Wenn sich mehrere kleinere IT-Service-Provider mit ihren jeweiligen Rechenzentren zusammenschließen, um gemeinsam IT-Services für ihre Kunden und Anwender zu erbringen, muss auch das Management der Störungen (Incidents) neu koordiniert werden. An wen muss sich der Anwender im Störungsfall wenden? Wie verlaufen Informationsflüsse und Eskalationen zwischen den beteiligten Akteuren? Und wie schnell müssen Störungen behoben werden? Welches Niveau an Verfügbarkeit und Verlässlichkeit wird benötigt?

Es handelte sich beim Projekt FedSM also nicht um ein klassisches Forschungsprojekt, sondern um eine sogenannte »Coordination & Support Action«. Die wesentlichen Herausforderungen, die dabei zu bewältigen waren, lassen sich wie folgt zusammenfassen:

---

3. Weiterführende Informationen zum Projekt FedSM stellt CORDIS, der Informationsdienst der Europäischen Gemeinschaft für Forschung und Entwicklung, bereit: *http://cordis.europa.eu/project/rcn/104760_de.html.*

- Stark dezentral betriebene und verantwortete Rechenzentren und Infrastrukturen als Grundlage für hochvernetzte und föderierte Services
- An vielen Stellen noch fehlendes Bewusstsein für das Erfordernis von Prozessen zum IT-Service-Management
- Starker Fokus auf Technologie bei geringer organisatorischer Reife

Um diesen Herausforderungen zu begegnen, wurden als wesentliche Erfolgsfaktoren für die erfolgreiche Einführung von IT-Service-Management die folgenden Voraussetzungen bestimmt:

- Schlanker, leichtgewichtiger Ansatz auf der Grundlage eines möglichst einfachen Prozessmodells und klarer Anforderungen als Zielvorgaben
- Pragmatische Umsetzung mithilfe einfach anzuwendender Beschreibungen der Aktivitäten und Rollen sowie leicht anpassbarer Dokumentationsvorlagen
- Berücksichtigung von Situationen, in denen die Serviceerbringung als Teil einer Föderation, also eines Verbunds mehrerer Provider, erfolgt

Diese Faktoren sind bis heute die wesentlichen Merkmale von FitSM. Letzten Endes war FitSM ein konsolidiertes Ergebnis der Implementierung von IT-Service-Management in den Organisationen, die in das genannte Projekt eingebunden waren. An der Entstehung von FitSM waren erfahrene Praktiker, Manager und Wissenschaftler aus vielen verschiedenen europäischen Ländern beteiligt.

Im Laufe des Projektes zeigte sich, dass das entstandene Modell auch für andere Organisationen interessant war, bei denen der Wunsch nach einfachen Vorgehensweisen ohne übermäßigen Verwaltungsaufwand vorherrschte. Daher wurde der Standard unter dem Namen FitSM veröffentlicht und die Rechte nach Ende des Projektes an den Verein ITEMO e.V. (IT Education Management Organisation) übertragen.

Heute wird FitSM durch diesen nicht gewerbsmäßigen Verein gepflegt und entwickelt. Themen wie die Weiterentwicklung des Standards, Übersetzungen, Pflege der Webseite, Aufbau der Community oder auch Schulung und Zertifizierung werden in verschiedenen Arbeitsgruppen behandelt. Diese Arbeitsgruppen bestehen aus den Teilnehmer des FedSM-Projektes und weiteren Experten aus der ITSM-Community. Die gesamte Arbeit erfolgt unter der Maßgabe, dass FitSM auch in Zukunft für jedermann frei verfügbar bleibt. Das schließt alle Bestandteile des Standards sowie das bereitgestellte Schulungsmaterial ein.

1.2 Der Aufbau von FitSM

FitSM als Rahmenwerk setzt sich aus einzelnen Standards zusammen. Im Kern sind es vier Dokumente. Sie werden ergänzt durch Einführungshilfen.[4]

FitSM-Standard/Kern

- **FitSM-0**
  gibt einen kurzen Überblick über das Gesamtkonstrukt FitSM. Es definiert alle insgesamt 75 in FitSM verwendeten Fachbegriffe auf einfache Weise. Somit wird ein einheitliches Verständnis der verwendeten Begriffe erzeugt. Die Nutzung dieses Dokumentes in der Praxis als Glossar hat sich bewährt. Es wurden bei den Begriffsbeschreibungen die Definitionen aus den bestehenden Rahmenwerken ITIL und ISO/IEC 20000 berücksichtigt, um Widersprüche zu vermeiden.
- **FitSM-1**
  enthält Anforderungen an ein funktionierendes IT-Service-Management-System. Das Dokument gliedert sich in einen Teil mit allgemeinen Anforderungen und einen Teil mit prozessspezifischen Anforderungen.
- **FitSM-2**
  empfiehlt verschiedene Grundsätze und Aktivitäten, die dabei helfen, die Anforderungen aus FitSM-1 umzusetzen. Es handelt sich hierbei nicht um zwingend zu erfüllende Vorgaben, sondern um Handlungsempfehlungen, die die Einhaltung der Vorgaben erleichtern. Um die Zuordnung von Handlungsempfehlungen zu Anforderungen zu vereinfachen, enthält FitSM-2 die gleiche Gliederung wie FitSM-1.
- **FitSM-3**
  beschreibt ein Rollenmodell, das auf den Anforderungen von FitSM-1 aufbaut. Es werden Verantwortlichkeiten und Aufgaben einzelner Rollen definiert und Empfehlungen für mögliche Zuweisungen von Rollen zu Personen ausgesprochen.

Einführungshilfen

Der Kern von FitSM mit den inhaltlichen Festlegungen und Beschreibungen wird durch praxisorientierte Ergänzungen komplettiert:

- **FitSM-4**
  stellt Vorlagen und Beispiele für verschiedene Dokumente zur Verfügung, sodass diese nicht in jeder Organisation neu entwickelt werden müssen. Hier sind beispielsweise Vorlagen zur Prozessdefinition oder ein Service Level

4. Die einzelnen Standards können auf der ofiziellen FitSM Website herunterlgeladen werden. *http://fitsm.itemo.org*

Agreement zu finden. Die Vorlagen werden stetig erweitert und in weitere Sprachen übersetzt.

- **FitSM-5**
  enthält Leitfäden zur Unterstützung bei der Einführung des IT-Service-Managements und einiger Prozesse.
- **FitSM-6**
  liefert ein Assessmenttool, das der Bewertung des IT-Service-Management-Reifegrades der eigenen Organisation dient. Es unterstützt bei der Feststellung, in welchen Bereichen die gesteckten Ziele erreicht wurden und wo ein weiterer Ausbau der organisationseigenen Fähigkeiten sinnvoll wäre.

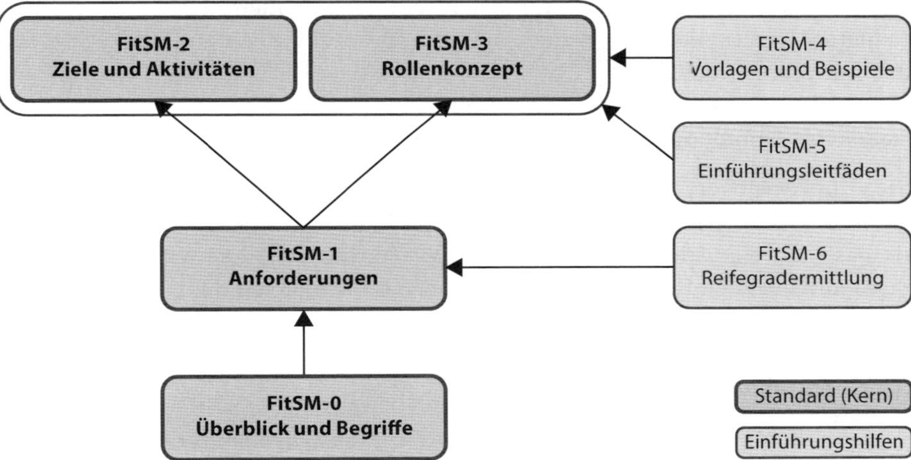

Abb. 1–1 *FitSM – Aufbau und Bestandteile*

Während FitSM-0 und 1 aufzeigen, was zur Zielerreichung und kontinuierlichen Verbesserung benötigt wird, helfen FitSM-2 und 3 dies zu organisieren und zu realisieren. FitSM-4 und 5 bringen Beispiele und Anleitungen, unterstützen also bei der Umsetzung, und FitSM-6 zeigt den aktuellen Umsetzungsgrad auf. Der eigentliche Kern wird durch FitSM-0 bis 3 repräsentiert, während FitSM-4 bis 6 die Implementierung unterstützen.

Um als FitSM-konform zu gelten, müssen Organisationen ausschließlich die Anforderungen aus FitSM-1 erfüllen. Hierbei handelt es sich um normative, also verpflichtende Vorgaben. Alle anderen haben ausschließlich informativen Charakter. Die Einführung von Prozessen oder Rollen gemäß FitSM ist also nicht verpflichtend, wenn die Anforderungen aus FitSM-1 auch anders erreicht werden.

1.3 FitSM als leichtgewichtiger Ansatz

Das Prinzip »Keep it simple« wurde bei der Erarbeitung von FitSM aus bestehenden Standards[5] angewendet. Diese wurden reduziert und zusammengeführt. Die Vorteile von FitSM liegen jedoch nicht allein in der Reduktion von Prozessen oder Rollen. Daher soll an dieser Stelle auf einige sinnvolle Unterschiede zu bestehenden Frameworks eingegangen werden.

Service-Management-System

FitSM formuliert auf Basis der ISO 20000 ein eigenes Qualitätsmanagementsystem, unter anderem mit einer Verpflichtung und Verantwortung für das Management und die Regelung der Dokumentensteuerung. Damit wird die Adaption in kleineren Unternehmen erleichtert, insbesondere durch die systematische und strukturierte Betrachtung.

Praktikable Ermittlung des Ist-Zustandes

Die Anforderungen aus FitSM-1 liefern in Verbindung mit dem Assessmenttool (FitSM-6) zur Reifegradbewertung eine praktikable Ermittlung des Ist-Zustandes als Basis für eine Umsetzung und Orientierung im ITSM. Es wird eine schrittweise und übersichtliche Betrachtung gefördert und eine handhabbare Ausgangslage für die kontinuierliche Verbesserung hergestellt.

Einfache Struktur von FitSM

Der wirklich relevante Unterschied zwischen bestehenden Frameworks und FitSM liegt in dem zugrunde liegenden Ansatz. Während die über Jahre entwickelten ITSM-Standards eine ganze Reihe von Best Practices bereitstellen, die im Laufe der Zeit immer stärker erweitert und verfeinert sowie ausformuliert wurden, ist FitSM sehr einfach strukturiert und damit schnell zu verstehen und zu begreifen. Es wird bewusst auf den Anspruch Best Practice verzichtet, da im Vordergrund die Beschreibung der zu erreichenden Anforderungen steht.

FitSM stellt insbesondere für kleinere und mittlere IT-Organisationen eine leicht zu realisierende, kostenlose Basislösung für den Einstieg in das ITSM dar. Einen hohen Reifegrad für die festgelegten Anforderungen zu erreichen, ist für viele IT-Organisationen schon eine sinnvolle und gleichwohl aufwendige Projektaufgabe.

5. FitSM enthält Bestandteile aus ITIL, ISO/IEC 20000 und COBIT.

Anwendungsbereich

Mit FitSM können insbesondere kleine und mittlere IT-Organisationen durch die integrierten Anforderungen eine konkrete Überprüfung und Messbarkeit des Reifegrades sicherstellen. Die IT-Verantwortlichen bekommen mit FitSM eine übersichtliche Liste an Anforderungen an die Hand und können mithilfe der klaren Beschreibungen die Reifegrade selbst bestimmen. Außerdem lässt sich der Bedarf für die notwendigen Aktivitäten zur Erreichung des nächsthöheren Reifegrades ableiten.

Unternehmensorganisation und -größe

Kleinere und mittlere IT-Abteilungen benötigen zahlreiche Inhalte und Prozesse der bestehenden Frameworks gar nicht oder nicht in dem Maße. Beispielsweise passt eine zu starke Formalisierung häufig nicht zur Kultur eines kleinen, eingearbeiteten Teams und die Anzahl der Mitarbeiter lässt eine zu starke Rollenausprägung nicht sinnvoll erscheinen.

Der Blick auf die in der Praxis eingeführten Prozesse im IT-Service-Management zeigt, dass gerade die in FitSM beschriebenen Prozesse sehr häufig genannt wurden und Aspekte wie strategische Planung und detaillierte finanzielle Betrachtungen der IT eher selten flächendeckend umgesetzt werden. Ein Grund dafür ist sicherlich, dass kleinere und mittlere IT-Organisationen diese Aufgaben durch die Integration in die Abläufe im Gesamtunternehmen abdecken.

Auch die insgesamt übersichtliche Anzahl an ITSM-Elementen (Prozesse, Rollen, Dokumente etc.) bei FitSM spricht eher für kleinere und mittlere IT-Organisationen. Der Ansatz der Föderation ist zudem für alle Organisationen interessant, bei denen die IT-Leistungen durch eine Zusammenarbeit verschiedener Einzelorganisationen erreicht werden.

Anwendbarkeit

IT-Organisationen können mit FitSM starten und bei Bedarf die Vorteile und Angebote der umfangreicheren IT-Service-Management-Frameworks in Anspruch nehmen. Reichen z.B. die Schulungsinhalte von FitSM nicht aus, bieten die weiterführenden Schulungen anderer Ansätze detailliertere Informationen. Benötigt eine IT-Organisation für bestimmte Prozesse weitere Beispiele und Anregungen zu Inhalten von Prozessen, können die jeweiligen Methoden ergänzend herangezogen werden.

Zentrale Anforderungen

FitSM bietet direkte Unterstützung bei der Adaption von ITSM. Klar und eindeutig beschriebene Anforderungen, die es zu erreichen gilt, fördern die Eigenmotivation und das Ziel, sich selbst zu verbessern. Insofern bietet das mitgelieferte Assessmenttool von FitSM-6 eine sehr gut nutzbare Unterstützung bei der eigenen Bewertung. Mit FitSM lässt sich der aktuelle Reifegrad des Service-Providers individuell bestimmen. Die Umsetzung wird dabei durch die Definition von Teilzielen/-schritten unterstützt.

Im Unterschied zu CMMI als ein anerkanntes und umfassendes Reifegradmodell (siehe dazu Abschnitt 12.4.2) kommt FitSM mit 3 Reifegradstufen[6] aus. Die Erreichung der höchsten Reifegradstufe in einem Prozess ist für kleine und mittlere IT-Organisationen ausreichend. Wir unterscheiden an dieser Stelle analog zu FitSM die Fähigkeitsgrade der einzelnen Anforderungen, die dann zu einem entsprechenden Reifegrad des Prozesses zusammenlaufen (siehe auch die Begriffe im Glossar in Anhang A).

Im Einzelnen sind die Stufen folgendermaßen beschrieben:

- **Stufe 1: Ad hoc/Initial**
  Man ist sich der Aufgabe bewusst, jedoch wird diese nicht kontrolliert, oder es existieren einige relevante Ergebnisse, in denen aber Kernelemente fehlen.
- **Stufe 2: Wiederholbar/Teilweise**
  Aufgaben sind wiederholbar, aber nicht formell definiert, Ergebnisse sind nur teilweise vollständig.
- **Stufe 3: Definiert/Vollständig**
  Aufgaben sind gut definiert und die Ergebnisse sind vollständig, für beides sind dokumentierte Verantwortlichkeiten festgelegt.

---

6. Die Stufe 0 (Unbewusst/Nicht vorhanden) rechnen wir dabei nicht mit, da kein Bewusstsein für die Aufgabenstellung oder das erforderliche Ergebnis existiert, d.h., dass es praktisch nicht existent ist.

2 Grundlegende Konzepte

Bevor in diesem Buch konkreter auf die Inhalte von FitSM eingegangen wird, sind zunächst wichtige Konzepte und Begriffe zu erläutern.

2.1 Wichtige Begriffe

2.1.1 IT-Service-Management

IT-Service-Management hat zum Ziel, IT-Organisationen zu kunden- und serviceorientierten IT-Service-Providern (IT-Dienstleistern) zu entwickeln. Das heißt, Kunden mit ihren Anforderungen stehen im Mittelpunkt und IT-Service-Provider mit ihren angebotenen Services decken diese Anforderungen ab. Um die Qualität der Services sicherzustellen, muss sich der IT-Service-Provider entsprechend organisieren. Der IT-Service-Provider kann hierbei als externer Service-Provider oder interne IT-Abteilung eines Unternehmens auftreten. Als Kunde tritt in der Regel das gesamte Unternehmen auf, das IT-Services nutzt, um Geschäftsprozesse durchführen zu können.

Es gibt einige Rahmenwerke und Standards, die einen Service-Provider bei der Einführung eines IT-Service-Managements unterstützen. Mit zu den bekanntesten gehören ITIL® (IT-Infrastructure Library) und die ISO/IEC 20000.

2.1.2 Service-Management-System (SMS)

Das gesamte Verwaltungssystem (Managementsystem), das die Serviceerbringung steuert und unterstützt, wird Service-Management-System genannt. Es beschreibt die zu erreichenden Ziele, die dazu benötigten Prozesse und Verfahren, definiert Rollen und plant Ressourcen. Auch Richtlinien, Vereinbarungen und Pläne gehören dazu. Es umfasst alles, was der Service-Provider benötigt, um Services in der vereinbarten Qualität gegenüber dem Kunden zu erbringen. Es handelt sich also um das Gesamtsystem oder anders formuliert: um die Implementierung des IT-Service-Managements innerhalb der nutzenden Organisation.

Ganz konkret regelt das SMS also die Ausrichtung und die Weiterentwicklung des gesamten Service-Managements. Es ermittelt die Ziele des Kunden, um die Ziele des Service-Providers abzuleiten, alle Prozesse daran ausrichten zu können und eine Umsetzung in Tools sicherzustellen. Es bestimmt einen Verantwortlichen für das gesamte SMS und weist den einzelnen Prozessen jeweils einen Prozessverantwortlichen zu. Es legt Mindeststandards für die Dokumentation fest und stellt im Idealfall Dokumentvorlagen zur Verfügung.

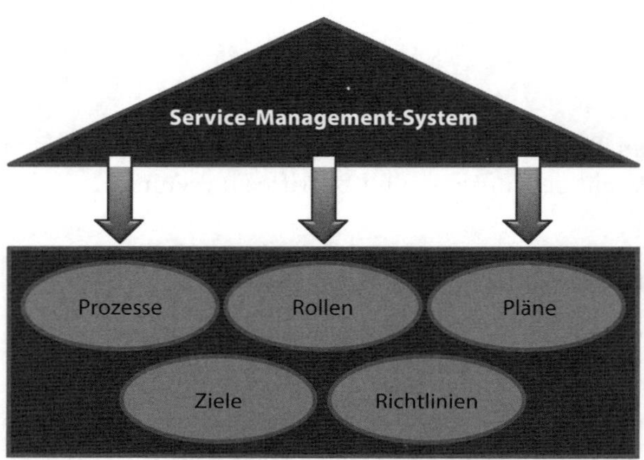

Abb. 2–1 *Zusammenhang zwischen Service-Management-System und Prozessen*

Die Anforderungen an ein SMS werden in Kapitel 3 genauer betrachtet.

2.1.3 Service-Management-Plan

Die Vorgehensweise der Einführung eines SMS sowie realistische Teilziele werden im übergreifenden Service-Management-Plan festgelegt. Da dieser Plan auch die stetige Optimierung des SMS im laufenden Betrieb regelt, spielt er auch nach der Einführung noch eine wichtige Rolle. Ein solcher Plan und dessen Verankerung im Managementsystem ist die essenzielle Basis für die nachhaltige Etablierung und Weiterentwicklung der Prozesse im FitSM-Rahmenwerk und in der IT-Organisation.

2.1.4 IT-Service, Service-Provider und Service Level

Unternehmen, Behörden, Organisationen jeglicher Art verfolgen ein primäres Ziel. Während bei Unternehmen der betriebswirtschaftliche Erfolg im Vordergrund steht, handelt es sich bei Behörden meist um hoheitliche Aufgaben. Zur Erreichung dieser Ziele werden Geschäftsprozesse definiert. Teile dieser Geschäftsprozesse werden mithilfe von IT-Services[1] unterstützt, sei es durch E-Mail-Kommunikation, Buchhaltungssoftware oder CRM-Systeme. Ein IT-Service kann also als Werkzeug verstanden werden, das IT-Service-Provider ihren Kunden zur Verfügung stellen. Kunden erhalten dadurch einen Mehrwert, der sich in der Regel in einem effektiveren und/oder effizienteren Ablauf der Geschäftsprozesse niederschlägt.

Ein Service besteht in der Regel aus mehreren Servicekomponenten (Service Components). Einige dieser Komponenten ermöglichen den Service, während andere den Service erweitern. Eine Erweiterung wäre z. B. zusätzlicher Speicherplatz oder kryptografische Komponenten zur verschlüsselten E-Mail-Kommunikation.

Die Erbringung eines Service obliegt dem Service-Provider. Dieser koordiniert die Servicekomponenten so, dass der Service für den Kunden den vereinbarten Mehrwert bringt. Der Service-Provider kann ein externer Dienstleister sein. In den meisten Fällen handelt es sich jedoch bei der primären Zielgruppe von FitSM um eine interne IT-Abteilung, die gegebenenfalls einzelne Leistungen (Services oder Servicekomponenten) von extern bezieht.

Eine Störung eines Service hat häufig die Beeinträchtigung eines Geschäftsprozesses zur Folge. Störungen können nicht völlig vermieden werden, aber man kann sie auf ein tragbares Maß reduzieren. Das Qualitätsziel für einen Service leitet sich somit aus dem Qualitätsziel des unterstützten Geschäftsprozesses ab.

Der Wert (Value, Mehrwert) eines Service wird durch den für einen Kunden und die zugehörigen Anwender generierten Nutzen bestimmt. Dieser Nutzen setzt sich zusammen aus der Zweckmäßigkeit (Utility) und der Erfüllung eines gegebenen Leistungsversprechens (Warranty).

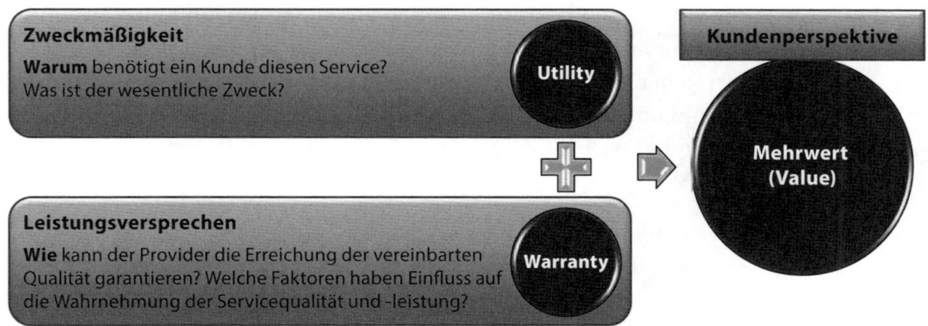

Abb. 2–2 *Nutzen eines Service*

Die Zweckmäßigkeit wird typischerweise durch die eigentliche Funktionalität repräsentiert (funktionale Eigenschaften, was wird an Leistung bereitgestellt). So sollte beispielsweise ein Personalverwaltungssystem in der Lage sein, Mitarbeiter zu verwalten, eine Gehaltsabrechnung durchzuführen, Abwesenheiten zu planen oder Urlaubskonten zu führen.

1. Die Begriffe IT-Service und Service werden im Rahmen dieses Buches analog zum FitSM-Standard synonym verwendet.

Durch die Erfüllung eines gegebenen Leistungsversprechens wird die vereinbarte Funktionalität auf einem vereinbarten Qualitätsniveau erbracht. Es handelt sich hierbei um nicht funktionale Eigenschaften, die die Qualität und die Quantität beschreiben. Typische Ausprägungen hierfür sind:

- **Verfügbarkeit**
  Wie häufig und wie lange darf die Funktionalität maximal ausfallen oder eingeschränkt zur Verfügung stehen?
- **Kapazität**
  Wie schnell muss die Funktionalität durchgeführt werden? Wie viel Speicherplatz wird benötigt?
- **Informationssicherheit**
  Werden mit der Funktionalität Informationen bearbeitet, die besonders schützenswert sind? Muss der Zugriff auf diese Informationen besonders gesichert werden?
- **Kontinuität**
  Muss die Funktionalität im Katastrophenfall schnellstmöglich wieder zur Verfügung stehen oder kann bei einer solchen Ausnahmesituation temporär darauf verzichtet werden?

Darüber hinaus gibt es weitere Eigenschaften, wie Ergonomie, Benutzerfreundlichkeit, Barrierefreiheit, Aufgabenangemessenheit, Erwartungskonformität, Selbstbeschreibungsfähigkeit, Steuerbarkeit, Fehlertoleranz, Individualisierbarkeit, Lernförderlichkeit und viele mehr.

Ein Service-Provider vereinbart mit Kunden einen Service auf einer bestimmten Ausbaustufe, einem sogenannten Service Level. Der Service Level wird über die Ziele, die er erreichen soll, definiert. Service Level werden in einem Vertrag, dem Service Level Agreement (SLA), mit Kunden fixiert, um eine Verbindlichkeit über Bereitstellung und Nutzung von bestimmten Services zwischen Provider und Kunde zu erzielen.

2.2 Prozessmanagement

Um eine gleichbleibende Servicequalität bieten zu können, ist es wichtig, dass alle notwendigen Aktivitäten stetig mit einem gewissen Grad an Qualität erbracht werden. Zur Strukturierung dieser Aktivitäten dienen Prozesse.

Jeder Prozess wird durch ein Ereignis ausgelöst, hat ein Prozessziel und definierte Eingaben (Input) sowie ein konkretes Ergebnis (Output). Zur Überführung von Input zu Output sind Aktivitäten nötig, die manchmal chronologisch, manchmal parallel ablaufen. Unter Aktivitäten versteht man hierbei eine Reihe zusammengehörender Aktionen, die meist von einer einzelnen Person oder einem Team durchgeführt werden.

Im Prozessmanagement werden im Allgemeinen drei verschiedene Ebenen unterschieden.

- Die **Definitionsebene** hat einen strategischen Charakter. Hier werden durch das Topmanagement und Prozessverantwortliche grundsätzliche Ziele definiert, die gemeinsam mit den wichtigsten Rahmenbedingungen in Richtlinien (Policies) festgehalten werden. Darüber hinaus wird über die benötigten Ressourcen entschieden. Dazu gehören insbesondere personelle Ressourcen, also die für die Zielerreichung erforderlichen Mitarbeiter.
- Die **Steuerungsebene** entwickelt aus diesen Richtlinien heraus den eigentlichen Prozess mit all seinen Prozessaktivitäten. In Form von Verfahren (Procedures) können Schritte oder Anweisungen definiert werden, die der Ausführung von Aktivitäten dienen. Die Aktivitäten haben den Anspruch, effektiv und effizient zu sein. Effektiv bedeutet, dass die (durch die Definitionsebene) vorgegebenen Ziele erreicht werden müssen. Wurde dies mit einem vertretbaren Mitteleinsatz zustande gebracht, ist auch das Ziel eines effizienten Vorgehens erreicht.
- In der **Durchführungsebene** werden die einzelnen Aktivitäten praktisch durchgeführt.

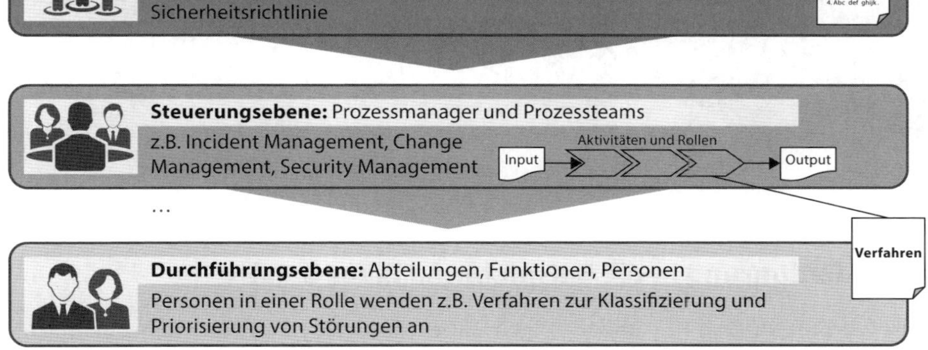

Abb. 2–3 *Ebenen im Prozessmanagement*

Das Prozessmodell von FitSM umfasst folgende Prozesse:

- PR1 – Service Portfolio Management (SPM)
- PR2 – Service Level Management (SLM)
- PR3 – Service Reporting Management (SRM)
- PR4 – Service Availability & Continuity Management (SACM)
- PR5 – Capacity Management (CAPM)
- PR6 – Information Security Management (ISM)
- PR7 – Customer Relationship Management (CRM)

- PR8 – Supplier Relationship Management (SUPPM)
- PR9 – Incident & Service Request Management (ISRM)
- PR10 – Problem Management (PM)
- PR11 – Configuration Management (CONFM)
- PR12 – Change Management (CHM)
- PR13 – Release & Deployment Management (RDM)
- PR14 – Continual Service Improvement Management (CSI)

Im Unterschied zu anderen Frameworks für das IT-Service-Management stellt FitSM diese Prozesse grafisch in keiner Struktur mit Abfolgen, Abhängigkeiten oder einem Lebenszyklus dar. Aus optischen Gründen lassen sich die Prozesse jedoch folgendermaßen gliedern.

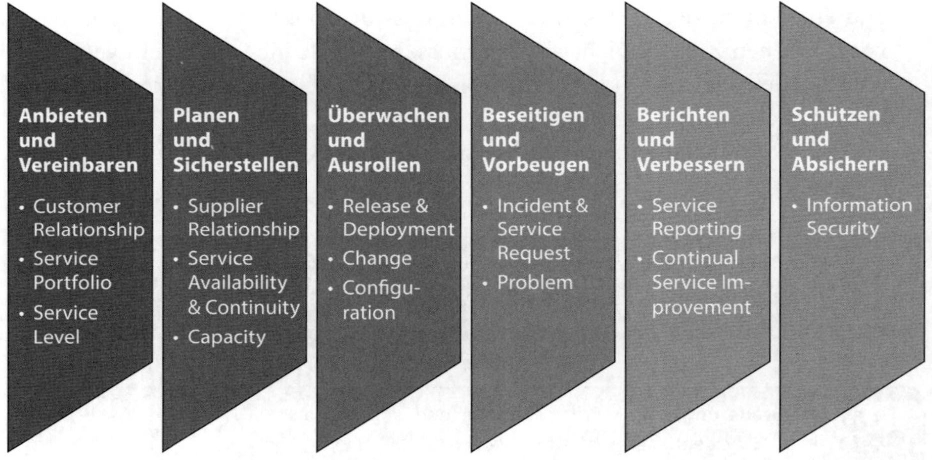

Abb. 2–4 *FitSM-Prozesse im Überblick*

2.3 Einführung in die Beispielfirma Bikes & more

Zur Veranschaulichung und Praxisorientierung wird im Folgenden ein mittelständisches Unternehmen skizziert, das durch die einzelnen Kapitel des Buches begleitet und eine Komponente nach der anderen praktisch umsetzt. Auf diese Weise werden die Erläuterungen greifbarer und einfacher nachvollziehbar. Viele Organisationen haben bei der Einführung eines IT-Service-Managements Schwierigkeiten, die Prozesse einfach zu halten und die vielen Rollen auf wenige Personen zu verteilen. Daher wurde absichtlich ein Unternehmen mit einer sehr kleinen IT-Abteilung skizziert. Die beschriebenen beispielhaften Implementierungen auf eine größere Personenzahl zu skalieren fällt vielen Personen leichter, als umfangreiche Beispiele auf eine kleine IT-Abteilung herunterzubrechen.

Die Firma Bikes & more baut hochwertige Fahrradrahmen, die aufgrund ihres geringen Gewichtes und ihrer hohen Stabilität im professionellen Radrennen auf der Straße, aber auch bei Mountainbike-Rennen eingesetzt werden. Die Kundschaft besteht aus Fahrradhändlern, Vereinen und Privatkunden. Die Produkte werden weltweit ausgeliefert.

In den letzten Jahren hat sich das mittelständische Unternehmen als sehr innovativ erwiesen. So wurde vor zehn Monaten eine Onlineplattform eingeführt, die den Vertrieb unterstützt und unter anderem folgende Funktionalität mitbringt:

- **Individuelle Bestellungen**
  Kunden können Bestellungen für Ersatzteile, einzelne Rahmen, aber auch für größere Mengen tätigen. Farbe und Muster der Lackierung kann der Kunde hierbei individuell bestimmen.
- **Kalkulation eines verbindlichen Liefertermins**
  Bereits bei der Bestellung wird ein verbindlicher Liefertermin kalkuliert und dem Kunden mitgeteilt.
- **Änderungen der Bestellung bis Produktionsbeginn**
  Bis die Produktion beginnt, kann ein Kunde Details seiner Bestellung ändern oder diese sogar komplett stornieren.
- **Nachverfolgung des aktuellen Produktionsstatus**
  Kunden können jederzeit den aktuellen Produktions- bzw. Lieferstatus ihrer Bestellung nachverfolgen.

Die Onlineplattform kommt bei den Kunden sehr gut an. Es werden bereits 70 Prozent der Bestellungen darüber abgewickelt, Tendenz steigend. Vereine nutzen gerne die Möglichkeit, Rahmen individuell zu bestellen und diese einheitlich in Vereinsfarben lackieren zu lassen. Fahrradhändler können aufgrund des verbindlichen Liefertermins ihren Kunden wiederum verbindliche Fertigstellungstermine zusagen. Dies spielt gerade vor wichtigen Radrennen eine große Rolle.

Die IT-Abteilung von Bikes & more besteht aus sieben Personen:

- **IT-Leitung (1 Person)**
  Der IT-Leiter koordiniert die Abteilung, verantwortet das IT-Budget und ist der disziplinarische Vorgesetzte der Abteilung. Er steht den restlichen Mitarbeitern bei neuen Projekten mit seinen technischen, aber auch organisatorischen Kenntnissen zur Seite. Bei neuen Projekten übernimmt er häufig die Projektkoordination. Er entscheidet über den Einsatz externer Dienstleister und legt Prioritäten fest, vor allem im Falle personeller Engpässe. Darüber hinaus ist er erster Ansprechpartner für die restlichen Mitarbeiter von Bikes & more, die sich bei neuen Anforderungen an die IT direkt an ihn wenden.

- **Stellvertretende IT-Leitung, IT-Sicherheitsbeauftragter (1 Person)**
  Der stellvertretende IT-Leiter vertritt nicht nur den IT-Leiter bei Abwesenheit, er übernimmt, je nach Auslastung des IT-Leiters, in Einzelfällen auch die Projektkoordination. Darüber hinaus wurde kürzlich das Thema IT-Sicherheit für das Unternehmen relevant. Ihm fiel die Aufgabe zu, das für Bikes & more maßgebende Sicherheitsniveau zu ermitteln, dieses auf Defizite hin zu untersuchen und mit möglichst geringen Mitteln sinnvolle Maßnahmen umzusetzen.
- **Administration der Netzwerke, Betriebssysteme und Virtualisierung (1 Person)**
  Neben der Administration von Netzwerken und Servern werden hier auch virtuelle Server für Kollegen eingerichtet. Darüber hinaus spielt der sichere Remotezugriff mittels Notebooks und Smartphones auf das Netzwerk eine immer größere Rolle.
- **Administration von E-Mail-Kommunikation, Datenbankserver und einiger Business-Anwendungen wie Buchhaltung, Faktura und die Onlineplattform für Kunden (2 Personen)**
  Diverse Business-Anwendungen verlangen regelmäßig kleine Änderungen, für die administratives Know-how nötig ist, wie beispielsweise die automatisierte verschlüsselte Datenübertragung der Personalabrechnungen zu den Krankenkassen. Darüber hinaus müssen stetig Updates der Hersteller eingespielt werden.
- **Servicedesk und Vor-Ort-Unterstützung (2 Personen)**
  Zwei Auszubildende übernehmen den Servicedesk und gehen bei Bedarf zum Anwender vor Ort, um diesem direkt an seinem Arbeitsplatz Unterstützung zu bieten.

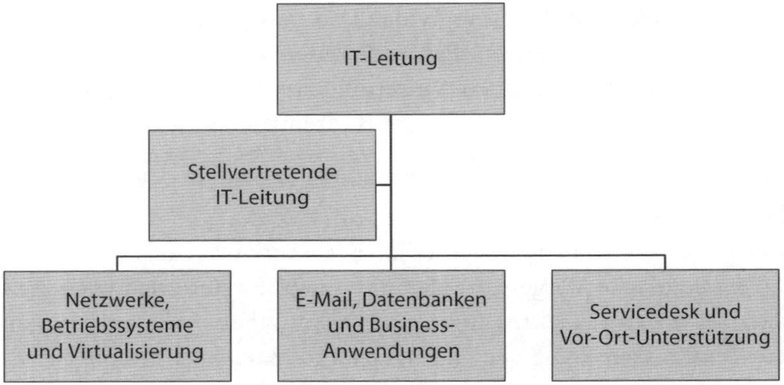

Abb. 2–5 *Organigramm der IT-Abteilung von Bikes & more*

Die IT-Leitung hat darauf geachtet, dass für jede Aufgabe mindestens ein Stellvertreter benannt ist, der in der Lage ist, bei Abwesenheit oder Überlastung des Hauptverantwortlichen bestimmte Tätigkeiten durchzuführen. Das Know-how geht in einigen Bereichen nicht so tief, dass der Kollege komplett ersetzt werden kann, aber im Notfall könnten auch die Hersteller der Produkte oder ein externes Systemhaus unterstützen.

In der Vergangenheit gab es immer mal wieder kleinere IT-Ausfälle, die zu Beeinträchtigungen der Geschäftsprozesse geführt haben. Durch ein stetiges Wachstum und eine zunehmende Komplexität steigen Anzahl und Dauer derartiger Ausfälle leicht an. Die Geschäftsleitung befürchtet, dass sich dies auf die Onlineplattform ausweiten könnte. Ein Ausfall der Onlineplattform während kritischer Geschäftszeiten könnte zu immensen Verlusten an Aufträgen führen. Falls aufgrund von Ausfällen verbindliche Lieferzusagen nicht eingehalten werden können, dann können immense Schadenersatzanforderungen resultieren. Daher erteilt die Geschäftsleitung der IT-Leitung den Auftrag, sich professionell aufzustellen, um den steigenden Anforderungen gerecht zu werden.

2.4 Das FitSM-Rollenkonzept

Gemäß der Definition in FitSM-0 handelt es sich bei einer Rolle um einen zusammengehörenden Satz von Verantwortlichkeiten und Aufgaben, die gemeinsam eine logische Einheit bilden. Eine Rolle kann einer einzelnen Person oder auch einem ganzen Team zugeordnet werden. Zur Ausübung einer Rolle benötigt die jeweilige Person oder das Team gewisse Kompetenzen, also bestimmte Kenntnisse, Fähigkeiten und Erfahrungen.

Neben der klaren Bestimmung von Verantwortung und Aufgaben bieten Rollen den Mitarbeitern einer Organisation auch die Möglichkeit, sich weiter zu entwickeln. Erwirbt eine Person mit der Zeit gewisse Kompetenzen, kann durch die Zuweisung einer zusätzlichen Rolle der Verantwortungs- und Aufgabenbereich erweitert werden, ohne diesen jedes Mal neu definieren zu müssen.

In FitSM-3 wird ein Rollenmodell präsentiert, das keinen verpflichtenden Charakter hat, sondern lediglich als Vorschlag anzusehen ist. Es ist generisch aufgebaut, d.h., es beschreibt grundsätzlich notwendige Rollen, die dann auf konkrete Anwendungsfälle übertragen werden. Diese konkreten Anwendungsfälle sind das Service-Management-System, ein Service und ein Prozess. Die folgende Grafik stellt die sieben Rollen und die Zuordnung dar.

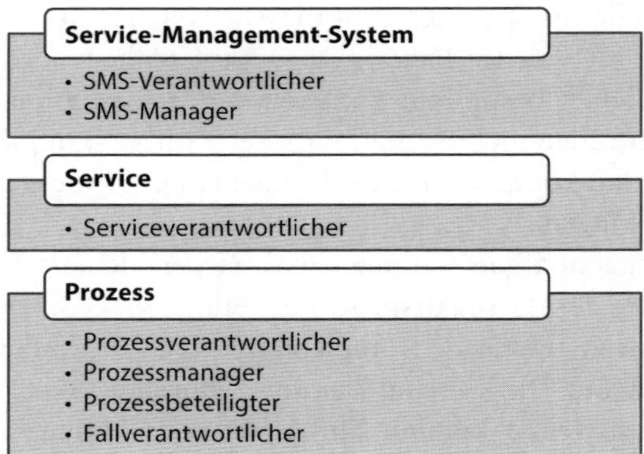

Abb. 2–6 *Zuordnung der Rollen in FitSM*

Bei den aufgeführten Rollen ist grundsätzlich zwischen **Verantwortlichen (Owner)** und **Managern** zu unterscheiden. Der Verantwortliche übernimmt für einen definierten Bereich die strategische Verantwortung. Er kennt verbindliche Vorgaben wie beispielsweise gesetzliche Vorschriften, er legt die Kernziele fest und ist für die Zielerreichung verantwortlich. Meist ernennt er einen oder mehrere Manager, die sich um die operative Umsetzung kümmern. Zur Umsetzung der strategischen Kernziele des Verantwortlichen legt ein Manager Teilziele fest, definiert Vorgaben und steuert durch die Festlegung durchzuführender Aktivitäten das Tagesgeschäft. Dabei kann der Manager selbst einige dieser Aktivitäten übernehmen oder an andere Personen weiter delegieren. Die entsprechenden Ressourcen (finanziell und personell) stellt der Verantwortliche zur Verfügung. Während der Verantwortliche also die Richtung bestimmt, kümmert sich der Manager darum, dass die Richtung tatsächlich gehalten wird.

2.4.1 Rollen im Service-Management-System

Auf der Ebene des gesamten Verwaltungssystems zur Serviceerbringung, also des Service-Management-Systems (SMS) beschreibt FitSM-3 die Rollen des SMS-Verantwortlichen und des SMS-Managers.

Der **SMS-Verantwortliche (SMS Owner)** trägt die Gesamtverantwortung für das Service-Management-System und alle daraus resultierenden Aktivitäten. Er gibt die Zielsetzung, eine Orientierung und die Richtung vor und stellt sicher, dass das gesamte SMS mit seinen Prozessen und Services sich an den Anforderungen des Kunden ausrichtet (Governance). Bei einer internen IT-Abteilung bedeutet das, dass sich die IT-Strategie aus der Unternehmensstrategie des gesamten Unternehmens ableitet. Nur so kann wiederum die IT-Strategie die Unternehmensstrategie unterstützen.

Die Rolle des SMS-Verantwortlichen sollte mit jemandem aus dem Topmanagement besetzt werden, also einer Person, die zum obersten Management zählt.

Sie sollte über die entsprechende Autorität verfügen, um verbindliche Richtlinien festzulegen und übergreifende Kontrolle über die Organisation auszuüben. Im Falle eines IT-Systemhauses dürfte dies die Geschäftsleitung sein. Bei einer Organisation mit interner IT-Abteilung hat der IT-Leiter die weitreichendste Autorität über den internen Service-Provider.

Der **SMS-Manager** ist verantwortlich für die Einführung und Weiterentwicklung des Service-Management-Systems. Er stellt sicher, dass die am SMS beteiligten Personen die nötigen Kompetenzen besitzen, und repräsentiert das Bindeglied zwischen den Prozessverantwortlichen. Er berichtet regelmäßig dem SMS-Verantwortlichen und bindet ihn bei Ereignissen ein, die die Ziele des SMS gefährden könnten.

Im Gegensatz zu einem Projektleiter im eigentlichen Sinne ist die Arbeit des SMS-Managers mit der Einführung des SMS nicht getan. Er kümmert sich um den Betrieb und die stetige Optimierung des SMS. Dazu gehört es auch, zu prüfen, ob die Prozesse ihre Ziele erreichen.

Der SMS-Manager pflegt den Service-Management-Plan und macht diesen allen Beteiligten zugänglich. Er dokumentiert dort unter anderem die Ziele des SMS und wie diese erreicht werden sollen.

2.4.2 Rollen im Service

Für jeden angebotenen Service gibt es einen **Serviceverantwortlichen (Service Owner)**. Er trägt die Verantwortung für einen bestimmten IT-Service. Er ist der erste Ansprechpartner für alle den Service betreffenden technischen und nicht technischen Aspekte, die nicht bereits durch Prozesse geregelt sind. In seiner Verantwortung liegen die Dokumentation des Service, insbesondere die Servicebeschreibung, die Spezifikationen und Festlegung von Servicezielen sowie die Überprüfung der Zielerreichung in regelmäßigen Abständen. Daraus leitet sich auch eindeutig die Verantwortung der kontinuierlichen Serviceverbesserung ab. Darüber hinaus wird er über wesentliche Ereignisse, ungewöhnliche Situationen oder Änderungen im Service informiert. Die relevanten Informationen über seinen Service berichtet er dem SMS-Verantwortlichen.

2.4.3 Rollen im Prozess

Die drei bereits erläuterten Prozessebenen (Definitionsebene, Steuerungsebene, Durchführungsebene) werden jeweils durch eine bestimmte Rolle repräsentiert.

Der **Prozessverantwortliche (Process Owner)** legt auf der Definitionsebene die Rahmenbedingungen des Prozesses fest.

Hierzu gehört unter anderem die Identifikation von Schnittstellen mit anderen Prozessen. Zur praktischen Umsetzung des Prozesses ernennt er einen Prozessmanager und stellt sicher, dass dieser über ausreichende Fähigkeiten zur

Erfüllung seiner Aufgaben verfügt. Zur Durchführung der Aktivitäten im Prozess werden Ressourcen benötigt, vor allem personelle Ressourcen. Die Entscheidung über die Bereitstellung dieser Ressourcen zählt zu seinen Aufgaben.

Er trägt die Gesamtverantwortung über den Prozess und verantwortet somit auch die Zielerreichung.

Bei kleinen Service-Providern legt FitSM-3 nahe, die Rollen SMS-Verantwortlicher und alle Prozessverantwortlichen einer einzelnen Person zuzuweisen, die dann die strategische Ausrichtung des Dienstleisters mit all seinen Prozessen vorgibt.

Der **Prozessmanager** (**Process Manager**) verantwortet auf der Steuerungsebene die operative Ausführung des Prozesses.

Der Prozessmanager erstellt und pflegt die Prozessbeschreibung. Dabei stellt er sicher, dass diese allen relevanten Personen zur Verfügung steht. Er überwacht die Prozessausführung und die Prozessergebnisse und identifiziert Möglichkeiten, um die Effektivität sowie die Effizienz des Prozesses zu verbessern. Die Prozessergebnisse und Optimierungsmöglichkeiten berichtet er dem Prozessverantwortlichen, sodass dieser über den Stand der Zielerreichung informiert ist. Sollten sich bei der Optimierung grundlegende Änderungen im Prozess ergeben, werden diese dem Prozessverantwortlichen zur Genehmigung vorgelegt.

Sollten im Tagesgeschäft außergewöhnlich wichtige Entscheidungen anfallen, die die Kompetenzen des Prozessmanagers übersteigen, eskaliert er diese an den Prozessverantwortlichen.

Im Falle eines sehr umfangreichen Prozesses können sich auch mehrere Prozessmanager die operativen Aufgaben teilen. Es muss allerdings darauf geachtet werden, dass die Verantwortlichkeiten klar abgegrenzt sind, z.B. indem ein Prozess in mehrere Teilprozesse untergliedert wird.

Die **Prozessbeteiligten** (**Member of Process Staff**), auch Prozessmitarbeiter genannt, sind auf der Durchführungsebene aktiv und setzen Prozessaktivitäten um. Die Aktivitäten werden gemäß der Prozessbeschreibung des Prozessmanagers ausgeführt. Ein Prozess benötigt zur Durchführung aller Aktivitäten häufig eine Menge unterschiedlicher Prozessbeteiligter mit unterschiedlichen Fähigkeiten. Sollten Ausnahmen, also relevante Abweichungen von einer Regel, auftreten, werden sie an den Prozessmanager kommuniziert (eskaliert). Dieser entscheidet dann über den Umgang mit der jeweiligen Ausnahme.

Ein Service kann nur erfolgreich erbracht werden, wenn viele einzelne Prozesse Hand in Hand arbeiten. Somit ist ein erfolgreich erbrachter Service das Ergebnis vieler erfolgreich operierender und wechselwirkender Prozesse.

In vielen Prozessen wird für bestimmte Vorfälle oder Dokumente ein **Fallverantwortlicher** (**Case Owner**) benannt. Dieser begleitet einen Vorfall oder ein Dokument innerhalb eines Prozesses bis zum Ende. Im Change-Management-Prozess steuert er eine Änderung, im Incident & Service Request Management eine Störung von der Aufnahme bis zu Abschluss. Im Supplier Relationship Management ist er der Ansprechpartner für eine Vereinbarung mit einem Lieferanten. Ein Fallverantwortlicher kann die Verantwortung für einen oder mehrere Vorfälle übernehmen. Sollte sich eine nicht regelkonforme Situation ergeben, eskaliert er dies zum jeweiligen Prozessverantwortlichen.

Die hier beschriebenen Prozessrollen werden für jeden einzelnen Prozess einer Person oder einem Team zugewiesen. Darüber hinaus kann es innerhalb der einzelnen Prozesse weitere prozessspezifische Rollen geben.

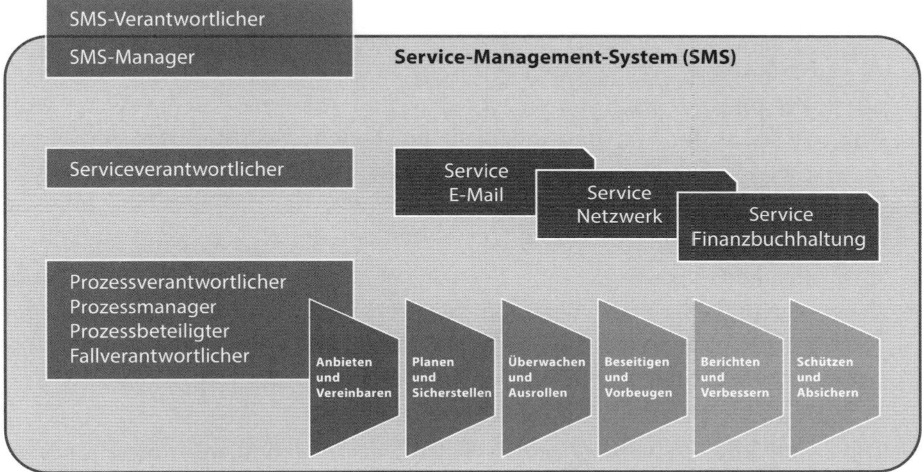

Abb. 2–7 *Rollenmodell gemäß FitSM-3*

2.4.4 Das RACI-Modell

Um die Beteiligung und Verantwortlichkeit für bestimmte Tätigkeiten und Aufgaben innerhalb der IT-Organisation zu erfassen, vollständig zu beschreiben und eindeutig festzulegen, bietet sich das RACI-Modell mit seinen vier Ausprägungen (zuständig/Responsible, verantwortlich/Accountable, beratend/Consulted, zu informieren/Informed) an. Dieses Modell kann für viele Aufgabenstellungen angewendet werden. Es stellt eine definierte Beziehung zwischen Aufgaben und Personen bzw. Rollen her.

Innerhalb eines Prozesses oder eines ähnlichen Bereiches werden Aktivitäten beschrieben, die wiederum von Rollen besetzt werden. Doch welche Rolle führt welche Aktivität aus? Und welche Rolle ist für das Ergebnis verantwortlich? Wer muss informiert oder anderweitig einbezogen werden? Bei der Klärung dieser Fragen kann das RACI-Modell[2] unterstützen. Es wird dabei eine Matrix erstellt,

2. Auch in abgewandelter Form als AKV-Matrix bekannt, wobei die Buchstaben für Aufgaben, Kompetenzen und Verantwortung stehen.

die in den Zeilen die Aktivitäten eines Prozesses aufführt und in den Spalten alle Rollen, die am Prozess beteiligt sind. In den Zellen (Schnittpunkte) wird festgehalten, in welcher Form eine bestimmte Rolle an einer Aktivität beteiligt ist. In der einfachen Form einer RACI-Matrix stehen folgende Varianten zur Verfügung:

- **R – Responsible**
  Diese Person/Rolle führt die Aktivität selbst aus oder übernimmt die Initiative zur Durchführung. Sie hat also die Durchführungsverantwortung. Im deutschen Sprachgebrauch ist teilweise bei der Übernahme der Verantwortung für eine Aufgabe eine Vermischung dieser Verantwortung mit der folgenden Ausprägung anzutreffen.
- **A – Accountable**
  Diese Person/Rolle trägt die »juristische« und »kaufmännische« Verantwortung. Sie lenkt die Aktivität, indem sie die Ziele festlegt und Ressourcen mit ausreichenden Fähigkeiten zur Verfügung stellt. Sie hat also die Ergebnisverantwortung. Eine Trennung in Verantwortung für das Ergebnis und die Durchführung ist für den Erfolg von Aktivitäten in der Regel sehr sinnvoll.
- **C – Consulted**
  Diese Person/Rolle steht beratend zur Verfügung. Zur Durchführung der Aktivität kann ihr Know-how oder eine andere Art von Unterstützung erforderlich sein. Sie führt jedoch die Aktivität nicht selbst durch.
- **I – Informed**
  Diese Person/Rolle wird über den Verlauf der Aktivität informiert. Dies ist vor allem dann wichtig, wenn eine Aktivität vom Ergebnis der vorherigen Aktivität abhängt. Dann muss das Ergebnis der vorherigen Aktivität der Person/Rolle kommuniziert werden, die die darauffolgende Aktivität durchführt. Die Information muss jedoch nicht immer aktiv erfolgen, eine elektronische Dokumentation und die Möglichkeit des Abrufs durch die zu informierende Person ist häufig ausreichend.

Bei der Zusammenführung von Aktivitäten und Personen/Rollen sind ein paar Regeln zu beachten:

- Ein »A« kommt in einer Zeile immer genau einmal vor. Auf diese Weise wird eindeutig bestimmt, wer die Verantwortung für das Ergebnis einer Aktivität trägt. Die Anwendung bzw. Beachtung dieser Regel sorgt in der Praxis beim Aufbau einer solchen Tabelle häufig für klärende Diskussionen.
- Jede Zeile enthält mindestens ein »R«. Eine Aktivität ohne »R« wird nicht durchgeführt. Für die Durchführung einer Aktivität kann die Zusammenarbeit mehrerer Personen notwendig sein, wodurch mehrere »R« in einer Zeile durchaus legitim sind.
- Die Kombination verschiedener Buchstaben innerhalb einer Zelle ist möglich und häufig auch sinnvoll. Dies ist beispielsweise immer dann der Fall, wenn

die Person, die die Ergebnisverantwortung trägt, mit ihrem Know-how unterstützt (»AC«) oder die verantwortende Rolle gerne eine Rückmeldung zum Ergebnis hätte (»AI«). Jedoch sind gewisse Kombinationen mit Vorsicht zu genießen. Hierzu gehört insbesondere »AR«, was bedeutet, dass die durchführende Person die Gesamtverantwortung für das Ergebnis trägt und sich somit ihre eigenen Vorgaben macht bzw. sich selbst kontrolliert. Gerade in kleinen Organisationen kann jedoch zugunsten eines einfachen Ablaufes die Kombination »AR« sinnvoll sein. Man sollte sich jedoch darüber bewusst sein, dass bei einer Konzentration von »AR« auf eine Person auf eine Kontrollinstanz verzichtet wird.

2.4.5 Anwendung des Rollenkonzeptes bei Bikes & more

Die IT-Abteilung von Bikes & more war zu Beginn etwas überwältigt von den vielen Rollen, die auf sie zukommen. Die IT-Leitung hat sich gefragt, ob man nicht doch etwas klein sei, um ein solches Service-Management-System einzuführen. Bei genauerer Betrachtung wurde jedoch schnell klar, dass die Rollenzuteilung gar nicht so schwierig wird. Viele Rollen haben sogar den Vorteil, Aufgaben und Verantwortlichkeiten neu zu ordnen. Da in absehbarer Zeit einige Mitarbeiter mehr Verantwortung übernehmen sollen, bietet sich ein derartiges Rollenmodell an.

Im ersten Schritt hat man sich dazu entschieden, der Empfehlung von FitSM zu folgen und dem IT-Leiter die Rollen SMS-Verantwortlicher und Prozessverantwortlicher zuzuweisen. Auf diese Weise ist und bleibt er derjenige, der die Ausrichtung der IT-Abteilung bestimmt. Er muss die IT-Strategie gegenüber der Geschäftsleitung von Bikes & more rechtfertigen und trägt die Gesamtverantwortung für den Betrieb stabiler Services, die sich an den Anforderungen von Bikes & more orientieren.

Sein Stellvertreter soll sich federführend um die Umsetzung des SMS, die Einführung der Prozesse sowie um deren operative Ausführung kümmern. Somit übernimmt er die Rolle des SMS-Managers sowie alle Prozessmanager-Rollen. IT-Leiter und Stellvertreter nehmen somit jeweils unterschiedliche Rollen in einer Person wahr.

Der IT-Leitung ist bewusst, dass mit dieser massiven Bündelung der Aufgaben einige Kontrollmechanismen wie das Vieraugenprinzip oder das Festlegen und Kontrollieren von Zielen außer Kraft gesetzt werden. Allerdings ist es aufgrund der geringen Mitarbeiterzahl sowieso notwendig, viele Rollen zu bündeln. Mit dieser Zusammenführung wird der Abstimmungsaufwand zwischen den Rollen SMS-Verantwortlicher, SMS-Manager, Prozessverantwortlicher und Prozessmanager auf ein Minimum reduziert.

Mittelfristig möchte die IT-Leitung sich die Möglichkeit offenhalten, mehr Verantwortung an IT-Mitarbeiter zu delegieren. Das soll im Rahmen einer Personalentwicklung geschehen. Zur Prüfung ihrer Organisationsfähigkeit kann zukünftig einzelnen IT-Mitarbeitern die Rolle des Fallverantwortlichen z.B. bei einzelnen Changes übertragen werden. Bei entsprechender Eignung ist es möglich, dass diese die Rolle eines Prozessmanagers übernehmen.

Die restlichen Mitarbeiter stellen die Prozessbeteiligten innerhalb der Prozesse dar, die die zu erledigenden operativen Aufgaben durchführen.

Die beiden Betreuer der Business-Anwendungen haben für die meisten Services die Rolle des Serviceverantwortlichen übernommen. Dabei ist aufgefallen, dass Anwendungen und Services nicht deckungsgleich sind. Manche Services werden durch mehrere Anwendungen unterstützt und manche Anwendungen kommen in mehreren Services zum Einsatz. Gemeinsam mit den Kunden wurde identifiziert, welche Funktionalitäten sinnvoll alleine buchbar sind, und diese wurden dann als Services definiert.

Darüber hinaus wurden zwei weitere Services identifiziert: Standardarbeitsplatz und Standardbenutzer. Diese beinhalten alle Bestandteile, die grundsätzlich jedem Arbeitsplatz bzw. jedem Benutzer zur Verfügung stehen. Eine Überlegung, beide Services in einem zu vereinen, wurde verworfen, da es bei Bikes & more Anwender ohne festen Arbeitsplatz gibt sowie Arbeitsplätze, die keinem speziellen Anwender zugeordnet werden. Serviceverantwortlicher für diese beiden Services wird der Administrator für Netzwerke und Betriebssysteme.

3 Allgemeine Anforderungen

Ein Unternehmen, das sich entschieden hat, ein Service-Management-System gemäß FitSM zu implementieren, kann sich auf ein Dokument konzentrieren, das verbindliche Vorgaben dazu macht: FitSM-1. Damit wird der umfassende Charakter dieses Vorgehens hervorgehoben. Das Ziel sollte nicht allein darin bestehen, Prozesse »irgendwie« zu implementieren, sondern ein Qualitätsmanagementsystem mit konkreten Zielen und abteilungsübergreifendem Ansatz zu realisieren und es an gängigen Vorgaben auszurichten.

FitSM-1 stellt eine Sammlung aller Anforderungen (Requirements) dar, die ein FitSM-konformes SMS ausmachen. Die Umsetzung aller Anforderungen dient als Nachweis für die Effektivität eines SMS. Diese Anforderungen sind im Prinzip eindeutig formuliert. Jedoch gibt es in der Praxis immer einen Auslegungsspielraum und konkrete individuelle Ausprägungen. Daher werden mit FitSM-6 unterschiedliche Stufen der Umsetzung formuliert und entsprechende Fähigkeitsgrade den Anforderungen zugeordnet.

FitSM führt in Summe 85 Anforderungen auf, die von einer Organisation umgesetzt werden sollten, die IT-Services für Kunden erbringt. Diese Anforderungen sind in zwei Bereiche unterteilt. Der erste Teil enthält 16 allgemeine Anforderungen (General Requirements, GR) mit einer Relevanz für das gesamte SMS. Der zweite Teil ist prozessspezifisch aufgebaut und enthält die Anforderungen an die jeweiligen Prozesse (Process Requirements, PR). Die allgemeinen Anforderungen sind auf verschiedene Bereiche aufgeteilt und in der folgenden Tabelle aufgeführt:

Bereich	**Anzahl**
GR1: Verpflichtung des Topmanagements	2
GR2: Art und Umfang der Dokumentation	4
GR3: Definition des Anwendungsbereiches Service-Management	1
GR4: PLAN: Planung	3
GR5: DO: Implementierung	2
GR6: CHECK: Überwachen und Überprüfen	2
GR7: ACT: Kontinuierliche Verbesserung	2

Die 69 prozessspezifischen Anforderungen ergeben sich aus den zwei bis sieben Anforderungen für jeden der 14 Prozesse. Die Anzahl der Anforderungen pro Prozess zeigt folgende Tabelle:

Prozess	Anzahl
PR1: Service Portfolio Management	4
PR2: Service Level Management	7
PR3: Service Reporting	3
PR4: Service Availability & Continuity Management	4
PR5: Capacity Management	4
PR6: Information Security Management	5
PR7: Customer Relationship Management	6
PR8: Supplier Relationship Management	4
PR9: Incident & Service Request Management	7
PR10: Problem Management	4
PR11: Configuration Management	6
PR12: Change Management	7
PR13: Release & Deployment Management	6
PR14: Continual Service Improvement Management	2

Ein effektives Service-Management-System gemäß FitSM umfasst alle 85 Anforderungen, weil es nicht ausreicht, nur die IT-nahen Anforderungen aus den Prozessen zu betrachten. Die allgemeinen Anforderungen aus Sicht eines Qualitätsmanagementsystems sind auch zu erfüllen und werden daher zunächst an dieser Stelle behandelt.

3.1 GR1 – Verpflichtung und Verantwortung des Topmanagements

Bei der Gestaltung des Service-Management-Systems ist die Sicherstellung der Governance ein erstes Ziel. Für den Begriff Governance existieren verschiedene Definitionen, die sich für das SMS auf die folgende Sichtweise zusammenführen lassen: Es wird sichergestellt, dass Führung, Organisationsstruktur und Prozesse des Service-Providers die Strategie und die Ziele des Kunden unterstützen. Die Einhaltung der Governance ist also eine Aufgabe des Topmanagements und wird bei FitSM in den ersten beiden allgemeinen Anforderungen festgeschrieben:

- GR1.1
  Nachweis des Engagements des Topmanagements
- GR1.2
  Inhalte einer Service-Management-Richtlinie

3.1.1 GR1.1 – Nachweis des Engagements des Topmanagements

FitSM fordert ein grundlegendes Bekenntnis des Topmanagements zu einem Qualitätsmanagement. Das wird konkret an der Forderung nach einem Service-Management-System festgemacht:

Das Topmanagement des Service-Providers muss eindeutig zeigen, dass es ein Service-Management-System umsetzen will. Das umfasst Planung, Einführung, Betrieb, Überwachung, Überprüfung und Verbesserung des SMS. Konkret bedeutet das:

- Einer Person die Verantwortung für das gesamte SMS übertragen; dies schließt die Übertragung ausreichender Kompetenzen ein, um diese Rolle auszuüben.
- Ziele definieren und kommunizieren
- Eine übergeordnete Service-Management-Richtlinie definieren
- In geplanten Abständen Managementreviews durchführen

Diese Anforderung ist auf der einen Seite sehr wichtig und eine grundlegende Voraussetzung für ein funktionierendes IT-Service-Management. Andererseits stellt sie insbesondere für kleinere und mittlere Organisationen in der Praxis eine inhaltliche und zeitliche Herausforderung dar. In FitSM-6 werden dazu die folgenden Fähigkeitsgrade unterschieden:

Fähigkeitsgrad	Beschreibung
1	Das Topmanagement hat mit Service-Management-Aktivitäten primär nur auf reaktiver Basis zu tun. Es gibt ein grundsätzliches Bewusstsein der Verantwortlichkeiten zur Kommunikation von Zielen und Richtlinien. Das gilt auch für die Überwachung und die Überprüfung der Effektivität des SMS. Damit verbundene Aktivitäten werden nach bestem Wissen in individuellen Situationen ausgeführt und folgen weder einem formalen noch einem leicht wiederholbaren Ansatz.
2	Die Genehmigung und die Überprüfung der generellen Service-Management-Richtlinie durch das Topmanagement erfolgt in einem regulären Intervall mit einem klaren Verständnis der erforderlichen Aktivitäten. Ziele und Richtlinien werden mit entsprechenden Verteilungsmechanismen effektiv kommuniziert und Kommunikationskanäle in gleichbleibender Weise genutzt. In regelmäßigen Intervallen überprüft das Topmanagement die Effektivität des SMS und dokumentiert die wichtigsten Ergebnisse und Folgeaktionen.
3	Die Verantwortlichkeiten des Topmanagements im Rahmen des Service-Managements sind klar definiert und dokumentiert, insbesondere ist die Rolle eines Senior-SMS-Verantwortlichen festgelegt und einem Topmanagement-Repräsentanten zugeordnet. Die Genehmigung und Überprüfung der Service-Management-Richtlinie werden in einer formalen Weise durchgeführt um sicherzustellen, dass eine effektive Kommunikation der Ziele und Richtlinien erfolgt und Kommunikationspläne erstellt sind. Aus ihnen wird ersichtlich, wer was wann an wen kommuniziert. Formale Managementreviews des übergreifenden SMS werden in gut geplanten Intervallen durchgeführt.

3.1.2 GR1.2 – Inhalte einer Service-Management-Richtlinie

Die Service-Management-Richtlinie ist ein zentrales Element in FitSM und muss mindestens Folgendes umfassen:

- Eine Verpflichtung zur Erfüllung der Service-Anforderungen des Kunden
- Die Verpflichtung auf einen serviceorientierten Ansatz im Service-Management
- Eine Verpflichtung auf eine prozessorientierte Umsetzung im Service-Management
- Eine Verpflichtung zur kontinuierlichen Verbesserung
- Übergreifende Ziele im Service-Management

Die Einführung eines SMS bringt einige Konsequenzen mit sich. Verantwortlichkeiten und Zuständigkeiten können sich verschieben, die Aufgaben und die Arbeitsweise der beteiligten Personen werden sich teilweise verändern. Dieses führt naturgemäß zu Unsicherheit und Ablehnung bei vielen Betroffenen. Daher ist die Vorgabe der Ziele und damit der Richtung durch das Topmanagement notwendig. Das Topmanagement hat die Veränderung aktiv zu begleiten und kann Betroffene zu Beteiligten machen, um die Akzeptanz zu stärken.

Im Rahmen regelmäßig stattfindender Managementreviews werden Angemessenheit, Reife und Effizienz des SMS geprüft. Es wird also festgestellt, ob die Richtlinien und Abläufe zielführend sind, ob sie eingehalten werden und sie in der praktischen Umsetzung auch die gewünschten Ergebnisse erbringen. Auf dieser Basis können Verbesserungspotenziale identifiziert und Folgemaßnahmen festgelegt werden. Die Prüfung wird durch das Topmanagement der Organisation durchgeführt, die das SMS betreibt. In der Regel handelt es sich um den SMS-Verantwortlichen.

Fähigkeitsgrad	Beschreibung
1	Eine übergreifende Service-Management-Richtlinie existiert, jedoch fehlen eindeutige Ziele für das Service-Management und eine eindeutige Verpflichtung auf die wichtigsten Prinzipien im Service-Management.
2	Die übergreifende Service-Management-Richtlinie beschreibt eindeutig Ziele für das Service-Management und enthält die Verpflichtung auf ausgewählte Prinzipien im Service-Management.
3	Eine übergreifende Service-Management-Richtlinie wurde dokumentiert, die die erforderlichen Elemente inklusive klarer Service-Management-Ziele und einer Verpflichtung zur Erfüllung der Service-Anforderungen der Kunden abdeckt. Diese folgt einem service- und prozessorientierten Ansatz, genauso wie einem Ansatz der kontinuierlichen Service-Verbesserung.

3.2 GR2 – Art und Umfang der Dokumentation

Eine nachvollziehbare Dokumentation bildet das Fundament zur Etablierung eines effektiven Service-Managements. Wie detailliert diese im Einzelfall ausgestaltet wird, hängt letztendlich von der jeweiligen Umsetzung im Unternehmen ab. Ein hoher Dokumentationsgrad führt zu klaren Rahmenbedingungen, erhöht jedoch auch den Aufwand zur Erstellung, Einhaltung und Überprüfung. Ein geringer Dokumentationsgrad bietet Flexibilität und reduziert den Aufwand, allerdings bietet er auch einen erhöhten Interpretationsspielraum. Dieser wirkt sich negativ bei Aktivitäten aus, die immer gleich durchgeführt werden sollten, und macht die Messung einer Zielerreichung schwieriger. Grundsätzlich legt FitSM Wert darauf, dass nicht nur das Service-Management-System und die Prozesse, sondern auch die Ergebnisse dokumentiert werden. Konkret werden vier Anforderungen formuliert:

- **GR2.1**
  Umfang und Inhalt der Dokumentation des Service-Management-Systems
- **GR2.2**
  Umfang und Inhalt der Prozessdokumentation
- **GR2.3**
  Dokumentation der Prozessergebnisse
- **GR2.4**
  Management der Dokumentation

3.2.1 GR2.1 – Umfang und Inhalt der Dokumentation des Service-Management-Systems

Zur Unterstützung einer effektiven Planung müssen die grundlegenden Bestandteile des SMS dokumentiert werden. Diese Dokumentation muss Folgendes beinhalten:

- Eine Erklärung zum Anwendungsbereich des Service-Managements (wird in GR3 genauer spezifiziert)
- Eine Service-Management-Richtlinie (wie in GR1 schon beschrieben)
- Eine grundsätzliche Service-Management-Planung und damit verbundene Pläne (Detaillierung in GR4)

Somit ist diese Anforderung im Grunde als eine Zusammenfassung der drei einzeln aufgeführten Anforderungen zu sehen. Diese Bestandteile der Dokumentation des Service-Management-Systems werden in den Fähigkeitsgraden (siehe zu den Fähigkeitsstufen von FitSM Abschnitt 1.3) folgendermaßen unterschieden:

Fähigkeitsgrad	Beschreibung
1	Eine Basisdokumentation zum Service-Management-System ist verfügbar, jedoch fehlen wichtige Dokumente wie die Erklärung zum Anwendungsbereich des Service-Managements, die Richtlinie und eine umfassende Planung.
2	Die meisten für die Implementierung eines SMS erforderlichen Dokumente sind verfügbar, inklusive einer Erklärung zum Anwendungsbereich des Service-Managements, einer übergreifenden Service-Management-Richtlinie und eines Service-Management-Plans. Allerdings sind noch nicht alle Dokumente ausreichend ausgearbeitet, um sie vollständig effektiv einzusetzen. Beispielsweise ist der Service-Management-Plan noch immer sehr abstrakt und benennt nicht konkret genug die Details für eine vollständige Implementierung.
3	Eine klare Aussage zum Anwendungsbereich, eine Service-Management-Richtlinie und ein vollständiger Service-Management-Plan wurden in einer einheitlichen und nachvollziehbaren Weise dokumentiert. Die Detailtiefe ist ausreichend, sodass eine effektive Planung und Einführung eines SMS effektiv unterstützt werden kann.

3.2.2 GR2.2 – Umfang und Inhalt der Prozessdokumentation

Neben der Beschreibung des Service-Management-Systems ist eine Beschreibung der Prozesse notwendig. Diese müssen erstellt und gepflegt werden. Jede dieser Beschreibungen muss mindestens folgende Elemente beinhalten oder referenzieren:

- Beschreibung der Prozessziele
- Beschreibung der Ein- und Ausgaben sowie der Aktivitäten des Prozesses
- Beschreibung der prozessspezifischen Rollen und Verantwortlichkeiten
- Beschreibung der Schnittstellen zu jeweils anderen Prozessen
- Verwandte, prozessspezifische Richtlinien (sofern geeignet)
- Verwandte, prozess- oder aktivitätsspezifische Detailbeschreibungen (sofern notwendig)

Die Erfüllung dieser Anforderung ist in der Praxis aufwendig. Als Basis für Prozessziele, Ein- und Ausgaben sowie der Aktivitäten der Prozesse kann FitSM-2 genutzt werden. Dort finden sich viele der geforderten Inhalte in einfacher Form. Für die prozessspezifischen Rollen und Verantwortlichkeiten kann auf FitSM-3 zurückgegriffen werden. Wichtig ist jedoch die unternehmensindividuelle Erweiterung bzw. Anpassung der FitSM-Vorschläge. Von enormen Nutzen ist allein schon die Beschäftigung und Reflektion mit den Aussagen in FitSM-2 und FitSM-3. Erst mit dieser Arbeit kann man einen höheren Fähigkeitsgrad für diese Anforderung erreichen.

Fähigkeitsgrad	Beschreibung
1	Nur sehr wenige der Service-Management-Prozesse wurden definiert, die überwiegende Dokumentation ist nur initial vorhanden. Sie beschreibt weder die Prozessziele noch die Eingangsinformationen, Aktivitäten und die Ergebnisse, die Rollen sowie die Schnittstellen in einer ausreichenden Weise.
2	Die wichtigsten Service-Management-Prozesse, speziell solche mit einer Abdeckung einer hohen Anzahl von Vorgängen, wurden dokumentiert. Prozessbeschreibungen decken Prozessziele, die Eingänge, Aktivitäten und die Ausgangsinformationen, die Rollen sowie die Schnittstellen in einem Detailgrad ab, der die effektive Ausführung der Prozesse zuverlässig unterstützt.
3	Alle (im Anwendungsbereich befindlichen) Service-Management-Prozesse wurden dokumentiert. Jede Prozessdefinition deckt Prozessziele, die Eingangsinformationen, die Aktivitäten und die Ergebnisse, die Rollen sowie die Schnittstellen im Kontext der jeweiligen Prozesse ab. Wenn erforderlich gibt es prozessspezifische Richtlinien wie etwa eine Release-Richtlinie (im Rahmen des Prozesses Release & Deployment Management) oder eine Informationssicherheits-Richtlinie (im Rahmen des Prozesses Information Security Management), die klar definiert und dokumentiert sind. Ebenso gibt es für wichtige Prozessaktivitäten definierte Prozeduren, wie z.B. ein Verfahren zur Durchführung der SLA-Überprüfungen, ein Verfahren für den Umgang mit größeren Zwischenfällen (»Major Incidents«) oder ein Verfahren zur Bewertung/Genehmigung von Änderungen (»Changes«).

3.2.3 GR2.3 – Dokumentation der Prozessergebnisse

Die Ergebnisse der Aktivitäten in allen Service-Management-Prozessen müssen dokumentiert und die Ausführung wesentlicher Aktivitäten der Prozesse aufgezeichnet werden.

FitSM fordert in diesem Kontext eine Dokumentation der Prozesse. Unter einem Dokument versteht FitSM eine Information (oder mehrere Informationen), einschließlich des zugrunde liegenden Trägermediums. Beispiele für Dokumente sind Richtlinien, Pläne, Prozessbeschreibungen oder auch Verfahren. Sie unterliegen der in GR2.4 geforderten Dokumentenlenkung. Es bietet sich daher an, in einem frühen Planungsstadium bereits eine Vorlage für Dokumente zu erstellen, die den Vorgaben der Dokumentenlenkung genügt. Gute Anregungen hierfür geben die Beispieldokumente aus FitSM-4.

Neben der Dokumentation fordert GR2.3 auch Aufzeichnungen darüber, dass die wichtigsten Aktivitäten tatsächlich ausgeführt werden. Beispiele für Aufzeichnungen (Records) sind:

- Die Dokumentation zu einem Ereignis: »Eine Festplatte in einem Server ist ausgefallen.«
- Die Dokumentation über die Ergebnisse der Ausführung eines Prozesses: »Der Change wurde ordnungsgemäß implementiert, dokumentiert und abgeschlossen.«
- Die Dokumentation einer Aktivität: »Der regelmäßige Kundenbericht zur Verfügbarkeit eines Service wurde erstellt und an der dafür vorgesehenen Stelle abgelegt.«

Diese Aufzeichnungen werden stetig erzeugt und liegen häufig in größerer Zahl vor. Der jeweils sinnvolle Detailgrad dieser Aufzeichnungen und der Umgang mit diesen Aufzeichnungen werden im entsprechenden Prozess geregelt. So legt z.B. der Prozess Incident & Service Request Management fest, wie Aufzeichnungen zu Incidents (Störungen) zu erfolgen haben. Bei jedem einzelnen Störungsticket handelt es sich dann um eine Aufzeichnung. FitSM-6 beschreibt die einzelnen Fähigkeitsgrade folgendermaßen:

Fähigkeitsgrad	Beschreibung
1	Einige Ergebnisse der Service-Management-Prozesse sind dokumentiert, aber weder in einer nachhaltigen noch wiederholbaren Weise. Aufzeichnungen der wichtigen Aktivitäten werden zwar vorgenommen, wie z.B. Incident und Change Tickets, generell wird aber kein einheitliches Format angewendet und der Detaillierungsgrad variiert.
2	Für die Mehrheit der Service-Management-Prozesse, speziell solche, bei denen mit einem hohen Aufkommen von Aufzeichnungen umzugehen ist, werden Ergebnisse zuverlässig dokumentiert, und wichtige Aktivitäten werden in einem gleichartigen Format und Detaillierungsgrad aufgezeichnet.
3	Die Ergebnisse aller Service-Management-Prozesse werden in einer definierten und nachhaltigen Weise dokumentiert. Für alle Schlüsselaktivitäten werden Aufzeichnungen in definierten Formaten erstellt und in festgelegten Systemen abgelegt bzw. gepflegt.

3.2.4 GR2.4 – Management der Dokumentation

Qualitätsmanagementsysteme und somit auch FitSM fordern eine Lenkung der Dokumentation unter Berücksichtigung der folgenden Aktivitäten:

- Erstellung und Genehmigung
- Kommunikation und Verteilung
- Überprüfung
- Versionierung und Nachverfolgung von Änderungen

Diese Anforderung regelt also formale Gesichtspunkte für die Dokumentation. Damit wird unter anderem eine Nachvollziehbarkeit der Aktivitäten rund um die Dokumentation sichergestellt. Die Fähigkeitsgrade sehen wie folgt aus:

Fähigkeitsgrad	Beschreibung
1	Es wird allgemein verstanden, dass die SMS-Dokumentation kontrolliert werden sollte, z.B. durch eine Genehmigung vor der Verteilung, durch die Speicherung in definierten Systemen und durch eine Überprüfung von Zeit zu Zeit. Gleichwohl sind die Verantwortlichkeiten dafür nicht immer vollständig klar, z.B. ist es nicht immer offensichtlich, wessen Verantwortlichkeit es ist, ein spezielles Dokument zu überarbeiten, oder wer befugt ist, eine Überarbeitung zu genehmigen. Dokumentkontrollinformationen (beispielsweise der Eigentümer des Dokumentes, die aktuelle Version oder das letzte Überarbeitungsdatum) werden teilweise nachgehalten.
2	Obwohl nicht alles komplett dokumentiert ist, sind die Verantwortlichkeiten für die Genehmigung, Veröffentlichung und die Überprüfung der meisten Service-Management-Dokumente geregelt. Alle Beteiligten üben ihre Aktivitäten in einer wiederholbaren Weise aus. Die wichtigsten Dokumente des Service-Managements, wie z.B. Prozessbeschreibungen und Richtlinien, sind in bekannten Systemen gespeichert und verfügbar. Sie werden einer Überprüfung unterzogen, auch wenn diese nicht immer in geplanten Intervallen stattfindet. Die Dokumentenkontrolle findet über geregelte Informationen statt (Dokumenteigentümer, Version, Überprüfungsdatum etc.), deren Aufzeichnung in geregelter Weise für alle Typen der SMS-Dokumente erfolgt, auch wenn die Aktualisierung manchmal in nicht regulärer Art geschieht.
3	Für jedes relevante Dokument im Service-Management-System sind Verantwortlichkeiten (beispielsweise Eigentümer) definiert und dokumentiert. Jedem im SMS involvierten Mitarbeiter ist das Verfahren zur Genehmigung von Dokumenten bekannt. Die Kommunikation und Verteilung folgt einem klaren und einheitlichen Ansatz. Intervalle zur Überprüfung für die verschiedenen Dokumenttypen sind festgelegt und werden eingehalten. Dokumentkontrolldaten für alle Typen der Service-Management-Dokumente sind in ausreichender Detaillierungstiefe auf dem neuesten Stand, um eine effektive Dokumentenkontrolle nachzuweisen. Änderungen an diesen Dokumenten sind nachweisbar.

3.3 GR3 – Definition des Anwendungsbereichs des Service-Managements

Ein Service-Management-System muss nicht zwingend den kompletten Zuständigkeitsbereich einer IT-Abteilung oder eines IT-Dienstleisters umfassen. Es ist völlig legitim und häufig auch sinnvoll, diesen einzuschränken. Typische Eingrenzungen des Anwendungsbereiches betreffen:

- Services
  »Nur die Services, die Kernprozesse des Kunden unterstützen, werden nach definierten Vorgaben erbracht. Bei anderen Services ist eher Improvisation gefragt.«

- **Kunden**
»Als Zulieferer in der Automobilindustrie muss ein Unternehmen dem Automobilhersteller nachweisen, dass in allen für den Automobilhersteller relevanten Bereichen ein funktionierendes SMS vorliegt.«
- **Standorte**
»Prozesse, die in einem bestimmten Rechenzentrum bzw. an einem Standort zur Anwendung kommen, sollen eine definierte Qualität aufweisen.«

Konkret ist folgende Anforderung formuliert:

- **GR3.1**
Der Anwendungsbereich des SMS muss definiert und eine entsprechende Erklärung zum Anwendungsbereich erstellt werden.

Die passende Festlegung des Anwendungsbereiches ist Abwägungssache. Eine engere Eingrenzung bietet die Möglichkeit, im ersten Schritt Erfahrungen zu sammeln und diese dann auf einen größeren Anwendungsbereich auszudehnen. Es kann jedoch auch einfacher sein, den Anwendungsbereich nicht zu eng zu fassen, da Prozesse sonst unnötig eingeengt werden müssen. So muss im Einzelfall entschieden werden, ob es praktikabel ist, die Störungsbehandlung durch den Prozess Incident & Service Request Management auf einen einzelnen Standort, einzelne Services oder nur spezielle Kunden zu beschränken.

Der Umfang kann jedoch auch über den Zuständigkeitsbereich eines einzelnen Dienstleisters hinausgehen. Dies unterstützt FitSM durch den föderalen Ansatz, indem mehrere Dienstleister eine Föderation, also einen Verbund, bilden (siehe Abschnitt 10.4).

Für diese Anforderung werden folgende Fähigkeitsgrade beschrieben:

Fähigkeitsgrad	Beschreibung
1	Der IT-Service-Provider ist sich generell bewusst darüber, dass es wichtig ist, den Anwendungsbereich des SMS zu definieren und zu kommunizieren (z.B. was und wer davon betroffen ist). Generell gibt es ein gemeinsames Verständnis darüber, was der Anwendungsbereich des SMS ist, aber dies ist nur rudimentär dokumentiert.
2	Es gibt für die Service-Management-Dokumente eine generelle Erklärung zum Anwendungsbereich. Das betrifft z.B. den Umfang der Richtlinien und Prozesse und deren Definitionen. Diese sind nicht generell aufeinander abgestimmt und eventuell nicht von dem Topmanagement freigegeben.
3	Es existiert eine belastbare Erklärung, die den Anwendungsbereich des SMS beschreibt und die einzelnen physikalischen Lokationen, die betroffenen Services, die Kunden, die Infrastruktur(en), die Technologie und andere relevante Parameter einbezieht, was auch die Begrenzung des Umfangs anbetrifft. Diese Erklärung wurde von dem Topmanagement des Service-Providers genehmigt und an alle beteiligten Personen kommuniziert.

3.4 Kontinuierliche Verbesserung (Plan-Do-Check-Act)

Der PDCA-Zyklus (nach seinem Autor William Edwards Deming auch Demingkreis genannt) hat sich in den letzten Jahrzehnten zu einem festen Bestandteil der Qualitätssicherung entwickelt. Er liegt der Qualitätsmanagementnorm ISO 9000 sowie dem kontinuierlichen Verbesserungsprozess zugrunde.

Auch FitSM nutzt diesen Ansatz und hat entsprechend vier Bereiche in den allgemeinen Anforderungen formuliert. Ziel ist es, Umfang, Detailgrad und Anforderungen an ein SMS zu planen, diese umzusetzen, den Zielerreichungsgrad zu messen und Verbesserungsmöglichkeiten zu identifizieren.

In jedem Durchgang können die Ziele weiter angehoben werden, bis das gewünschte Niveau erreicht ist. Danach kann eine weitere Optimierung oder auch einfach die Erhaltung des Status quo angestrebt werden. Auf diese Weise kann mithilfe des PDCA-Zyklus das gesamte SMS mit all seinen Prozessen auf den gewünschten Reifegrad gebracht werden. PDCA-Zyklus steht für einen kontinuierlichen Verbesserungsprozess (KVP), d.h. für das Bestreben, ständig und in kurzen Abständen nach Fehlerursachen zu suchen, um die Services, Prozesse und Organisation dauerhaft zu verbessern, anstatt mit größer angelegten Programmen zu arbeiten. Übersetzt man diese vier Schritte ins Deutsche (Planen – Umsetzen – Überprüfen – Handeln), so wird die vorgeschlagene Abfolge noch deutlicher.

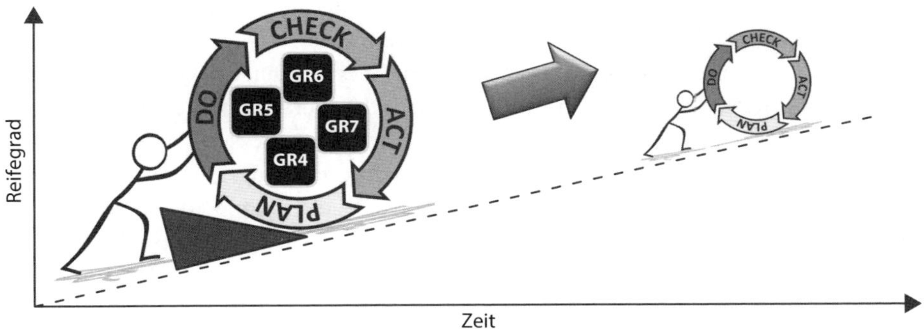

Abb. 3-1 *Erhöhung des Reifegrades über den PDCA-Zyklus*

In der Planungsphase (PLAN) werden Maßnahmen zur Qualitätsverbesserung entwickelt, denen in der Durchführungsphase (DO) das Umsetzen bzw. Testen folgt. Wichtig ist dabei, in kürzeren Zyklen zu agieren und einfache sowie schnell umsetzbare Maßnahmen zu wählen. Die Überprüfungsphase (CHECK) wird dann genutzt, um die Maßnahmen auf die Effektivität hin zu überprüfen und zu bewerten. In der letzten Phase (ACT) werden Fehlerquellen eliminiert und Korrekturmaßnahmen veranlasst. Am Ende findet nun wieder der Sprung zur ersten Phase statt, was eine stetige, nachhaltige Verbesserung zur Folge hat. Wichtig ist dabei eine Qualitätssicherung, die verhindern soll, dass ein Zurückgleiten in schlechtere (Ursprungs-)Zustände erfolgt. In der Grafik wird das als Keil unter dem Zyklusrad dargestellt.

Dieses Vorgehen findet man auch in agilen Vorgehensmodellen wieder, bei denen schnelles Feedback erwünscht ist und eingefordert wird. Der PDCA-Zyklus ist in den allgemeinen Anforderungen GR4 bis GR7 umgesetzt worden.

- GR4
  PLAN: Planung des Service-Managements
- GR5
  DO: Implementierung des Service-Managements
- GR6
  CHECK: Überwachen und Überprüfen des Service-Managements
- GR7
  ACT: Kontinuierliche Verbesserung des Service-Managements

3.4.1 GR4 – Planung des Service-Managements

FitSM fordert eine Planung, die die übergreifenden Rollen, Verantwortlichkeiten, die erforderlichen Schulungen und Sensibilisierungen sowie die benötigten Werkzeuge zur Unterstützung des SMS umfasst. Zielsetzung dieser Phase in FitSM ist also die Erstellung eines Plans zur Einführung und Pflege des Service-Managements für einen Service-Provider. Dieser Plan muss auf einem identifizierten Anwendungsbereich entsprechend GR3 basieren.

Wichtig ist zu diesem Zeitpunkt schon die Festlegung von Zielen und Leistungsindikatoren. In der Praxis müssen sich die Verantwortlichen Gedanken machen, wie sie die Erreichung des jeweils Geplanten messen wollen. Dazu ist auch der entsprechende Ist-Zustand zu dokumentieren, um die Veränderung später transparent und erkennbar zu machen. Die Ziele sollten idealerweise vom Topmanagement vorgegeben sein und damit die Tätigkeiten im IT-Service-Management auf das Business ausrichten. »Geeignete Leistungsindikatoren« zu finden ist keine einfache Aufgabe. Es hat sich bewährt, zunächst mit wenigen Werten zu starten und dabei auf die Erreichbarkeit der Ziele zu achten. Sonst ist entweder der Frust täglich höher oder die Ziele werden von vornherein als »Mondwerte« oder »Wünsch-Dir-was« abgetan.

Folgende Aktivitäten sind durchzuführen:

- Bewertung des aktuellen Reifegrades des Service-Management-Systems
- Definition eines angemessenen Ziels eines zu erreichenden Reifegrades für das Service-Management (qualitativ oder quantitativ)
- Ermittlung und Beschreibung der Diskrepanz zwischen definiertem Ziel und der aktuellen Einschätzung (Delta)
- Identifizierung und Spezifikation der Aktivitäten zur Verbesserung basierend auf der Diskrepanz
- Erstellung eines Service-Management-Plans, der unter anderem folgende Themen enthalten sollte:
  - Festlegung der Ziele und eines Zeitplans zur Implementierung des Service-Management-Systems und der notwendigen Prozesse
  - Definition und Übertragung grundlegender Rollen und Verantwortlichkeiten im Service-Management-System
  - Definition und Übertragung der Rollen und Verantwortlichkeiten für die Prozesse
  - Erstellung eines Zeitplans für ausgewählte Aufgaben
  - Klärung der zu nutzenden Tools für die Unterstützung der Implementierung des Service-Management-Systems und zur operativen Ausführung der Prozesse

Folgende drei Anforderungen sind für die Planung zu erfüllen:

- GR4.1
  Pflege eines Service-Management-Plan
- GR4.2
  Inhalte des Service-Management-Plan
- GR4.3
  Zusammenwirken aller Pläne

GR4.1 – Pflege eines Service-Management-Plans

Die oben genannten Aktivitäten dieser Phase münden in einem Plan. Dieser Plan regelt unter anderem Verantwortlichkeiten für die einzelnen Aufgaben in den folgenden Phasen. Außerdem ist er übergeordnet zu weiteren Plänen, die einzelne Aufgaben abdecken. So kann beispielsweise dieser übergeordnete Plan die Planung einzelner Prozesseinführungen koordinieren und die Schnittstellen zwischen den Prozessen planen.

Für diese Anforderung werden folgende Fähigkeitsgrade beschrieben:

Fähigkeitsgrad	Beschreibung
1	Der Service-Provider ist sich im Klaren darüber, dass Service-Management geplant werden muss. Konkret ist jedoch die Verantwortlichkeit für diese Planung nicht geregelt. Eventuell werden einzelne Bereiche für sich geplant, diese Pläne sind jedoch nicht untereinander abgestimmt.
2	Es liegt ein grundsätzlich gutes Verständnis für die Verantwortung zur Planung des Service-Managements vor, beispielsweise wer für die übergreifende Planung und wer für einzelne Bereiche zuständig ist. Diese Verantwortung ist nicht durchgängig dokumentiert und führt in Ausnahmefällen auch zu Missverständnissen bezüglich der Zuordnung. Das Vorgehen für einzelne Planungsaktivitäten (beispielsweise zur Einführung von ITSM-Prozessen) ist nicht immer durchgängig, sodass Pläne sich in ihrer Struktur und dem Detaillierungsgrad unterscheiden.
3	IT-Service-Management ist durchgängig geplant und die Verantwortlichkeiten zur Planung sind eindeutig geregelt sowie dokumentiert. Erstellung und Pflege der Pläne folgen einem einheitlichen und dokumentierten Ansatz. Die erstellten Pläne basieren auf gemeinsamen Vorlagen und erreichen einen einheitlichen und ausreichenden Grad an Detaillierung.

GR4.2 – Inhalte des Service-Management-Plans

Die konkreten Inhalte des Service-Management-Plans werden in dieser Anforderung beschrieben. Der Plan muss die folgenden Elemente enthalten oder zumindest auf separate Dokumentationen verweisen:

- Ziele und zeitliche Planung der Umsetzung des SMS und der damit verbundenen Prozesse
- Übergreifende Rollen und Verantwortlichkeiten
- Erforderliche Schulungs- und Sensibilisierungsaktivitäten
- Erforderliche Technologie (Tools) zur Unterstützung des SMS

Die Fähigkeitsgrade werden dazu wie folgt formuliert:

Fähigkeitsgrad	Beschreibung
1	Es existiert kein übergreifender Service-Management-Plan. Einige Elemente eines SMS-Plans sind eventuell schon umgesetzt und dokumentiert, beispielsweise Ziele und Verantwortlichkeiten zur Implementierung einzelner Prozesse.
2	Ein Service-Management-Plan existiert, der auch einen Überblick der wichtigsten Rollen und Verantwortlichkeiten enthält. Es sind jedoch nicht alle notwendigen Aspekte beschrieben.
3	Der umfassende Service-Management-Plan existiert und beschreibt alle notwendigen Elemente wie Ziele, Zeitplan der Einführung der Service-Management-Prozesse, Rollen, Verantwortlichkeiten, Schulungen und Aktivitäten zur Schaffung eines Bewusstseins und auch die Einführung von Tools.

GR4.3 – Zusammenwirken aller Pläne

Dem übergeordneten Service-Management-Plan kommt eine koordinierende Funktion zu, wenn weitere Pläne für Teilaufgaben für die folgenden Phasen existieren.

Die Fähigkeitsgrade für diese Anforderung sind wie folgt beschrieben:

Fähigkeitsgrad	Beschreibung
1	Der Service-Provider ist sich grundsätzlich bewusst darüber, dass die Service-Management-Prozesse untereinander abgestimmt sein müssen, ebenso wie sie zu dem übergreifenden Service-Management-Plan passen müssen. Es fehlt jedoch ein strukturierter Ansatz, um diese Aufgabe in der Service-Management-Planung zu bearbeiten.
2	Alle Prozessverantwortlichen und -manager sowie alle anderen mit der Planung von Prozessen befassten Personen sind sich bewusst darüber, dass die Service-Management-Prozesse untereinander abgestimmt sein müssen. Es besteht ein klares Verständnis darüber, wie das erreicht werden kann, beispielsweise durch regelmäßige Planungsmeetings und eine einheitliche Dokumentation der Prozessschnittstellen.
3	Die Verantwortung für die Integration der Service-Management-Prozesse mit allen anderen Bereichen des Service-Management-Systems ist eindeutig geregelt und dokumentiert. Zur Umsetzung ist ein strukturierter und festgelegter Ansatz vorhanden.

3.4.2 GR5 – Implementierung des Service-Managements

Die zweite Phase des PDCA-Zyklus beinhaltet das »DO«. Konkret werden dann das Service-Management-System und die Prozesse gemäß dem in der vorherigen Phase definierten Zeitplan etabliert und praktisch umgesetzt. Wenn man den Anwendungsbereich in GR3 eher übersichtlich gewählt hat und sich auf kleinere Schritte zur Umsetzung geeinigt hat, sollte diese Phase auch in einem überschaubaren Zeitrahmen ablaufen. Folgende Anforderungen sind zu beachten:

- GR5.1
  Umsetzung des Service-Management-Plans
- GR5.2
  Praktische Umsetzung der Prozesse

GR5.1 – Umsetzung des Service-Management-Plans

Je nach Umfang und Detaillierungsgrad des Service-Management-Plans bedeutet das unter anderem die Beschreibung der Prozesse, die Schulung der Mitarbeiter und neuen Rolleninhaber sowie die Abstimmung der Prozessschnittstellen.

Die Fähigkeitsgrade dazu sehen wie folgt aus:

Fähigkeitsgrad	Beschreibung
1	Beim Service-Provider liegt ein grundsätzliches Verständnis der Notwendigkeit vor, IT-Service-Management-Prozesse und begleitende Aktivitäten zu planen. Die praktische Umsetzung folgt jedoch nicht immer einem Plan.
2	Ein Service-Management-Plan ist implementiert und die beteiligten Personen sind sich ihrer Aufgaben bei der Einführung einzelner Bereiche bewusst.
3	Der Service-Management-Plan ist implementiert, insbesondere in Bezug auf definierte und zugeordnete Rollen. Die durchgeführten Aktivitäten werden aufgezeichnet, damit sie nachvollziehbar sind.

GR5.2 – Praktische Umsetzung der Prozesse

Innerhalb des Geltungsbereiches des SMS muss den definierten Service-Management-Prozessen gefolgt und ihre praktische Anwendung, wie auch die Einhaltung zugehöriger Richtlinien und Verfahren, durchgesetzt werden.

Die Fähigkeitsgrade werden dazu wie folgt formuliert:

Fähigkeitsgrad	Beschreibung
1	Nicht allen Mitarbeitern im Service-Management ist bewusst, dass das Befolgen von Richtlinien, Prozessen und Prozeduren notwendig ist. Prozesse werden regelmäßig umgangen, die Prozessmanager reagieren darauf in unterschiedlicher, nicht konsistenter Weise.
2	Die Service-Management-Prozesse werden weitgehend in der Praxis befolgt und die betroffenen Mitarbeiter kommen den Verpflichtungen aus den Richtlinien und Prozeduren nach. Bei nicht prozesskonformem Verhalten reagieren die Prozessmanager durchgängig gleich und eskalieren, wenn nötig auch in der Organisation.
3	Bis auf sehr wenige Ausnahmen werden die Service-Management-Richtlinien, Prozesse und Prozeduren in der Praxis befolgt. Der SMS-Verantwortliche, der SMS-Manager und die Prozessverantwortlichen sowie Prozessmanager haben sich auf die Befolgung dieser Richtlinien auf hohem Niveau verpflichtet. Die Reaktionen auf Verstöße sind festgelegt und führen bis zu disziplinarischen Maßnahmen.

3.4.3 GR6 – Überwachen und Überprüfen des Service-Managements

Nach der Etablierung der Aktivitäten aus der Phase »DO« sollten sich sicht- und messbare Ergebnisse zeigen. Diese werden in der Phase »CHECK« auf die Zielerreichung (Effektivität) und den angemessenen Mitteleinsatz (Effizienz) hin überprüft. Wie genau man hier vorgehen kann, wird später näher erläutert. FitSM formuliert zwei Anforderungen für diesen Bereich:

- GR6.1
  Effektivität und Leistungsfähigkeit des Service-Management-Systems
- GR6.2
  Beurteilung und Prüfung des Service-Management-Systems

GR6.1 – Effektivität und Leistungsfähigkeit des Service-Management-Systems

Effektivität und Leistung des SMS und seiner Service-Management-Prozesse müssen mithilfe geeigneter Leistungsindikatoren gemessen und bewertet werden, um zu ermitteln, inwieweit festgelegte oder vereinbarte Ziele erreicht werden (siehe Abschnitt 3.4.1).

Die Fähigkeitsgrade hierzu sehen wie folgt aus:

Fähigkeitsgrad	Beschreibung
1	Der Service-Provider ist sich bewusst, dass Messungen zur Unterstützung einer kontinuierlichen Verbesserung der Serviceerbringung und des IT-Service-Managements notwendig sind. Aktivitäten zur Messung werden von Zeit zu Zeit durchgeführt, folgen aber keinem strukturierten und verstandenem Ansatz.
2	Um zu verstehen, ob die IT-Service-Management-Prozesse wirksam sind, werden für die meisten Prozesse Leistungsindikatoren auf einer regelmäßigen Basis gemessen und berichtet.
3	Für alle IT-Service-Management-Prozesse werden sinnvolle Leistungsindikatoren gemessen und berichtet. Das geschieht auf der Basis von Zeitplänen. Die Leistungsindikatoren folgen dem SMART-Prinzip und helfen dabei, Verbesserungsmöglichkeiten für Prozesse oder das Service-Management-System im Ganzen zu finden. Sie basieren auf eindeutig definierten Zielen und kritischen Erfolgsfaktoren.

GR6.2 – Beurteilung und Prüfung des Service-Management-Systems

Um eine kontinuierliche Verbesserung im Sinne des PDCA-Zyklus zu etablieren, sind Bewertungen und Audits des SMS durchzuführen. Dabei werden die ermittelten Leistungsindikatoren geprüft und gegen Zielwerte geprüft. Es wird der Reifegrad und das Maß an Konformität ermittelt, um den Erfolg der bisherigen Aktivitäten zu überprüfen.

Die Fähigkeitsgrade werden dazu wie folgt formuliert:

Fähigkeitsgrad	Beschreibung
1	Der Service-Provider ist sich im Klaren darüber, dass Bewertungen und Audits wichtig für die Unterstützung einer kontinuierlichen Verbesserung sind. Trotzdem werden Audits nicht anhand eines strukturierten Ansatzes und auch nicht mit klarer Zeitplanung durchgeführt. Reifegradbewertungen finden nicht oder nur von Zeit zu Zeit als interne Bewertungen statt.
2	Um Nichtkonformitäten (Umgehungen des Prozesses oder fehlerhafte Ausführung) zu ermitteln, werden Bewertungen und Überprüfungen regelmäßig durchgeführt. Sie bestehen aus internen und ggf. auch externen Audits. Der Reifegrad des Service Management Systems wird regelmäßig ermittelt.
3	Ein umfassendes Programm für Bewertungen, Audits und Reifegradermittlungen ist etabliert und die dort definierten Aktivitäten werden ausgeführt. Bewertungen und Audits werden auf Basis von Richtlinien und Verfahren durchgeführt. Für jedes Audit existiert ein detaillierter Auditplan mit Bezug auf die Auditkriterien. Die Ergebnisse von Bewertungen, Audits und Reifegradermittlungen werden in strukturierter und einheitlicher Weise aufgezeichnet und relevanten Stakeholdern berichtet. Jeder Auditbericht beinhaltet die Feststellungen und Schlussfolgerungen aus dem Audit in strukturierter Weise. Folgeaudits werden unter Betrachtung der Ergebnisse von vorherigen Audits geplant.

3.4.4 GR7 – Kontinuierliche Verbesserung des Service-Managements

Im Rahmen der Phase »ACT« werden die Ergebnisse aus den Messungen bewertet und Verbesserungsmöglichkeiten identifiziert. Gemäß Aufwand und potenziellem Nutzen können sie priorisiert und umgesetzt werden. Auch hier werden zwei Anforderungen formuliert:

- GR7.1
  Behandlung von Abweichungen und Nichterfüllung der Ziele
- GR7.2
  Planung und Umsetzung von Verbesserung

GR7.1 – Behandlung von Abweichungen und Nichterfüllung der Ziele

Nichtkonformität und Abweichungen von festgelegten und vereinbarten Zielen müssen identifiziert und korrigierende Maßnahmen eingeleitet werden, um ein erneutes Auftreten zu verhindern. An dieser Stelle kommt der Charakter einer schrittweisen Verbesserung deutlich zum Tragen. Sinnvolle Überprüfungen und überschaubare Maßnahmen ermöglichen es, erkannte Abweichungen schnell und einfach zu korrigieren.

Die Fähigkeitsgrade dazu sehen wie folgt aus:

Fähigkeitsgrad	Beschreibung
1	Der Service-Provider ist sich bewusst, dass Nichtkonformitäten und Abweichungen von erwarteten Ergebnissen und Zielen identifiziert und Korrekturmaßnahmen eingeleitet werden müssen. Ein strukturierter Ansatz fehlt hierfür.
2	Nichtkonformitäten und Abweichungen von erwarteten Ergebnissen werden bei ungeplanten, aber regulären Überprüfungen von Berichten zu Leistungsindikatoren, Bewertungen oder Audits entdeckt. Die Abweichungen und Nichtkonformitäten führen zu Korrekturmaßnahmen. Weder die Ergebnisse dieser Aktivitäten noch der umfassende Ansatz sind zufriedenstellend dokumentiert.
3	Nichtkonformitäten und Abweichungen von Zielen werden durch geplante Überprüfungen von Berichten zu Leistungsindikatoren, Bewertungen und Audits entdeckt. Die ermittelten Nichtkonformitäten und Abweichungen werden aufgezeichnet. Folgeaktivitäten werden angestoßen und dokumentiert. Rollen und Verantwortlichkeiten sind eindeutig definiert.

GR7.2 – Planung und Umsetzung von Verbesserung

An dieser Stelle erkannte Potenziale werden als Verbesserungsvorschläge gemäß dem Prozess Continual Service Improvement Management geplant und umgesetzt werden. Aus dem PDCA-Zyklus zur Etablierung oder Weiterentwicklung des Service-Management-Systems werden direkt Aktivitäten in den operativen Prozess übergeben.

Die Fähigkeitsgrade für diese Anforderung sind folgendermaßen beschrieben:

Fähigkeitsgrad	Beschreibung
1	Der Service-Provider ist sich bewusst, dass kontinuierliche Verbesserung aktiv durch die Organisation betrieben werden muss. Trotzdem sind die Rollen und notwendige Aktivitäten zur kontinuierlichen Verbesserung nicht beschrieben. Verbesserungsaktivitäten werden fallweise behandelt.
2	Verbesserungen am Service-Management und damit verbundene Aktivitäten werden auf der Basis von wohlverstandenen Verantwortlichkeiten durchgeführt. So sind sich beispielsweise Prozessmanager und Serviceverantwortliche bewusst, dass sie Verbesserungsmöglichkeiten für ihren Prozess bzw. Service identifizieren müssen.
3	Die Verantwortlichkeiten für Identifizierung, Verwaltung und Überprüfung des Erfolgs von Verbesserungsmöglichkeiten sind eindeutig in den Rollen des Service-Management-Systems beschrieben. Ein prozessorientierter oder ähnlich strukturierter Ansatz ist etabliert, um Verbesserungen umzusetzen. Der Prozess der kontinuierlichen Verbesserung betrachtet Aktivitäten wie Identifikation, Klassifizierung, Priorisierung, Genehmigung, Umsetzung und Überprüfung der Verbesserungen.

3.5 Umsetzung der allgemeinen Anforderungen bei Bikes & more

In seiner Rolle als SMS-Verantwortlicher hat der IT-Leiter beschlossen, grundsätzlich Lösungen mit einem geringen Aufwand anzustreben. Die Anzahl der zu erstellenden Dokumente soll möglichst gering gehalten werden. Er entwirft eine SMS-Richtlinie.

SMS-Richtlinie

Die SMS-Richtlinie beschreibt auf zwei DIN-A4-Seiten folgende Aspekte:

- Der IT-Leiter übernimmt die Gesamtverantwortung für das Service-Management-System (SMS) und stimmt sich dazu mit der Geschäftsleitung von Bikes & more bei Bedarf ab.
- Die Notwendigkeit eines funktionierenden SMS wird durch die gestiegenen Kundenanforderungen und die zunehmende Abhängigkeit von Bikes & more von einer funktionierenden IT-Unterstützung begründet.
- Zur bedarfsgerechten und stabilen Unterstützung der Geschäftsprozesse verpflichtet man sich zu einem serviceorientierten Ansatz und einer prozessorientierten Umsetzung.
- Der Anwendungsbereich (Scope) umfasst alle von der IT-Abteilung angebotenen Services.
- Jeder eingeführte Prozess wird alle zwei Jahre auf Effektivität und Effizienz hin geprüft.

- Alle zwei Jahre und bei Bedarf findet ein Managementreview statt, bei dem überprüft wird, ob sich alle an die Vorgaben halten und ob die Prozesse tatsächlich alle zwei Jahre überprüft werden. Im Rahmen des Managementreviews soll darüber hinaus geprüft werden, ob die zweijährige Frequenz ausreichend ist oder ob sie auf jährlich erhöht werden sollte.
- Ziel der Prüfungen ist die Identifikation von Optimierungsmöglichkeiten.
- Die Termine werden in einem separaten Dokument, dem Reviewplan, überwacht

In seiner Rolle als SMS-Manager identifiziert der stellvertretende IT-Leiter zwei Dokumente, die aus seiner Sicht das absolute Minimum für Bikes & more darstellen: eine SMS-Planung und ein Reviewplan. Der Reviewplan soll in Form einer Tabelle alle wichtigen, regelmäßig durchzuführenden Prüfungstermine des gesamten SMS aufzeigen.

SMS-Planung

Im Dokument SMS-Planung sind die in Abschnitt 2.4.5 festgelegten Rollenzuweisungen zu finden sowie eine Kurzbeschreibung der Aufgaben der einzelnen Rollen.

Die Gruppierung der 14 FitSM-Prozesse wird übernommen (siehe Abschnitt 2.2). Die Prozesse innerhalb der jeweiligen Gruppen sollen gemeinsam eingeführt werden.

Im ersten Schritt entscheidet man sich für die Prozessgruppe »Anbieten und Vereinbaren«. Dieser Bereich legt die Grundlagen für alle anderen Prozesse und führt zunächst zu wenig grundlegenden Änderungen in der Arbeitsweise aller IT-Mitarbeiter. Auf diese Weise können erste Erfahrungen mit der Einführung eines Prozesses gesammelt werden, ohne den Betrieb zu sehr zu stören. Die Implementierung aller Prozesse wird in einer zeitlichen Planung auf 24 Monate verteilt. Dies soll dafür sorgen, dass nicht alles auf einmal umgebaut, aber trotzdem kontinuierlich an der Einführung gearbeitet wird.

Jeder Prozess soll möglichst wenig zusätzlichen Aufwand und einen möglichst hohen Nutzen mit sich bringen. Darüber hinaus werden für jeden Prozess zu erwartende Ziele festgehalten. Diese fordert der stellvertretende IT-Leiter in seiner Rolle als SMS-Manager beim IT-Leiter in seiner zukünftigen Rolle als Prozessverantwortlicher ein.

Zur Definition der einzelnen Prozesse hat man sich dazu entschieden, die Vorlage aus FitSM-4 zu nutzen. Die Vorlagen erfüllen bereits die Anforderungen an die Dokumentenlenkung und sind für die sofortige praktische Anwendung ausreichend strukturiert.

Damit alle IT-Mitarbeiter die Grundlagen eines IT-Service-Managements, die Prozesse und die wichtigsten Begriffe kennenlernen, soll ein eintägiges FitSM-Foundation-Seminar durchgeführt werden. Über eine Prüfung sollen alle ein

Foundation-Zertifikat erwerben. So kann im Bedarfsfall auch Dritten gegenüber aufgezeigt werden, dass alle Beteiligten die wichtigsten Begrifflichkeiten, Prozesse und Zusammenhänge kennen.

Zur Unterstützung einiger Prozesse[1] wird ein Ticketsystem eingeführt, das auch die Erstellung einer Bestandsdatenbank (Configuration Management Database, CMDB) und die Unterstützung eines Change-Prozesses zulässt.

Reviewplan

Als Reviewplan wird eine Tabelle erstellt, mit der wichtige Termine überwacht werden. Dies betrifft insbesondere die zweijährige Überprüfung der Prozesse und das Managementreview. Zwei Monate vor Ablauf der jeweiligen Frist werden automatisch die Felder, die zu überprüfende Vorgaben enthalten, rot eingefärbt. Sollten in den Prozessen weitere regelmäßige Termine definiert werden, so sollen auch diese in die Tabelle mit aufgenommen werden.

1. Incident & Service Request Management und Problem Management, weitere Details sind in den Kapiteln der jeweiligen Prozesse zu finden.

4 Anbieten und Vereinbaren

Abb. 4–1 *FitSM-Prozess »Anbieten und Vereinbaren«*

Wenn man die Erbringung von Services als Geschäft versteht, bei dem Kunden mit Dienstleistungen versorgt werden, ist es zunächst wichtig, die realen und potenziellen Kunden sowie die eigenen Leistungen zu kennen. Die Kunden benötigen einen Ansprechpartner beim IT-Dienstleister und damit die Möglichkeit, als Kunde ihrem Auftragnehmer Probleme, Wünsche und Fragen mitteilen zu können. Die eigenen Leistungen müssen entwickelt, beschrieben und vertraglich geregelt werden sowie ein guter Kontakt zum Kunden aufgebaut werden.

In der Praxis ist häufig die Frage anzutreffen, in welcher Reihenfolge die Prozesse des genutzten ITSM-Frameworks zu betrachten sind. FitSM legt Wert darauf, vor der Beantwortung dieser Frage grundlegende Fragen (Verantwortung des Topmanagements oder Anwendungsbereich des Service-Management-Systems) zu klären und gegebenenfalls in den Service-Management-Plan aufzunehmen. Diese sind im vorherigen Kapitel 3 beschrieben. In der Regel wird dann bei der Prozessauswahl zunächst der Bereich »Beseitigen und Vorbeugen« gewählt, weil sich die IT darin schon auskennt und erste Aktivitäten intern gestartet werden können. Aus betriebswirtschaftlicher Sicht sollte jedoch zunächst damit begonnen werden, sich um die eigenen Angebote und die Kunden zu kümmern. Es gilt, die eigenen Services zu entwickeln und kundengerecht zu gestalten, diese den Empfängern näher zu bringen und schlussendlich auch Transparenz der Kosten zu schaffen. Diese Aufgaben werden in FitSM den folgenden Prozessen zugeordnet:

- **PR7**
  Customer Relationship Management (CRM)
- **PR1**
  Service Portfolio Management (SPM)
- **PR2**
  Service Level Management (SLM)

4.1 PR7 – Customer Relationship Management

Im Prozess Customer Relationship Management werden die Aufgaben zum Aufbau und zur Pflege einer guten Beziehung zu Kunden beschrieben, die die Services konsumieren. Dieser Prozess wird in der Praxis häufig nicht mit der gebührenden Wertschätzung betrachtet. Wichtig ist er nämlich ganz besonders für das Bewusstsein des Dienstleisters für sein Angebot (und daraus abgeleitet das Einführen der Serviceorientierung) und über alles, was er nicht im Angebot hat. Ein solcher IT-Serviceprovider kann dann auch mal »Nein« sagen, da eine Geschäftsbeziehung mit Angeboten gestaltet wird. Er muss nicht mehr alles erfüllen, was der Anwender fordert.

4.1.1 Prozessbeschreibung

Bei einem Kunden (Customer) handelt es sich um eine Organisation oder einen Teil einer Organisation, die einen Service-Provider mit der Bereitstellung eines oder mehrerer Services beauftragt. Die einfachste Form ist die Variante, dass der Kunde mit IT-Services beliefert wird und die IT quasi als Monopolist ohne spezielle Beauftragung agiert. Abzugrenzen hiervon sind die Anwender (User), die direkt von einem Service profitieren und diesen nutzen.[1] Diese Abgrenzung ist wichtig, da beide Gruppen unterschiedliche Anforderungen haben und daher unterschiedliche Schnittstellen zum Provider existieren. Während der Kunde sich mit seinen Anforderungen an einen Kundenbetreuer (Customer Relationship Manager, Account Manager oder an den Service Level Manager) wendet, meldet ein Anwender Störungen und Anfragen beim Servicedesk, abgebildet im Prozess

1. Während der Anwender direkt von einem Service profitiert, hat der Kunde indirekt Nutzen davon. Anwender sind als Personen in die Geschäftsprozesse des Kunden eingebunden. Die Funktionalität der Services ermöglicht es ihnen, ihre Aufgaben innerhalb der Geschäftsprozesse effektiver und/oder effizienter zu erfüllen.

Incident & Service Request Management. Eine Person kann sowohl als Kunde als auch als Anwender mit dem Service-Provider in Kontakt treten, abhängig davon, welches Anliegen der Kontaktaufnahme zugrunde liegt.

Je nach Art des Service-Providers kann es sich bei Kunden um externe Kunden (im Falle eines Systemhauses) oder um interne Kunde (im Falle einer IT-Abteilung) handeln. Unabhängig davon müssen diese Kunden identifiziert werden. Bei der Identifikation interner Kunden stellt sich häufig die Frage, auf welchen Ebenen Services angeboten und beauftragt werden sollen. Betreffen Services die gesamte Organisation gleichermaßen, ist meist die Geschäftsleitung der richtige Ansprechpartner. Für Services mit abteilungsbezogenen Schwerpunkten kommen eher Abteilungsleiter als Vertreter des mittleren Managements infrage. Aber auch Teamleiter oder Projektleiter können potenzielle Kunden und damit Ansprechpartner sein.

Jedem Kunden wird ein Kundenbetreuer zugeordnet, der sich mit dem Kunden und seinen spezifischen Anforderungen vertraut macht, Ansprechpartner für Beschwerden ist und die Kundenzufriedenheit im Auge behält. Hierbei kann es sich um die gleiche Person handeln, die auch im Rahmen des Prozesses Service Level Management die Vereinbarungen mit dem Kunden (SLAs) erstellt. Diese Person muss für den Kunden sehr einfach erreichbar sein. Der Kunde muss somit wissen, auf welchem Weg er seinen Kundenbetreuer kontaktieren kann.

Der Kundenbetreuer führt regelmäßig mit den von ihm betreuten Kunden ein Service-Review durch, also eine Überprüfung der vom jeweiligen Kunden gebuchten Services. Hierbei wird die erbrachte Leistung sowie deren Qualität bewertet. Dies kann im Dialog mit dem Kunden oder auf Basis seiner Rückmeldungen erfolgen. Das Ergebnis eines Service-Reviews dient als Grundlage zur Identifikation von Verbesserungspotenzial, woraus bei Bedarf Folgemaßnahmen abgeleitet werden können. Ein Service-Review ist also ein Werkzeug zur Steuerung des Mehrwerts eines Service, also des durch einen Service generierten Nutzens für einen Kunden und die zugehörigen Anwender.

Im Prozess Customer Relationship Management ist zu regeln, wie die Anforderungen des Kunden, Beschwerden, aber auch die Kundenzufriedenheit aufgezeichnet werden. Nur so entsteht auch im Falle mehrerer Kundenbetreuer ein einheitliches, vergleichbares Ergebnis und es kann sichergestellt werden, dass die erwünschte Qualität beim Umgang mit Kunden und deren Anforderungen sowie der Umsetzung erzielt wird. Die Dokumentation der Aktivitäten erfolgt dazu in einer Kundendatenbank, die bei der Initialisierung des Prozesses einzurichten ist.

Abb. 4–2 *Aktivitäten im Prozess Customer Relationship Management*

4.1.2 Rollen im Prozess

Der Prozessverantwortliche übernimmt die Gesamtverantwortung für den Prozess und sollte dabei eine funktionierende Schnittstelle zum Prozess Service Level Management fördern.

Für den vom Prozessverantwortlichen ernannten Prozessmanager fallen in diesem Prozess vor allem folgende operative Aufgaben an:

- Pflege der Kundendatenbank
- Sicherstellen, dass Kundenbeschwerden prozesskonform behandelt werden
- Koordination der Ermittlung der Kundenzufriedenheit
- Sichtung der Ergebnisse der Servicebewertungen durch Kunden

Pro Kunden gibt es einen **Kundenbetreuer (Customer Relationship Manager, Account Manager)**. Er dient als primärer Ansprechpartner für die jeweiligen Kunden und pflegt die Beziehungen zu diesen durch regelmäßige Kommunikation. Dabei nimmt er auch Beschwerden auf und führt gemeinsam mit Kunden Service-Reviews durch.

4.1.3 Anforderungen

Für die praktische Umsetzung des Prozesses stellt FitSM die folgenden sechs Anforderungen auf:

- PR7.1
  Die Kunden der Services müssen identifiziert werden.
- PR7.2
  Für jeden Kunden muss eine designierte Kontaktstelle oder -person festgelegt werden, die das Management der Kundenbeziehung und -zufriedenheit verantwortet.
- PR7.3
  Mechanismen zur Kommunikation mit Kunden müssen etabliert werden.
- PR7.4
  Service-Reviews unter Einbeziehung der Kunden müssen in geplanten Abständen durchgeführt werden.
- PR7.5
  Kundenbeschwerden im Zusammenhang mit Services müssen auf konsistente Art und Weise erfasst und behandelt werden.
- PR7.6
  Kundenzufriedenheit muss gemanagt werden.

PR7.1 – Identifikation der Kunden

Für die Erbringung von Services muss der Service-Provider die jeweiligen Kunden ermitteln und schriftlich festhalten. Das Ergebnis muss dokumentiert und aktuell gehalten sowie einheitlich und in einem System abgelegt werden.

Die zugehörigen Fähigkeitsgrade sind in FitSM-6 folgendermaßen beschrieben:

Fähigkeitsgrad	Beschreibung
1	Die Kunden sind bekannt und es existieren entsprechende Listen, die jedoch nur unregelmäßig aktualisiert werden und weder umfassend noch fehlerfrei sind.
2	Es existiert eine Übersicht oder mehrere Listen, in denen Informationen über Kunden und die von ihnen verwendeten Services aufgezeichnet sind. Diese Listen werden auf einer informellen Basis gepflegt, ohne klare Verantwortlichkeiten darüber, wer das wann zu tun hat. Die Listen sind untereinander nicht abgestimmt und können redundante Informationen enthalten. Sie haben ein unterschiedliches Format, einen unterschiedlichen Detaillierungsgrad und sind nicht immer aktuell.
3	Es existiert eine Übersicht mit korrekten Informationen über alle Kunden der Services, die auf Basis von dokumentierten Verantwortlichkeiten gepflegt wird.

PR7.2 – Regelung der Kundenbetreuung

Für jeden Kunden muss es einen ausgewiesenen Ansprechpartner geben, der für die Verwaltung von Kundenbeziehung und die Kundenzufriedenheit verantwortlich ist. Dieser Aspekt ist schon in Abschnitt 4.1.2 unter »Kundenbetreuer« beschrieben worden. Selbstverständlich kann ein Ansprechpartner auch die Betreuung mehrerer Kunden übernehmen, d.h. für eine Gruppe verantwortlich sein.

Folgende Fähigkeitsgrade werden von FitSM-6 definiert:

Fähigkeitsgrad	Beschreibung
1	Es gibt keinen definierten Ansprechpartner für die Kunden(-gruppen). Einzelne Supportmitarbeiter haben nur ein grundlegendes Verständnis über die Notwendigkeit, Kundenbeziehungen sinnvoll zu gestalten.
2	Es gibt eine den Kunden(-gruppen) zugeordnete Person oder Rolle. Diese Zuordnung basiert aber nicht notwendigerweise auf dokumentierten Verantwortlichkeiten. Die Gestaltung der Kundenbeziehungen und die Erfassung der Zufriedenheit können unterschiedlich erfolgen.
3	Für jeden Kunden/jede Kundengruppe ist eine Person oder Rolle zugeordnet, die auch die Beziehungen zu den Kunden gestaltet. Sie erfasst auch deren Zufriedenheit auf Basis von dokumentierten Verantwortlichkeiten.

PR7.3 – Kommunikation mit dem Kunden

Des Weiteren muss die Kommunikation mit Kunden geregelt werden. Diese eher allgemeine Formulierung kann in der Praxis unterschiedlich ausgeprägt werden. Da der Prozess Customer Relationship Management insgesamt eher übergeordnet auf eine gute Beziehung zu Kunden abzielt, ist der persönliche Kontakt das wichtigste Instrument. Zusätzlich können das auch größere Veranstaltungen im Sinne von einer Hausmesse, Fachkonferenz oder einem »Tag der offenen Tür« sein. Denkbar ist auch ein Informationsportal für Kunden bzw. Anwender, die Bewertungsmöglichkeit der gelösten Incidents oder ein regelmäßiger Newsletter. Zur Dokumentation von Kommunikationskanälen, -inhalt, -frequenz und Ansprechpartnern sollte ein Kommunikationsplan erstellt werden.

Im Detail können dann folgende Fähigkeitsgrade unterschieden werden:

Fähigkeitsgrad	Beschreibung
1	Die Kommunikation zu Kunden ist möglich, erfolgt in einer willkürlichen Weise oder reaktiv auf Verlangen. Es existiert keine einheitliche klare Übersicht an Möglichkeiten zur Kundenkommunikation. Es ist mitunter schwierig, zeitnah mit den Kunden oder Kundengruppen zu kommunizieren.
2	Es gibt etablierte Kommunikationskanäle für jeden Kunden oder Kundengruppen. Die Art der Nutzung hängt von den jeweils zugeordneten Personen oder Rollen ab. Die Kommunikation wird manchmal zentral dokumentiert, aber nicht in einer einheitlichen Weise.
3	Kommunikationskanäle für jeden Kunden bzw. jede Kundengruppe sind etabliert und die Kommunikation mit den Kunden wird in einer konkreten, nachhaltigen Weise basierend auf dokumentierten Verantwortlichkeiten erfasst.

PR7.4 – Service-Review mit den Kunden

Diese Anforderung gesteht dem Kunden eine Mitwirkung bei der Bewertung der Servicequalität zu. Diese Reviews dienen der inhaltlichen Weiterentwicklung des Service, gegebenenfalls auch einer Reduzierung oder Ausweitung der Inhalte. Sofern bei den Verträgen wenig Gestaltungsmöglichkeiten bestehen, dienen die Reviews zur permanten Kontrolle der Leistungen und Verbesserung der vereinbarten Qualität der Services. Wichtig ist, dass diese Überprüfungen regelmäßig und gemeinsam mit Kunden durchgeführt werden.

In FitSM werden dazu folgende Fähigkeitsgrade beschrieben:

Fähigkeitsgrad	Beschreibung
1	Es werden informelle Service-Reviews durchgeführt. Diese basieren auf Interaktionen zwischen Vertretern des Kunden und des Service-Providers. Dies geschieht nur auf Verlangen, etwa nach größeren Störungen, sowie mehr oder weniger zufällig, d.h. in Abhängigkeit der beteiligten Personen.
2	Service-Reviews werden regelmäßig durchgeführt, sind jedoch nicht gleichartig und das Ergebnis hängt davon ab, welche Personen diese Überprüfung durchführen. Die Verantwortlichkeiten sind nicht klar dokumentiert. Durchführung und Ergebnisse werden aufgezeichnet, aber nicht in einer systematischen Weise.
3	Service-Reviews werden in geplanten Intervallen regelmäßig durchgeführt, genauso wie auch auf Verlangen des Kunden. Es gibt sie auch nach größeren Anlässen. Reviews basieren auf definierten Verantwortlichkeiten und erzeugen systematische Aufzeichnungen darüber.

PR7.5 – Beschwerdemanagement

Die Behandlung der Kundenbeschwerden bezüglich der Services muss ebenfalls geregelt werden. Dazu muss jeder Kunde die Möglichkeit haben, sich einfach und an geeigneter Stelle zu beschweren. Diese Anforderung ist eng mit der Forderung nach einer geregelten Kundenbetreuung verbunden. Die Verwaltung der Kundenbeschwerden ist als wichtige Möglichkeit für den Service-Provider zu sehen, aus den Beschwerden seiner Kunden (sprich aus einer konkreten Situation und Unzufriedenheit) Verbesserungsvorschläge abzuleiten. Im Umkehrschluss kann das auch bedeuten, Kunden darauf hinzuweisen, dass man aus Kostengründen die Lösung genau so konzipiert hat. Eine bessere Kundenaufklärung bedeutet hier, die Erwartungshaltung mit ihm abzustimmen. Ein Beschwerdemanagement muss auch Beschwerden abweisen, wenn die SLAs eingehalten werden. Es gibt Kunden mit überzogenen Anforderungen und Erwartungen. Wer versucht, jede Erwartung eines Kunden zu erfüllen, könnte schnell überfordert sein.

Folgende Fähigkeitsgrade werden in FitSM-6 unterschieden:

Fähigkeitsgrad	Beschreibung
1	Beschwerden von Kunden werden in einer nicht festgelegten, individuellen Weise behandelt. Es gibt keine formale Aufzeichnung über eine Beschwerde.
2	Kundenbeschwerden werden verwaltet und es gibt Aufzeichnungen darüber. Diese werden auch bearbeitet. Allerdings sind die Aufzeichnungen nicht gleichartig. Die Verantwortlichkeiten sind nicht dokumentiert, aber es gibt ein grundsätzliches Verständnis darüber, wer solche Beschwerden managen sollte.
3	Kundenbeschwerden werden auf Basis von dokumentierten Verantwortlichkeiten gemanagt und darüber werden gleichartige Aufzeichnungen erstellt.

PR7.6 – Verwaltung der Kundenzufriedenheit

Die Formulierung dieser Anforderung ist in FitSM etwas unglücklich gewählt. An der Kundenzufriedenheit muss permanent gearbeitet werden, anstatt sie lediglich zu »verwalten«. Wichtig ist diese Anforderung allemal. Sie stellt die Zufriedenheit von Kunden des Service-Providers in den Mittelpunkt. Insofern beschreibt diese Anforderung alle Aktivitäten, die zur Sicherstellung eines zufriedenen Kunden notwendig sind. Bei den Kunden sollte beispielsweise abgefragt werden, an welchen Punkten sie mit der Serviceleistung zufrieden sind, und die Zufriedenheit konkret messbar gemacht werden. Zudem sollte ein möglichst objektives Verfahren zur Abfrage der Kundenzufriedenheit etabliert werden. Fragen in einem Service-Review wie z.B. »Wie zufrieden waren Sie mit unserer Serviceleistung im Monat?« sind zu allgemein gehalten. Weiterhin sollte möglichst immer der gleiche Personenkreis zur Zufriedenheit befragt werden, damit eine Kontinuität erreicht wird.

Konkret sind folgende Fähigkeitsgrade formuliert:

Fähigkeitsgrad	Beschreibung
1	Bei Bedarf (beispielsweise Anfrage des Kunden, Beschwerden des Kunden oder Änderungen bei Services) wird die Kundenzufriedenheit mit formlosen Instrumenten ermittelt.
2	Es gibt Mechanismen, die Kundenzufriedenheit zu messen. Diese wendet der Provider auch an, gleichwohl werden sie in nicht geregelter Weise und bei nicht dokumentierter Verantwortlichkeit für die Messungen/Aufzeichnungen durchgeführt.
3	Mechanismen zur Messung der Kundenzufriedenheit sind vorhanden und werden in regelmäßigen Intervallen auf Basis von dokumentierten Verantwortlichkeiten durchgeführt. Aufzeichnungen der Ergebnisse werden in gleichartiger Weise dokumentiert.

4.1.4 Beispielfirma Bikes & more

Die Rollenverteilung

Als Prozessverantwortlicher definiert der IT-Leiter die Prozessziele. Dazu gehört insbesondere, die Kundenvertreter zu identifizieren und diesen zu vermitteln, wie sich die IT-Abteilung in naher Zukunft verändert. Das Ziel ist, sich von einem eher reaktiven, eher auf Zuruf arbeitenden IT-Dienstleister zu einem kunden- und serviceorientierten Partner des Business zu entwickeln. Dies hat auch Änderungen für die Kunden zur Folge.

Der stellvertretene IT-Leiter soll sich als Prozessmanager um die Prozessdokumentation und die Einrichtung aller für den Prozess notwendigen Dokumente gemäß den Vorgaben des IT-Leiters kümmern.

Die Rolle eines Kundenbetreuers übernehmen beide gemeinsam. Um keine Unstimmigkeiten in der Zuständigkeit aufkommen zu lassen, wird klar definiert, welche Person die Betreuung welcher Kunden übernimmt. Der IT-Leiter und der stellvertretende IT-Leiter vertreten sich gegenseitig bei Abwesenheit.

Kunde

Das Unternehmen Bikes & more verkauft weder seinen Kunden noch den Geschäftspartnern IT-Dienstleistungen. Als Kunden der IT-Abteilung kommen somit nur Mitarbeiter und Personengruppen innerhalb von Bikes & more infrage. Für alle abteilungsübergreifenden Services gilt die Geschäftsleitung als Kunde. Betreffen Services nur einzelne Abteilungen, so ist der jeweilige Abteilungsleiter Ansprechpartner.

Auf die Einrichtung einer separaten Kundendatenbank mit namentlicher Nennung der Kundenvertreter wird aufgrund der geringen Größe verzichtet. Wer als Kunde auftreten darf, ist bei Bikes & more in der Beschreibung des Prozesses Customer Relationship Management festgehalten, und sobald etwas beauftragt wurde, wird dies im Prozess Service Level Management dokumentiert. Dort ist also auch ersichtlich, welche Personen als Kunde aufgetreten sind.

Service-Review-Meetings

Alle sechs Monate finden für die Kunden auf der Ebene Abteilungsleiter und Geschäftsleitung Service-Review-Meetings statt. Hierzu vereinbaren der IT-Leiter und sein Stellvertreter jeweils ein Gespräch mit den Kunden, die sie zur Betreuung übernommen haben. Dabei werden die entsprechenden Servicevereinbarungen (SLAs) aus dem Prozess Service Level Management auf Aktualität geprüft, die Serviceberichte aus dem Prozess Service Reporting Management werden begutachtet und die Kundenzufriedenheit wird ermittelt. Das Ergebnis wird dokumentiert. Sollte sich ein Kunde beschweren, wird diese Beschwerde in einem Tickettool erfasst und kurz dokumentiert, wie damit umgegangen wird. Falls sich die Anforderungen nicht geändert haben und der Kunde mit der Leistung zufrieden ist, kann ein Service-Review-Meeting recht kurz sein.

Nach einem solchen Meeting können dann auch gleich die entsprechenden SLAs im Reviewplan als überprüft gekennzeichnet werden (siehe Prozess Service Level Management, Abschnitt 4.3).

4.2 PR1 – Service Portfolio Management

Ziel dieses Prozesses ist die Definition und Pflege eines Serviceportfolios.

4.2.1 Prozessbeschreibung

Das Serviceportfolio ist ein Repository, das Informationen über alle Services enthält, die vom Service-Provider angeboten werden. Sie werden bereits bei der Entwicklung in das Portfolio aufgenommen und können auch darin bleiben, wenn sie außer Betrieb genommen werden. So lässt sich jederzeit feststellen, welche Services zukünftig, aktuell oder nicht mehr zur Verfügung stehen.

Die Teile des Serviceportfolios, die von Kunden bestellt werden können, werden im Rahmen des Prozesses Service Level Management vereinbart und in den Servicekatalog übernommen. Auf Basis des Servicekataloges kann ein Kunde Services buchen.

Abb. 4–3 Vom Serviceportfolio zum Kunden

Wird ein Service nicht mehr angeboten und komplett aus der Infrastruktur entfernt, kann er auch aus dem Serviceportfolio entfernt oder archiviert werden.

Manchmal sollen außer Betrieb genommene Services jedoch temporär noch zur Verfügung stehen. So kann es beispielsweise nötig sein, bei einer Steuerprüfung auf Daten der letzten zehn Jahre zurückzugreifen. Liegen die Daten nicht in einem allgemeinen Format vor, muss auf die Software zurückgegriffen werden, die damals zum Einsatz gekommen ist. Daher ist auch bei der Außerbetriebnahme eines Service zu prüfen, ob dieser nicht trotzdem weiterhin Bestandteil des Serviceportfolios sein sollte, auch wenn er im Regelbetrieb nicht mehr zur Verfügung gestellt, also nicht mehr aktiv genutzt wird.

Bereits beim Entwurf eines neuen Service wird ein Service Design & Transition Package (SDTP) erstellt, das die wichtigsten Informationen über den Service beinhaltet. Es stellt die Gesamtheit aller Planungen für Design (Entwurf, Konzeption) und Transition (Entwicklung, Produktivsetzung) eines neuen oder geänderten Service dar. Dabei muss es sich nicht um ein Einzeldokument handeln. Vielmehr kann es verstanden werden als ein Überbegriff für eine Vielzahl dokumentierter Pläne und anderer relevanter Informationen, die in unterschiedlichen Formaten vorliegen können.

Ein Service Design & Transition Package kann insbesondere folgende Punkte/ Dokumente umfassen:

- Serviceanforderungen
- Serviceabnahmekriterien
- Projektplanung
- Kommunikations- und Schulungsplan
- Technische Pläne und Spezifikationen
- Ressourcenpläne
- Terminpläne für die Entwicklung und Produktivsetzung

Das Service Design & Transition Package enthält unter anderem die Serviceabnahmekriterien (Service acceptance criteria, SAC). Das sind die Kriterien, die erfüllt sein müssen, bevor ein Service Kunden und Anwendern zur Verfügung gestellt wird. Sie werden definiert, wenn ein Service entworfen oder geändert wird. Häufig werden sie während der Entwicklungsphase eines Service aktualisiert oder verfeinert. Sie können funktionale oder nicht-funktionale Aspekte des spezifischen auszurollenden Service abdecken.

Die Aufgabe des Prozesses Service Portfolio Management besteht konkret darin, ein Serviceportfolio aufzubauen, festzulegen, welche Aspekte eines Service darin dokumentiert werden, und das Serviceportfolio ständig aktuell zu halten. Die Vorgehensweise der Planung neuer oder geänderter Services muss festgelegt und die Definition eines Service Design & Transition Package mit all seinen dazugehörigen Bestandteilen erstellt werden. Darüber hinaus ist die Organisation zu identifizieren, die die Serviceerbringung unterstützt. Häufig handelt es sich hierbei um den kompletten Service-Provider. Es kann jedoch sein, dass nur ein Teil der Organisation in die Serviceerbringung involviert ist oder mehrere Service-Provider gemeinsam als Föderation (Verbund) einen Service erbringen. Der Umfang der Organisationsstruktur wird in der Regel stark von der Wahl des Anwendungsbereiches des SMS bestimmt (siehe Kap. 3).

Durch die Anforderung, dass auch Services in die Planung aufgenommen werden und alle notwendigen Informationen in dieser Übersicht zu finden sind, wird deutlich, dass dieser Prozess auch die strategischen Planungsaspekte berücksichtigt. Es ist rechtzeitig zu klären, wer den Betrieb sicherstellt (ggf. auch unter Einbindung von externen Lieferanten) und wie die finanzielle Betrachtung dieses neuen IT-Service aussieht.

Abb. 4–4 *Aktivitäten im Prozess Service Portfolio Management*

4.2.2 Rollen im Prozess

Neben der Übernahme der Gesamtverantwortung des Prozesses und der Festlegung der Ziele sollte der Prozessverantwortliche im Service Portfolio Management die Schnittstellen zum Service Level Management und zum Change Management genauer betrachten. Beide Prozesse werden beim Übergang eines Service oder einer Servicekomponente in die Produktionsumgebung und somit in den Servicekatalog benötigt.

Zu den operativen Aufgaben des Prozessmanagers gehören insbesondere folgende Tätigkeiten:

- Aufrechterhaltung des Serviceportfolios
- Verwaltung von Aktualisierungen am Serviceportfolio
- Regelmäßige Überprüfung des Serviceportfolios
- Sicherstellung, dass die Planung und Entwicklung neuer oder geänderter Services im Einklang mit dem Prozess Service Portfolio Management ablaufen und Service Design & Transition Packages erstellt und verwaltet werden.

Darüber hinaus definiert FitSM keine weiteren Rollen im Service Portfolio Management.

4.2.3 Anforderungen

Für den Prozess Service Portfolio Management werden vier Anforderungen formuliert:

- **PR1.1**
  Ein Serviceportfolio muss gepflegt werden. Alle Services müssen als Teil des Serviceportfolios spezifiziert werden.
- **PR1.2**
  Design und Transition neuer oder geänderter Services müssen geplant werden.
- **PR1.3**
  Pläne für das Design und die Transition neuer oder geänderter Services müssen den zeitlichen Rahmen, Verantwortlichkeiten, neue oder geänderte Technologie, Kommunikation und Serviceabnahmekriterien berücksichtigen.
- **PR1.4**
  Die organisatorische Struktur, die der Serviceerbringung zugrunde liegt, muss identifiziert werden, einschließlich einer möglichen Föderationsstruktur sowie Kontaktpunkten und Ansprechpartnern für alle involvierten Parteien.

PR1.1 – Pflege eines Serviceportfolios

Ein gepflegtes Serviceportfolio bildet die Grundlage für eine strukturierte Planung der eigenen Leistungen in der IT. In einem Serviceportfolio werden neben den technischen Überlegungen auch strategische und damit geschäftsrelevante Aspekte behandelt. Die Erfüllung dieser Anforderung stellt sicher, dass der IT-Service-Provider seine Services strukturiert und mit einer längerfristigen Planung entwickelt.

In FitSM-6 werden dazu folgende Fähigkeitsgrade beschrieben:

Fähigkeitsgrad	Beschreibung
1	Die Organisation ist sich im Prinzip über das eigene Serviceangebot im Klaren. Das eigene Serviceangebot und alle zugehörigen Informationen können ohne vordefiniertes Format beschrieben werden. Die Sichtweise auf Services ist jedoch eher technisch orientiert und noch nicht auf den Nutzen für die Fachbereiche ausgerichtet.
2	Es existiert ein allgemeines Verständnis über die angebotenen Services inklusive der vergangenen, der aktuellen und der geplanten Services. Auf informellem Weg wird eine Liste dieser Services gepflegt. Diese Liste wird aus Sicht des IT-Service-Managements gepflegt und zeigt für jeden Service den Nutzen für den Kunden.
3	Es besteht ein definierter Ablauf zur Pflege des Serviceportfolios mit eindeutig dokumentierten Verantwortlichkeiten. Das Serviceportfolio führt alle Services auf ebenso wie nützliche Informationen bezüglich technischer Komponenten, Abhängigkeiten, generierter Nutzen und einer Wirtschaftlichkeitsbetrachtung. Das Serviceportfolio steht der gesamten Organisation zur Verfügung.

PR1.2 – Planung des Designs und der Transition

Die Gestaltung und die Überführung in den Produktivbetrieb bei neuen Services oder bei Änderungen an bestehenden Services müssen geplant werden. Diese Planung stellt grundsätzlich sicher, dass der Betrieb von IT-Services auch bei Änderungen einbezogen wird. Um eine Planung durchführen zu können, muss man sich mit ihr auseinandersetzen. Egal welches Ergebnis die Aktivität ergibt, der Erkenntnisgewinn ist für sich schon wichtig. Die Änderungen können als einfacher Change oder umfangreicheres Projekt in der operativen Umsetzung abgewickelt werden.

Die Fähigkeitsgrade werden wie folgt definiert:

Fähigkeitsgrad	Beschreibung
1	Ein einheitlicher Ansatz zur Überführung von neuen Services oder zur Änderung von bestehenden Services existiert nicht, auch eine Überwachung findet bei der Überführung nicht statt. Der Grad der Planung bei der Überführung ist von individuellen Anstrengungen abhängig. Servicepläne werden inkonsistent und in unterschiedlichen Formen bzw. Formaten geliefert.
2	Beim Service-Provider liegt ein grundsätzliches Verständnis der Notwendigkeit vor, die Überführung von neuen oder geänderten Services mit einem strukturierten Ansatz durchzuführen. Einige Ansätze werden routinemäßig angewendet, jedoch ist das nicht eindeutig dokumentiert. Zeitpläne, Technologie und Kommunikation werden betrachtet und auf einem akzeptablen Qualitätsniveau verwaltet, geplant und gesteuert.
3	Es existiert ein eindeutiger, dokumentierter und etablierter Ansatz zur Inbetriebnahme oder Anpassung von Services.

PR1.3 – Inhalte der Planung

Während die vorhergehenden Anforderungen grundsätzlich ein planvolles Vorgehen fordern, betrifft diese Anforderung eher den inhaltlichen Detailgrad. Dazu sind die Verantwortlichkeiten zu bestimmen und der zeitliche Rahmen festzulegen. Außerdem ist die Technologie detaillierter zu beschreiben (neu oder geändert) und Serviceabnahmekriterien sind zu berücksichtigen. Insbesondere dieser Aspekt bezieht die Abnehmer der Services ein. Zu guter Letzt ist die Kommunikation innerhalb der Planung zu regeln.

Die Fähigkeitsgrade für diese Anforderung sehen folgendermaßen aus:

Fähigkeitsgrad	Beschreibung
1	Für neue oder geänderte Services ist Design und Überführung geplant und dokumentiert. Dabei liegt der Fokus vorrangig auf den technischen und funktionalen Aspekten. Zeitpläne, Verantwortlichkeiten, Kommunikation und Akzeptanzkriterien werden selten betrachtet.
2	Design und Überführung für neue oder geänderte Services ist einheitlich geplant und dokumentiert. Wichtige Aspekte inklusive der Zeitpläne und Verantwortlichkeiten werden betrachtet, ebenso wie Funktionalität und notwendige Änderungen an der Technologie.
3	Für alle neuen Services und Änderungen an bestehenden Services existieren Pläne mit einer einheitlichen Struktur und gleichem Detaillierungsgrad. Diese beinhalten eine Zeitplanung, Verantwortlichkeiten, Technologie, Kommunikation und Akzeptanzkriterien. Technologische Änderungen sind eindeutig mit verwandten Anforderungen und den Änderungsanträgen verknüpft. Kommunikationspläne beschreiben, welche Inhalte zu welchem Zeitpunkt an die Beteiligten verteilt werden. Die Akzeptanzkriterien beschreiben nicht nur funktionale und technische Aspekte, sondern auch die effektive Organisation und den Wissenstransfer.

PR1.4 – Identifikation der Organisation zur Serviceerbringung

Diese Anforderung befasst sich mit der Sicherstellung der Leistungserbringung und schließt sich damit an die vorhergehende an. Ein neuer Service oder Änderungen an Services müssen komplett durchgeplant werden, es müssen also rechtzeitig alle beteiligten Einheiten im Unternehmen und außerhalb benannt und in die Planung einbezogen werden. Es muss geprüft werden, ob die operativen und unterstützenden Einheiten diesen Service überhaupt betreiben können. Häufig werden Services mit externer Beratung ins Leben gerufen und die operativen Einheiten müssen sich erst das für den Betrieb notwendige Wissen aneignen.

Die Fähigkeitsgrade sind wie folgt beschrieben:

Fähigkeitsgrad	Beschreibung
1	Es besteht ein erstes Verständnis zur Struktur der Servicebereitstellung, das sich jedoch eher an technischen Funktionen und Einzelpersonen orientiert. Die Verbindungen zur Organisations- oder Föderationsstruktur bei der Unterstützung basiert lediglich auf Beziehungen zwischen Einzelpersonen.
2	Es besteht ein Verständnis der Organisations- oder Föderationsstruktur, die der Serviceerbringung zugrunde liegt. Die Mitglieder der einzelnen Gruppen haben ein gemeinsames Verständnis der Beziehungen untereinander, wobei dieses in Details unterschiedlich sein kann und schwer zu kontrollieren ist.
3	Auf der Basis einer gemeinsam abgestimmten und dokumentierten Verantwortlichkeit zwischen den einzelnen Gruppen bei der Serviceerbringung existiert ein gutes Verständnis der Beziehungen untereinander.

4.2.4 Beispielfirma Bikes & more

Die Rollenverteilung

Der IT-Leiter übernimmt die Rolle des Prozessverantwortlichen. Die Entscheidung darüber, wie granular die Leistung der IT-Abteilung in separate Services aufgegliedert werden soll, obliegt seinen Vorgaben. Der stellvertretende IT-Leiter kümmert sich als Prozessmanager um die Prozessbeschreibung und die wichtigsten Dokumente. Außerdem hat er festgelegt, dass bereits bei der Planung eines neuen Service ein Serviceverantwortlicher bestimmt wird. Dieser füllt die servicespezifischen Inhalte im Serviceportfolio sowie im Service Design & Transition Package aus. Unterstützt wird er hierbei vom stellvertretenden IT-Leiter (in seiner Rolle als Prozessmanager).

Dokumente

In FitSM-4 gibt es bereits eine Vorlage für das Serviceportfolio sowie eine Vorlage für das Service Design & Transition Package. Beide wurden durch den Prozessmanager gesichtet. Die Vorlage für das Serviceportfolio ist recht einfach und überschaubar. Daher wurde sie unverändert als Serviceportfolio für Bikes & more übernommen. Die Vorlage für das Service Design & Transition Package sah auf den ersten Blick etwas umfangreich aus. Der Prozessmanager hat sich überlegt, ob er vielleicht Teile daraus streichen sollte. Da er sich unsicher war, ob er diese Teile nicht später noch benötigen würde, hat er sich zu folgendem Vorgehen entschieden: Die Bestandteile, die zwingend gepflegt werden sollen, werden als Pflichtfelder definiert. Die restlichen Felder sind optional. Gemäß der SMS-Richtlinie muss jeder Prozess mindestens alle zwei Jahre auf Effektivität und Effizienz hin untersucht werden. Für das erste Prozessreview hat der Prozessmanager sich notiert, die Festlegung der optionalen Felder zu prüfen und gegebenenfalls nachzusteuern.

4.3 PR2 – Service Level Management

Die Aufgabe dieses Prozesses besteht darin, sich um die Pflege eines Servicekataloges zu kümmern. Weiterhin obliegen ihm die Definition, die Vereinbarung und die Überwachung von Service Levels mit Kunden durch Etablierung aussagekräftiger Service Level Agreements (SLA) und unterstützender Operational Level Agreements (OLA) mit internen Gruppen sowie Underpinning Agreements (UA) mit Lieferanten.

4.3.1 Prozessbeschreibung

Im ersten Schritt wird basierend auf dem Serviceportfolio ein Servicekatalog erstellt, der dem Kunden eine Übersicht aller angebotenen aktiven Services bietet und alle relevanten Informationen über diese Services bereitstellt. Der Servicekatalog enthält somit die vom Kunden direkt buchbaren Services. Der Servicekatalog wird nicht nur aktualisiert, wenn ein Service in Betrieb geht oder ausgemustert wird, auch relevante Änderungen an einem Service müssen stetig in Servicekatalog nachgepflegt werden. Relevant sind alle Informationen zu Services, die für Kunden und Anwender von Bedeutung sind.

Die Services können gemäß ihrer Leistung auf verschiedenen Service Levels erbracht werden. So kann der Kunde eines Internet Service Provider z.B. einen Internetzugang mit unterschiedlichen Geschwindigkeiten buchen oder die Ausstattung des Services »Desktop« bei der Bildschirmgröße oder Rechnerkonfiguration variieren.

Der Kunde sucht sich aus dem Servicekatalog einen Service auf dem gewünschten Leistungsniveau aus. Anschließend wird hierüber ein SLA zwischen dem Kunden und dem Service-Provider vereinbart. SLAs müssen dabei nicht zwangsläufig individuell zwischen dem Service-Provider und einzelnen Kunden über spezifische Services vereinbart werden. Es kann auch übergeordnete SLAs bzw. ein Standard-SLA geben, die für einen, mehrere oder sogar alle Services gelten können. Ein SLA legt also als verbindliche Vereinbarung die Details der Leistungserbringung fest. Was im Servicekatalog bereits definiert ist, kann hierbei mit einem Verweis auf den Katalog einfach übernommen werden. Darüber hinaus müssen jedoch meist noch weitere Einzelheiten festgelegt werden.

Ein SLA umfasst häufig folgende typischen Inhalte:

- Beschreibung des Service bzw. Service Level
- Serviceziele
- Mengengerüst (z.B. Anzahl Datensätze, erwartete Zugriffszahlen)
- Service- und Betriebszeiten
- Geplante Serviceunterbrechungen
- Aufgaben auf Kundenseite
- Verpflichtungen des Service-Providers
- Eskalations- und Benachrichtigungsverfahren
- Auslastungsgrenzen
- Informationen zur Verrechnung (z.B. Servicepreis)
- Regelungen bei Nichteinhaltung
- Zu ergreifende Maßnahmen im Falle von Störungen oder Katastrophen
- Eingeschränkte Funktionalität für einen Notbetrieb im Katastrophenfall
- Laufzeit und Kündigung
- Service Reporting (Inhalt, Gestaltung,...)
- Zyklus der Service-Reviews
- Begriffsglossar

Welche Aspekte in einem spezifischen SLA eine Rolle spielen, kann nur im Einzelfall entschieden werden. Möglicherweise können einzelne der oben genannten Punkte entfallen oder auch eine Vielzahl weiterer hinzukommen.

Neben der Servicebeschreibung bilden die Serviceziele einen wesentlichen Bestandteil eines SLA. Sie spezifizieren das Leistungsniveau wichtiger Merkmale, wie z.B. die Verfügbarkeit, Konfiguration oder Ausstattung eines Service. Zur Definition eines Serviceziels gehört ein messbarer Zielwert sowie eine eindeutige Beschreibung, wie dieser gemessen wird.

Da der Servicekatalog als Grundlage zur Erstellung eines SLA dient, hat der Prozess Service Level Management die Aufgabe, den Servicekatalog stetig aktuell zu halten.

Nach der Vereinbarung eines SLA mit dem Kunden wird die versprochene Leistung zur Verfügung gestellt. Das heißt, die vom Kunden gebuchten Servicekomponenten müssen erbracht werden. Hieraus resultieren einige Aufgaben für interne Gruppen. Es kann sich dabei um die zur Bereitstellung von Speicherplatz, die Einrichtung und Pflege einer Datenbank oder auch die Unterstützung durch den Servicedesk handeln. Die zu erbringenden Leistungen einer internen Gruppe werden in einem sogenannten Operational Level Agreement (OLA) festgehalten. Es handelt sich also um eine Vereinbarung auf operativer, interner Ebene. Ein OLA sollte nicht einfach diktiert, sondern zwischen den beteiligten Gruppen ausgehandelt und vereinbart werden. Dabei ist es wichtig, die Leistungsfähigkeit der zu erbringenden Gruppen zu kennen, bevor ein SLA erstellt wird. Sonst kann es passieren, dass dem Kunden beispielsweise eine Rund-um-die-Uhr-Betreuung durch den Servicedesk zugesagt wird, der Servicedesk dies jedoch gar nicht leisten kann. Werden mit Kunden SLAs erstellt, die die Leistungsfähigkeit der zu erbringenden Gruppen übersteigen, kann dies zur Unzufriedenheit aller Beteiligten führen: Kunden erhalten möglicherweise nicht, was ihnen im SLA zugesagt wurde; IT-Mitarbeiter sind gegebenenfalls überlastet und können ihre Ziele nicht erreichen, was zu Frustration führen kann sowie zu einem erhöhten Konfliktpotenzial demjenigen gegenüber, der die SLAs mit den Kunden vereinbart hat.

Häufig werden zur Erbringung eines Service auch externe Dienstleister benötigt. Ein typisches Beispiel hierfür wäre die Zurverfügungstellung einer WAN-Leitung durch einen Telekommunikationsdienstleister. Das Dokument, in dem diese Leistung beschrieben wird, nennt sich Underpinning Agreement (UA). Während es sich bei einem OLA um eine interne Vereinbarung handelt, ist ein UA meist ein rechtswirksamer Vertrag. Anstelle von Underpinning Agreement wird häufig auch die Bezeichnung Underpinning Contract (UC) verwendet, um die vertragliche Bedeutung hervorzuheben.

Aus Sicht des Service-Providers ist dieser Vertrag ein UA und aus Sicht des externen Dienstleisters ein SLA. Die Ursache liegt darin, dass beispielsweise die oben erwähnte WAN-Leitung für den Service-Provider nur eine Komponente des gesamten Service darstellt. Für ihn ist sie Mittel zum Zweck. Der Vertriebsmitarbeiter des Telekommunikationsdienstleisters hingegen bezieht sich auf seinen Servicekatalog, aus dem der Service-Provider eine WAN-Leitung auswählt. Aus Sicht des Telekommunikationsdienstleisters handelt es sich hierbei um das Endprodukt, den Service, der über ein SLA geregelt wird.

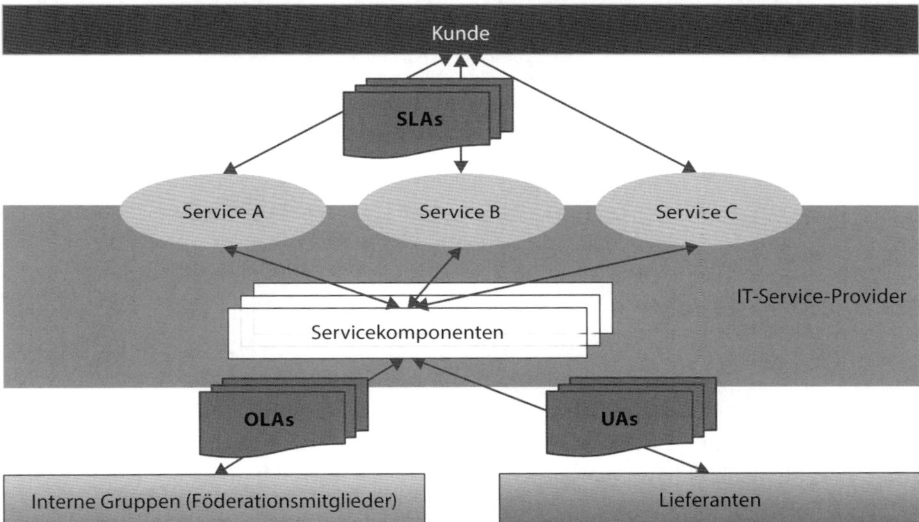

Abb. 4–5 *Servicevereinbarungen und deren Beziehungen*

Um die in einem SLA definierten Serviceziele einhalten zu können, muss von den am Service beteiligten internen und externen Dienstleistern ein gewisses Leistungsniveau erbracht werden. Hierzu werden operative Zielwerte (Operational Targets) definiert und in das OLA und UA aufgenommen. Die operativen Zielwerte leiten sich also von den Servicezielen ab.[2] Eine regelmäßige Messung der tatsächlich erbrachten Werte ermöglicht nicht nur die Überprüfung der Einhaltung von OLA und UA. Diese Werte werden häufig auch für regelmäßige Serviceberichte zum Kunden hin benötigt und können auch zu einer Anpassung der Serviceziele im SLA führen.

2. Angenommen ein Service besteht aus fünf für den Betrieb zwingend notwendige Komponenten. Wird den Kunden dieses Service eine Serviceverfügbarkeit von 99,5 % zugesagt (Serviceziel), wird dies mit einer Verfügbarkeit der Einzelkomponenten von 99,9 % (operative Zielwerte, Operational Targets) gerade noch erreicht.

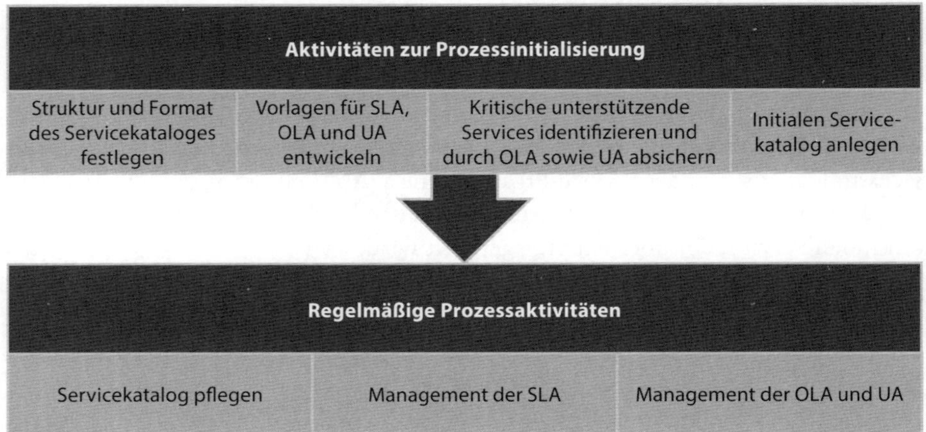

Abb. 4–6 *Aktivitäten im Prozess Service Level Management*

4.3.2 Rollen im Prozess

Der **Prozessverantwortliche** legt die Prozessziele für das Service Level Management fest und prüft auch, ob diese erreicht werden. Er trägt die Gesamtverantwortung, ernennt den Prozessmanager und stellt ausreichende Ressourcen für den Prozess bereit. Dieser Prozess benötigt bei einer Initialisierung und in der Startphase mehr Unterstützung, da die Aktivitäten sehr umfangreich sind. Darüber hinaus legt der Prozessverantwortliche die Schnittstellen zu anderen Prozessen fest. Dies betrifft hier vor allem das Customer Relationship Management und das Service Portfolio Management.

Zu den operativen Aufgaben des **Prozessmanagers** gehören:

- Wartung des Servicekataloges
- Verwaltung von Updates am Servicekatalog
- Sicherstellen, dass der Servicekatalog am Serviceportfolio ausgerichtet ist
- Verhandlung von SLAs mit Kunden
- Vereinbarung von OLAs mit internen Gruppen
- Verhandeln von UAs mit externen Dienstleistern
- Sicherstellen, dass alle SLAs, OLAs und UAs in konsistenter Weise dokumentiert sind
- Genehmigung neuer oder geänderter SLAs
- Sicherstellen, dass SLA, OLA und UA ineinandergreifen

Darüber hinaus gibt es für jedes **SLA, OLA und UA** einen **Verantwortlichen (Owner)**, der dafür sorgt, dass sich das entsprechende Dokument an den Vorgaben ausrichtet, die Einhaltung geprüft wird, die Zielerreichung gemessen wird, und das Dokument einem regelmäßigen Review unterzieht. Verändern sich die Anforderungen, ist es seine Aufgabe, diese zu verstehen und in das jeweilige Dokument mit einfließen zu lassen.

4.3.3 Anforderungen

Für das Service Level Management werden sowohl Anforderungen zum Servicekatalog als auch zum operativen Service-Management benannt:

- **PR2.1**
  Ein Servicekatalog muss gepflegt werden.
- **PR2.2**
  Zu allen Services, die für Kunden erbracht werden, müssen Service Level Agreements (SLAs) bestehen.
- **PR2.3**
  SLAs müssen in geplanten Abständen überprüft werden.
- **PR2.4**
  Die Leistung der Services muss gegen die in den SLAs festgelegten Serviceziele bewertet werden.
- **PR2.5**
  Um das Erreichen der in den SLAs festgelegten Serviceziele sicherzustellen, müssen in geeignetem Umfang Operational Level Agreements (OLAs) und Underpinning Agreements (UAs) für unterstützende Services oder Servicekomponenten vereinbart werden.
- **PR2.6**
  OLAs und UAs müssen in geplanten Abständen überprüft werden.
- **PR2.7**
  Die Leistung von Servicekomponenten muss gegen die in den OLAs und UAs festgelegten operativen Zielwerte bewertet werden.

PR2.1 – Pflege eines Servicekataloges

Der Servicekatalog stellt die konkrete Übersicht aller Services dar, die die Anwender kaufen bzw. beziehen können. Er ist damit eine Untermenge des Serviceportfolios und wird aus diesem entwickelt. Mit diesem Servicekatalog stellt die IT ihre Leistungen »verkaufsfertig« dar.

FitSM kennt folgende Fähigkeitsgradbeschreibungen:

Fähigkeitsgrad	Beschreibung
1	Der Service-Provider kann seine Angebote an die Kunden kommunizieren, auch wenn noch kein einheitliches Format dafür existiert. Die Beschreibungen sind eher technisch geprägt, als dass sie den Nutzen für den Kunden aufzeigen.
2	Es existiert eine Liste von Angeboten an Kunden, die grob in logische (im Sinne von Nutzen) Bereiche aufgeteilt ist. Die Verantwortung für die Pflege ist auf einer informellen Basis geregelt.
3	Es existiert ein Servicekatalog, der eindeutig verschiedene Angebote für Kunden beinhaltet. Diese Angebote zeigen den Nutzen für den Kunden auf. Die Pflege ist eindeutig geregelt.

PR2.2 – Vereinbarung von Service Level Agreements

Auf der Basis der im Servicekatalog formulierten Services werden vertragliche Regelungen zwischen Kunde und IT getroffen. Es wird also beschrieben, in welcher Qualität IT-Services geliefert werden und was Kunden erwarten können und damit auch bezahlen müssen. Diese Regelungen in Richtung Kunden werden dann durch die in PR2.5 formulierte Anforderung an OLAs und UAs abgesichert.

Die Fähigkeitsgrade sind wie folgt beschrieben:

Fähigkeitsgrad	Beschreibung
1	Vereinbarungen zwischen dem Service-Provider und Kunden existieren, jedoch nicht für alle Kunden bzw. nicht für alle Services. Serviceziele sind in den SLAs nicht beschrieben.
2	Vereinbarungen für alle angebotenen Services existieren für alle Kunden. Für diese SLAs bestehen jedoch keine definierten Formate bzw. eine festgelegte Struktur. Die Beschreibung von Servicezielen kann im Umfang von SLA zu SLA abweichen und gegebenenfalls den Nutzen für den Kunden nicht unterstützen.
3	Die Verantwortung für Verhandlung und Abschluss ist beim Service-Provider eindeutig geregelt und dokumentiert. Alle SLAs besitzen eine klar definierte Struktur.

PR2.3 – Überprüfung der Service Level Agreements

Die einmal getroffenen Regelungen sollten regelmäßig überprüft werden. Dabei sind unter anderem die Serviceziele und die konkrete Zielerreichung in der Praxis zu betrachten. Hier sollte auch der Austausch mit dem jeweiligen Kunden erfolgen, wie die Services für seine Geschäftsprozesse und Geschäftsziele genutzt werden. Damit wird der Gefahr entgegengewirkt, dass der Service-Provider nicht mitbekommt, dass beispielsweise aus einem »normalen« Intranet ein businesskritischer IT-Service mit Steuerungsfunktion für wichtige Abläufe im Unternehmen geworden ist. Unterstützende Regelungen wie OLAs und UAs werden analog dazu in der Anforderung PR2.6 beleuchtet.

Für diese Anforderung (PR2.3) werden folgende Fähigkeitsgrade unterschieden:

Fähigkeitsgrad	Beschreibung
1	Sofern SLAs existieren, werden diese nach Bedarf individuell und unsystematisch überprüft.
2	SLAs werden regelmäßig überprüft. Jedoch ist die Frequenz und das Verfahren nicht definiert und uneinheitlich. Verantwortlichkeiten für SLAs sind nicht dokumentiert.
3	SLAs werden regelmäßig und systematisch überprüft. Die Überprüfung betrachtet Angemessenheit, Erreichbarkeit und notwendige Unterstützung anderer Vereinbarungen. Die Verantwortung für die Überprüfung ist eindeutig geregelt und dokumentiert.

PR2.4 – Bewertung der Zielerreichung der SLAs

Die tatsächliche Leistungserbringung muss gegen die in den SLAs festgelegten Serviceziele verglichen werden. Dieser Vergleich korrespondiert mit den Prozessen Customer Relationship Management (Überprüfung im Service-Review gemeinsam mit Kunden) und Service Reporting Management (Festlegung der Inhalte der Serviceberichte).

Die konkrete Ausgestaltung der Fähigkeitsgrade sieht wie folgt aus:

Fähigkeitsgrad	Beschreibung
1	Die Serviceleistung wird primär aus technischer Sicht mit Bezug zu den Servicekomponenten und der zugrunde liegenden Infrastruktur bewertet. Services und Serviceziele werden nicht betrachtet.
2	Performance wird durch die Services gegen Serviceziele überprüft. Die Service-Performance-Überprüfung ist jedoch nicht systematisch und Verantwortlichkeiten sind nicht eindeutig geregelt.
3	Die Serviceleistung wird systematisch und auf Basis einer dokumentierten Verantwortung bewertet. Die Bewertung ist ausreichend für ein aussagekräftiges Berichtswesen für alle in den SLAs vereinbarten Serviceziele.

PR2.5 – Absicherung durch OLAs und UAs

Die mit dem Kunden vereinbarten Serviceziele (Anforderung PR2.2) müssen durch Vereinbarungen mit internen Abteilungen (Operational Level Agreements) und externen Lieferanten (Underpinning Agreements) abgesichert werden. Das gilt für unterstützende Services oder entsprechende Servicekomponenten. Erst durch diese Vereinbarungen kann der Service-Provider die Erreichung der spezifischen Serviceziele sicherstellen und die jeweils notwendige Unterstützung benennen.

Die Fähigkeitsgrade sind wie folgt beschrieben:

Fähigkeitsgrad	Beschreibung
1	OLAs bzw. UAs existieren zwar, jedoch nicht für die Mehrheit der unterstützenden Services und Servicekomponenten. Operative Ziele für unterstützende Services bzw. Servicekomponenten sind nicht eindeutig spezifiziert.
2	OLAs und UAs existieren für die meisten Servicekomponenten und unterstützende Services. Trotzdem existiert kein definiertes Format oder eine Struktur für OLAs und UAs. Die Spezifikation von operativen Zielen ist unterschiedlich und nicht unbedingt mit Servicezielen abgestimmt.
3	Der Service-Provider hat eindeutig definierte und dokumentierte Verantwortlichkeiten zur Verhandlung und Abschluss von OLAs und UAs. Alle OLAs und UAs basieren auf einer definierten und einheitlichen Struktur. Operative Ziele sind mit Servicezielen abgestimmt.

PR2.6 – Überprüfung der OLAs und UAs

Ebenso wie die Vereinbarungen mit dem Kunden (Anforderung PR2.3) müssen die zugeordneten Vereinbarungen mit den unterstützenden Einheiten (OLAs und UAs) überprüft werden. Dazu sind ein einheitliches Vorgehen und eine abgestimmte Systematik notwendig.

FitSM-6 formuliert dazu folgende Fähigkeitsgrade:

Fähigkeitsgrad	Beschreibung
1	Sofern OLAs und UAs bestehen, werden sie unsystematisch bzw. nur auf Anfrage überprüft.
2	OLAs und UAs werden regelmäßig überprüft, jedoch ist die Frequenz und der verwendete Ansatz zur Überprüfung nicht definiert und nicht immer einheitlich. Die Verantwortung für die Überprüfung der OLAs und UAs ist nicht dokumentiert.
3	OLAs und UAs werden regelmäßig und systematisch überprüft. Die Überprüfung betrachtet die Angemessenheit und die Erreichbarkeit. Überprüfungen basieren auf geregelten und dokumentierten Verantwortlichkeiten und die Ergebnisse werden aufbewahrt.

PR2.7 – Bewertung der Zielerreichung der OLAs und UAs)

Genauso wie die Leistung von Services gegen die vereinbarten Ziele bewertet werden muss, ist die Leistung der Servicekomponenten gegen die in den OLAs und UAs festgelegten operativen Zielwerte zu vergleichen. Die Überprüfung sorgt letzten Endes dafür, dass die mit dem Kunden vereinbarten Serviceziele auf die einzelnen Abteilungen und die IT-Infrastruktur heruntergebrochen werden.

Die Fähigkeitsgrade dazu sehen wie folgt aus:

Fähigkeitsgrad	Beschreibung
1	Die Leistung der Servicekomponenten wird auf einem geringen, vorwiegend technischen Level bewertet und ist nicht an operativen Zielen ausgerichtet.
2	Performance wird für die Servicekomponenten gegen operative Ziele überprüft. Das geschieht jedoch nicht systematisch und Verantwortlichkeiten sind nicht eindeutig geregelt.
3	Performance wird systematisch auf Basis einer dokumentierten Verantwortlichkeit gegen operative Ziele überprüft. Aussagekräftige Berichte unterstützen die Bewertung der Zielerreichung.

4.3.4 Beispielfirma Bikes & more

Die Rollenverteilung

Als Prozessverantwortlicher legt der IT-Leiter unter anderem das Ziel fest, dass ein einfacher und verständlicher Servicekatalog für alle Mitarbeiter von Bikes & more am Arbeitsplatz einsehbar sein soll.

Der stellvertretende IT-Leiter kümmert sich in seiner Rolle als Prozessmanager um die Formulierung von Prozessaktivitäten, identifiziert die benötigten Dokumente und legt deren Details fest. Auf Basis der administrativen Aufgaben werden die Serviceverantwortlichen festgelegt. Die Administratoren der Business-Anwendungen übernehen die Rolle der Serviceverantwortlichen für die meisten Services. Bei den Services »Standardarbeitsplatz« und »Standardbenutzer« wird der Administrator für Netzwerk und Betriebssysteme Serviceverantwortlicher. (siehe Abschnitt 2.4.5) Auf diese Weise ergibt sich eine breitere Streuung der Aufgaben für diesen Prozess innerhalb der IT-Abteilung, jedoch auch ein zunächst erhöhter Abstimmungsaufwand zwischen dem Prozessmanager und den Serviceverantwortlichen.

Servicekatalog

Diverse Services bieten optionale Erweiterungen, die einigen Anwendern die Arbeit erleichtern könnten. Ein Großteil der Anwender bei Bikes & more kennt diese Möglichkeiten jedoch nicht. Vieles wird durch Erzählungen von Kollegen mehr oder weniger korrekt weitergetragen. Der Service Level Manager möchte Klarheit schaffen. In einem Servicekatalog werden die Services aufgeführt und definiert, was zu jedem Service gehört. Somit entsteht für die Kunden ein Überblick aktuell buchbare Services. Darüber hinaus werden optionale Module beschrieben, die unter anderem auch die Mitwirkungspflichten des Kunden sowie von ihm zu tragende Kosten beinhalten. Im Falle einer E-Mail-Verschlüsselung mit rechtskonformer Signatur ist beispielsweise aufgeführt, dass der Kunde sich selbst um die Beschaffung einer Signaturkarte kümmern muss. Dies ist notwendig, da bei einer rechtssicheren elektronischen Signatur nur die nutzende Person selbst den Antrag bei der Zertifizierungsstelle stellen darf, die von Bikes & more genutzt wird. Die IT-Abteilung ist hierbei behilflich. Der Kunde trägt die durch die Signaturkarte entstehenden Kosten. Einen Kartenleser, die Software zur Verschlüsselung und Signatur sowie eine Einweisung liefert die IT-Abteilung.

Nachdem einige professionelle Werkzeuge zum Aufbau eines Servicekataloges gesichtet wurden, hat man sich für ein Wiki entschieden. Dies ist einfach und schnell implementiert, hat jedoch den Nachteil, dass sich vordefinierte Muster im Aufbau der Seiten nicht erzwingen lassen. Da die Inhalte jedoch nur durch die IT-Mitarbeiter gepflegt werden, können diese dazu gebracht werden, eine gewisse Disziplin beim Aufbau der Dokumente walten zu lassen.

Service Level Agreements

Um die Komplexität möglichst gering zu halten, hat man sich entschieden, pro Service nur ein einziges SLA zu erstellen. Die Services, die über das gesamte Unternehmen hinweg genutzt werden, werden mit der Geschäftsleitung vereinbart. Ansonsten nimmt ein entsprechender Abteilungsleiter die Rolle des Kunden ein. Bei Services, die von mehreren Abteilungen, aber nicht vom gesamten Unternehmen genutzt werden, müssen die betroffenen Abteilungsleiter gemeinsam unterschreiben.

Als Vorlage für die SLAs dient das von FitSM zur Verfügung gestellte Template. Die SLAs beziehen sich auf einen Service im Servicekatalog. Alles, was dort beschrieben wurde, wird automatisch Bestandteil der Vereinbarung und somit nicht mehr separat erwähnt.

In der Vergangenheit gab es immer wieder Anforderungen von Anwendern, bei denen die IT-Mitarbeiter nicht wussten, ob sie diese umsetzen dürfen. Häufig betraf dies die Vergabe von Zugriffsrechten. Es bestand auch Unklarheit darüber, zu welchen Zeiten die IT erreichbar sein musste und wie schnell Störungsmeldungen der Anwender behoben werden mussten. Derartige Sachverhalte werden nun in die jeweiligen SLAs aufgenommen, sodass in Zukunft Klarheit darüber herrscht.

Operational Level Agreements (OLAs)

Für jeden Arbeitsbereich wird ein Textdokument erstellt, das alle vereinbarten OLAs zu diesem Arbeitsbereich enthält. Dies kann sich als besonders nützlich erweisen, wenn ein IT-Mitarbeiter abwesend ist und ein Kollege temporär die Arbeit mit übernimmt. Für den Arbeitsbereich der E-Mail-Administration wird beispielsweise der Passus des Zugriffs auf Postfächer von Kollegen im Krankheitsfall übernommen, für die Erreichbarkeit wird ein Schichtplan gepflegt. Während die Sprache im SLA so gewählt wird, dass der Kunde sie versteht, befinden sich im OLA eine Menge technischer Fachbegriffe. In manchen Fällen wird im OLA auch nur auf einen bestimmten Abschnitt in einem SLA verwiesen, um die Redundanz und damit den Pflegeaufwand möglichst gering zu halten.

Underpinning Agreements (UAs)

Alle Vereinbarungen mit externen Lieferanten werden daraufhin überprüft, ob diese den Anforderungen entsprechen, die mit den Kunden in den SLAs vereinbart wurden. Die Lieferung der Leistungen aus dem SLA mit dem Kunden muss durch das jeweilige UA ausreichend abgesichert sein.

Dabei wurde Folgendes festgestellt. Die Onlineplattform für Kunden von Bikes & more liegt in einem externen Rechenzentrum. Die Vereinbarungen zur garantierten Verfügbarkeit im Vertrag mit dem Rechenzentrum erlauben deutlich höhere Ausfallzeiten, als die Anforderungen zur Verfügbarkeit aus dem SLA es vorgeben. Der Service Level Manager ermittelt die Mehrkosten einer Vertragsänderung mit dem externen Rechenzentrum und spricht mit dem Kunden. Dieser soll entscheiden, ob er die Mehrkosten tragen möchte oder ob die garantierte Verfügbarkeit im SLA gesenkt wird. Letztendlich wird zwischen Kunde und IT-Abteilung vereinbart, dass der Vertrag mit dem externen Dienstleister nicht geändert wird. Aufgrund der bisherigen guten Erfahrungen mit dem Rechenzentrum geht man das Risiko eines Ausfalls bewusst ein.

Überprüfung von SLAs, OLAs und UAs

Bei wesentlichen Änderungen sollen zukünftig entsprechende Vereinbarungen daraufhin überprüft werden, ob diese noch den aktuellen Gegebenheiten entsprechen. Darüber hinaus wird jede Vereinbarung nach maximal 24 Monaten auf Aktualität geprüft. Diese Termine werden in den zentralen Reviewplan aufgenommen, um einen Überblick über erfolgte und anstehende Prüfungen zu behalten.

Im Prozess Customer Relationship Management wurde festgelegt, dass alle sechs Monate Service-Review-Meetings stattfinden, in denen auch die SLAs überprüft werden. Somit spielt die Festlegung aus dem Prozess Service Level Management, dass jede Vereinbarung mindestens einmal alle 24 Monate überprüft wird, für SLAs keine Rolle.

5 Planen und Sicherstellen

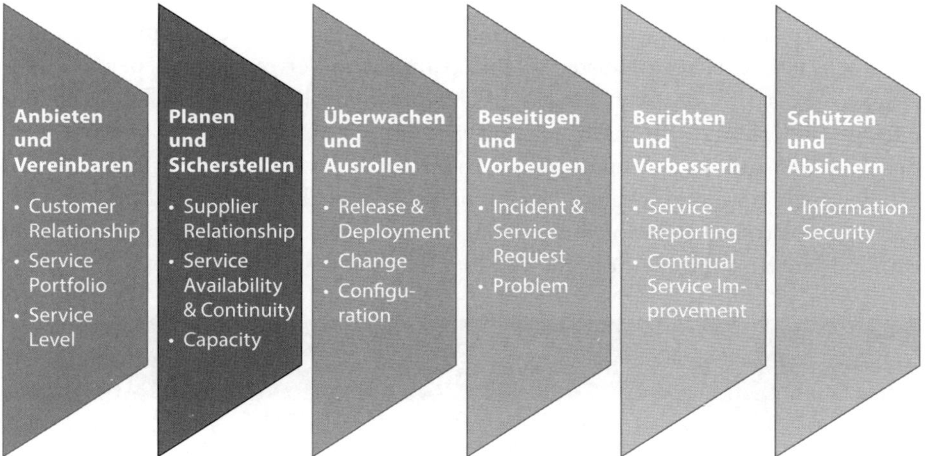

Abb. 5–1 *FitSM-Prozess »Planen und Sicherstellen«*

Nachdem der IT-Service-Provider sein Angebot formuliert, seine Kunden identifiziert und die Verträge geschlossen hat, muss er die Lieferung sicherstellen. Zur Erbringung von Services wird dabei häufig die Unterstützung externer Lieferanten benötigt. Erbringt er selbst die Leistungen, müssen Verfügbarkeit und Kapazität ausreichend bemessen werden. Die Verfügbarkeit muss dabei sowohl im operativen (Normal-)Betrieb als auch in Ausnahmesituationen (Notfälle) sichergestellt werden. Im IT-Service-Management ist dazu eine Reihe von Aufgaben durchzuführen, die in FitSM in drei Prozessen beschrieben werden:

- **PR8**
  Supplier Relationship Management (SUPPM)
- **PR4**
  Service Availability & Continuity Management (SACM)
- **PR5**
  Capacity Management (CAPM)

5.1 PR8 – Supplier Relationship Management

Das Supplier Relationship Management kümmert sich um Aufbau und Pflege einer intakten Beziehung mit den Lieferanten und überwacht die vertragsgemäße Leistungserbringung.

5.1.1 Prozessbeschreibung

Der Service-Provider muss jederzeit darüber informiert sein, welche Vereinbarungen mit externen Lieferanten eingegangen wurden. Dazu wird eine Übersicht gepflegt, die alle externen Zulieferer von Produkten und Dienstleistern einschließlich der vereinbarten Underpinning Agreements enthält.

In dieser Datenbank sollte nicht nur ersichtlich sein, welche Vereinbarungen bestehen, was konkret zu leisten ist und wann diese Verträge gegebenenfalls auslaufen. Sie sollte darüber hinaus auch Informationen bereitstellen, wie der externe Lieferant zu erreichen ist und wer innerhalb der eigenen Organisation den Kontakt zum Lieferanten pflegt. Außerdem sollte in diesem Prozess geprüft werden, ob ein Lieferant seinen vertraglichen Verpflichtungen nachkommt. Analog zum Customer Relationship Management sind auch Mechanismen für eine regelmäßige Kommunikation mit den Lieferanten zu etablieren.

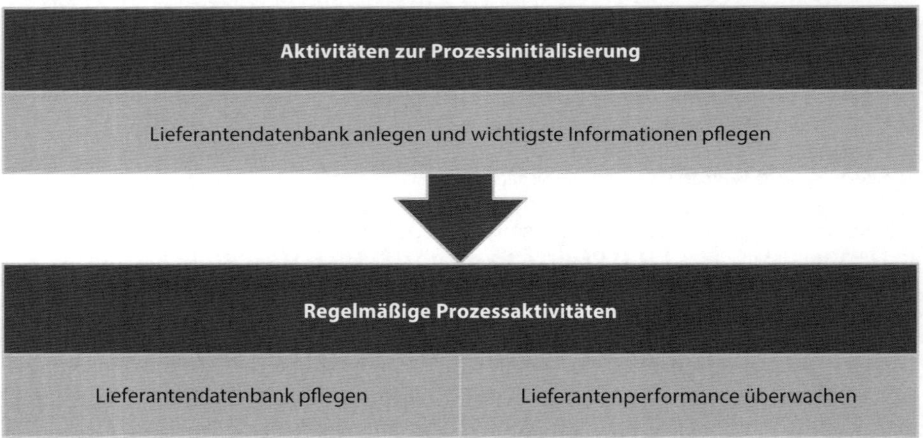

Abb. 5–2 *Aktivitäten im Prozess Supplier Management*

5.1.2 Rollen im Prozess

Die Festlegung der Prozessziele und die Bereitstellung hierfür benötigter Ressourcen obliegen dem **Prozessverantwortlichen.** Da die Leistungen der Lieferanten (Underpinning Agreements) aus dem Service Level Management beauftragt werden, sollte er die Schnittstelle zu diesem Prozess genau abstimmen.

Der vom Prozessverantwortlichen ernannte **Prozessmanager** kümmert sich um:

- Die Pflege der Lieferantendatenbank, sodass die enthaltenen Informationen jederzeit aktuell sind, und
- Die Sicherstellung, dass die Leistungen der Lieferanten prozesskonform überwacht werden.

Pro Lieferant gibt es einen **Lieferantenbetreuer** (Supplier Relationship Manager). Er ist Ansprechpartner für einen bestimmten Lieferanten, pflegt die Lieferantenbeziehung und erarbeitet Mechanismen, um die Leistungen des Lieferanten (Performance) zu überwachen. Ein einzelner Lieferantenbetreuer kann durchaus mehrere Lieferanten betreuen. In der Initialisierungsphase dieses Prozesses oder bei kleineren IT-Abteilungen kann sogar der Prozessmanager in Personalunion die Lieferantenbetreuung übernehmen.

5.1.3 Anforderungen

Der Prozess Supplier Relationship Management wird über vier Anforderungen beschrieben:

- **PR8.1**
  Zulieferer müssen identifiziert werden.
- **PR8.2**
  Für jeden Zulieferer muss eine designierte Kontaktstelle oder -person festgelegt werden, die das Management der Beziehung mit dem Zulieferer verantwortet.
- **PR8.3**
  Mechanismen zur Kommunikation mit Zulieferern müssen etabliert werden.
- **PR8.4**
  Die Leistung der Zulieferer muss überwacht werden.

PR8.1 – Identifikation der Zulieferer

Um der Zielsetzung des Prozesses gerecht zu werden, müssen als Grundlage die Zulieferer identifiziert werden. Analog zum Prozess Customer Relationship Management, bei dem die Kunden identifiziert werden müssen, sind hier die Zulieferer aufzulisten. Eine solche Übersicht bringt eine Transparenz über die nach außen eingegangenen Verpflichtungen.

Die Fähigkeitsgrade sind wie folgt beschrieben:

Fähigkeitsgrad	Beschreibung
1	Lieferanten sind intern bekannt, es existiert jedoch keine formalisierte Liste von Lieferanten.
2	Eine Übersicht von Lieferanten existiert. Diese wird auf informelle Weise gepflegt, ohne dass Verantwortlichkeiten zur Verwaltung geregelt sind. Es fehlt auch eine einheitliche Informationsbasis für alle Lieferanten.
3	Es existiert eine Liste mit allen Lieferanten, die auf der Basis einer dokumentierten Verantwortung gepflegt wird.

PR8.2 – Management der Beziehungen

Um die Beziehung zu den Lieferanten effizient und effektiv zu gestalten, sind organisatorische Verantwortlichkeiten zu schaffen. Das können konkrete Personen oder gegebenenfalls Gruppen von Personen sein. Wichtig ist eine übergreifende und einheitliche Festlegung, wie die Lieferantenbeziehung gestaltet wird.

Die Ausgestaltung der Fähigkeitsgrade sieht wie folgt aus:

Fähigkeitsgrad	Beschreibung
1	Für die Lieferanten sind noch keine eindeutig zugeordneten Betreuer benannt worden. Einzelne Mitarbeiter haben ein individuelles Verständnis, wie Beziehungen zu Lieferanten gepflegt werden.
2	Jedem Lieferanten bzw. einer Gruppe von Lieferanten ist ein Betreuer (Person oder Rolle) zugeordnet. Diese Zuordnung erfolgt noch nicht unbedingt auf der Basis von dokumentierten Verantwortlichkeiten. Auch die Gestaltung der Lieferantenbeziehung ist noch nicht einheitlich.
3	Jedem Lieferanten bzw. einer Gruppe von Lieferanten ist ein Betreuer (Person oder Rolle) zugeordnet, der bzw. die die Lieferantenbeziehung auf dokumentierte Weise pflegt.

PR8.3 – Kommunikation mit den Zulieferern

Die Kommunikation mit den Zulieferern ist ebenso zu gestalten wie die Kommunikation mit den Kunden, wobei die Beziehung hier genau andersherum ist. Die IT ist jetzt der Leistungsbesteller und Empfänger der Leistung des Zulieferers. Dabei ist die Art der Kommunikation wie auch der Rhythmus zu regeln. Sollte der Lieferant von sich aus gemäß seinem Customer Relationship Management die Beziehungen pflegen, kann diese Vorgehensweise übernommen werden. Es ist lediglich zu prüfen, ob das auch aus Sicht der IT als IT-Service-Provider ausreicht. Es gilt auch hier: Wichtig ist, eine intern abgestimmte Regelung zu finden und zu dokumentieren, am besten in den Underpinning Agreements.

Die Fähigkeitsgrade sind wie folgt formuliert:

Fähigkeitsgrad	Beschreibung
1	Kommunikation mit dem Lieferanten ist teilweise vorhanden, aber planlos und erfolgt nur auf Nachfrage. Es besteht keine eindeutige Übersicht zu Kommunikationswegen und auch der Nachweis von regelmäßiger Kommunikation fällt schwer.
2	Für jeden Lieferanten existiert ein Kommunikationsweg, der jedoch von der ihm zugeordneten Person abhängig ist. Die Kommunikation wird zwar zentral dokumentiert, jedoch nicht in einer einheitlichen Art und Weise.
3	Kommunikationswege sind für jeden Lieferanten in einem einheitlichen Weg aufgezeichnet. Dieser beruht auf einer dokumentierten Verantwortung.

PR8.4 – Überwachung der Zulieferer

Neben einer regelmäßigen Kommunikation ist auch für eine Überwachung der Leistung der Zulieferer zu sorgen. Die vertraglichen Verpflichtungen und Berichte des Lieferanten sollten in einer abgestimmten Weise überprüft werden, damit die eigenen Serviceziele aus den SLAs erreicht werden. Es besteht beispielsweise die Möglichkeit der Durchführung von Lieferantenaudits oder regelmäßiger Berichte mit abgestimmten Kennzahlen. Dabei sollte der Service-Provider seine Sichtweise in den Vordergrund stellen und sich nicht ohne Prüfung auf die Serviceberichte des Lieferanten verlassen. Unbedingt sollten aus Sicht der IT Review-Meetings mit den Zulieferern zusammen durchgeführt werden und die Berichte besprochen und hinterfragt werden.

Die Fähigkeitsgrade sehen folgendermaßen aus:

Fähigkeitsgrad	Beschreibung
1	Die Performance der Lieferanten wird auf informellen Wegen überwacht. Die Überwachung bezieht sich nicht auf konkrete Vereinbarungen mit dem Lieferanten und betrachtet eher technische Komponenten. Berichte des Lieferanten sind nicht abgestimmt.
2	Wege zur Messung der Performance der Lieferanten sind etabliert und beziehen sich teilweise schon auf Vereinbarungen mit dem Lieferanten. Die Überwachung erfolgt nicht systematisch und Verantwortlichkeiten sind nicht geregelt. Berichte von den Lieferanten kommen teilweise, sind jedoch weder einheitlich noch spezifiziert.
3	Auf der Basis von dokumentierten Verantwortlichkeiten wird die Performance der Lieferanten regelmäßig gemessen. Die Überwachung orientiert sich an Vereinbarungen mit den Lieferanten. Die von den Lieferanten gelieferten Berichte sind ausreichend spezifiziert.

5.1.4 Beispielfirma Bikes & more

Die Rollenverteilung

In seiner Rolle als Prozessverantwortlicher stellt der IT-Leiter fest, dass Vorgehensweisen zum Einkauf bei externen Dienstleistern bei Bikes & more von der Geschäftsleitung vorgegeben werden. Die Geschäftsleitung überlegt außerdem gerade, ob man zukünftig einen zentralen Einkauf einrichten sollte, der Einkäufe und Lieferantenbeziehungen koordiniert. Sollte dies so kommen, dann können die operativen Teile des Prozesses Supplier Relationship Management für die IT-Abteilung durch den zentralen Einkauf abgewickelt werden. Die IT wird die fachlichen Inhalte und die entsprechenden Inhalte für die Ausgestaltung der Verträge (Anforderungen) liefern sowie die Kommunikation mit den Lieferanten beisteuern.

Der Prozessmanager (stellvertretende IT-Leiter) identifiziert die bisherige Vorgehensweise zur Beauftragung externer Lieferanten. Viele der FitSM-Anforderungen werden bereits umgesetzt, es ist zunächst nur noch eine Dokumentation notwendig. Noch gibt es keine einheitliche Lieferantendatenbank. Diese soll in der nächsten Phase eingerichtet werden. Die Lieferantenbetreuer werden aus den internen Zuständigkeitsbereichen der IT abgeleitet und sind zumeist die Serviceverantwortlichen.

Einrichtung einer Lieferantendatenbank

Bereits im letzten Jahr wurden in der IT-Abteilung von Bikes & more alle Lizenzen einschließlich ihrer Lieferanten erfasst. Nun wird darüber hinaus eine Tabelle erstellt, in der alle externen Dienstleister aufgezeichnet werden. Sie enthält insbesondere folgende Punkte:

- Postadresse
- Ansprechpartner des externen Dienstleisters und Kontaktdaten, gegebenenfalls Ansprechzeiten
- Eingekaufte Leistung, gegebenenfalls Enddatum der Leistung oder des Supports
- Lieferantenbetreuer

Für einige externe Leistungen wurde bereits im Service Level Management ein Underpinning Agreement abgeschlossen. Die oben genannten Punkte können dann direkt dem Underpinning Agreement entnommen werden.

In einem zentralen Ordner werden in Papierform die Verträge abgeheftet. Der Ordner ist für alle zugänglich, sodass jeder IT-Mitarbeiter sich bei Bedarf die detaillierten Vereinbarungen mit einem externen Lieferanten ansehen kann. In einer späteren Projektphase kann überlegt werden, die bestehenden Verträge zu digitalisieren und ebenfalls in dem Wiki abzulegen.

5.2 PR4 – Service Availability & Continuity Management

Der Prozess Service Availability & Continuity Management ist verantwortlich für eine ausreichende Verfügbarkeit der Services im täglichen Betrieb. Darüber hinaus soll er Katastrophen vermeiden und im Katastrophenfall die negativen Auswirkungen auf kritische Geschäftsprozesse minimieren.

5.2.1 Prozessbeschreibung

In diesem Prozess werden genau genommen zwei Teilprozesse behandelt:

- **Availability Management**
  Das Availability Management hat die Verfügbarkeit im Normalbetrieb im Fokus. Hierbei zeigt die Verfügbarkeit eines Service oder einer Servicekomponente auf, inwieweit diese zu einer bestimmten Zeit oder über einen bestimmten Zeitraum die gewünschte Funktionalität erbringt.
- **Continuity Management**
  Das Continuity Management beugt Katastrophenfällen vor und versucht die Funktionalität eines Service auch in Krisen, Notfällen oder Katastrophen[1] ganz oder teilweise aufrechtzuerhalten oder vereinbarungsgemäß wiederherzustellen. Es soll also eine kontinuierliche Funktionalität auch bei Hochwasser, Erdbeben, Feuer, Pandemie oder längeren Stromausfällen zur Verfügung stehen. Dabei gilt es, Eintrittswahrscheinlichkeit und/oder Auswirkungen zu minimieren.

Viele Maßnahmen zur Steigerung der Verfügbarkeit wirken sich auch positiv auf die Notfallvorsorge aus und umgekehrt. So erhöht ein redundantes System an zwei verschiedenen Standorten die Verfügbarkeit im täglichen Betrieb und verringert die Ausfallwahrscheinlichkeit im Falle einer Katastrophe. Daher bietet es sich an, beide Aspekte in einem Prozess zu vereinen.

Ein Großteil der Anforderungen zu Verfügbarkeit und Kontinuität sind mit Unterstützung dieses Prozesses in den SLAs vereinbart worden und können nun genutzt werden. Dort wurden mit dem Kunden bereits ein Verfügbarkeitsniveau und vielleicht sogar entsprechende Maßnahmen für den Katastrophenfall vereinbart. Trotzdem kann es Gründe geben, weitere Aspekte zu berücksichtigen. So kann es aus strategischer Sicht interessant sein, dem Kunden zu zeigen, dass die Qualität über das vereinbarte Mindestmaß hinausgeht.

Im Rahmen der Verfügbarkeit finden verschiedene Begriffe häufig Verwendung, deren Definition je nach Quelle etwas differieren kann.

1. Die Begriffe Krisenfall, Notfall und Katastrophenfall werden im Rahmen dieses Buches deckungsgleich verwendet.

- **Verfügbarkeit (Availability)**
  Die Verfügbarkeit wird meist in Prozent gemessen. Sie gibt an, inwieweit ein Service oder eine Servicekomponente innerhalb der vereinbarten Servicezeiten die beabsichtigte Funktionalität erbringt. Mathematisch ausgedrückt ergibt dies:

$$\text{Verfügbarkeit in Prozent} = \frac{\text{Vereinbarte Servicezeit - Ausfallzeit}}{\text{Vereinbarte Servicezeit}} \times 100$$

- **Zeit zwischen Systemstörungen (Time Between System Incidents)**
  Dauer zwischen dem Auftreten zweier Systemstörungen. Sie setzt sich zusammen aus der Ausfallzeit und der anschließenden Betriebszeit bis zum nächsten Ausfall.

- **Ausfallzeit (Downtime, Time to Restore Service)**
  Zeit, die nach dem Auftreten einer Systemstörung benötigt wird, bis ein Service oder eine Komponente wieder wie geplant funktioniert. Sie setzt sich zusammen aus Entdeckungszeit und Lösungszeit.
  - **Entdeckungszeit (Detection Time)**
    Zeit, die benötigt wird, um festzustellen, dass eine Komponente nicht zur Verfügung steht oder ihre Funktion nicht ordnungsgemäß erfüllt.
  - **Lösungszeit (Resolution Time)**
    Die Lösungszeit ergibt sich aus der Summe von Reaktionszeit, Reparaturzeit und Wiederherstellzeit.
    - **Reaktionszeit (Response Time)**
      Zeit, die benötigt wird, um mit der Reparatur beginnen zu können.
    - **Reparaturzeit (Repair Time)**
      Zeit zur Instandsetzung einer defekten Komponente
    - **Wiederherstellzeit (Recovery Time)**
      Sind Nacharbeiten nötig, um eine reparierte Komponente wieder in die Infrastruktur oder in einen Service zu integrieren, so fallen diese Arbeiten in die Wiederherstellzeit.

Im Falle einer Festlegung von Zielwerten zu den genannten Begriffen muss definiert werden, wie genau die Messung ablaufen soll. Dies gilt insbesondere, wenn diese Werte mit dem Kunden im SLA vereinbart werden.

Ein wesentlicher Bestandteil dieses Prozesses befasst sich mit der Identifikation und dem Umgang mit Risiken. Bei einem Risiko handelt es sich um ein mögliches Ereignis, das einen negativen Einfluss auf die Serviceerbringung hat. Zum Umgang mit Risiken müssen zuerst die potenziellen Bedrohungen identifiziert, deren Eintrittswahrscheinlichkeit ermittelt und schließlich die Auswirkung (Schaden) beurteilt werden. Es werden Fragen wie die folgenden gestellt:

- Wie wahrscheinlich ist es, dass eine Festplatte in einem Server ausfällt oder dass ein Flugzeug auf unser Rechenzentrum stürzt?
- Welche (finanziellen) Auswirkungen für den Kunden sind zu erwarten, wenn das ERP-System, dieser Server usw. komplett ausfällt oder das Rechenzentrum komplett zerstört wird?

Es empfiehlt sich, mit einer einfachen Struktur die Risiken zu bewerten. Die folgende Grafik zeigt eine dreistufige Klassenbildung, aus der man die Relevanz für den Umgang mit dem Risiko ableiten kann. Die extremen Risiken müssen auf jeden Fall in einem Risikomanagement behandelt werden, die mit einer geringen Risikoklasse eingeschätzten Risiken können vernachlässigt werden. Für Services der Risikoklasse 1 könnten beispielsweise in den SLAs konkrete Vereinbarungen getroffen werden und Notfallszenarien geplant und geübt werden.

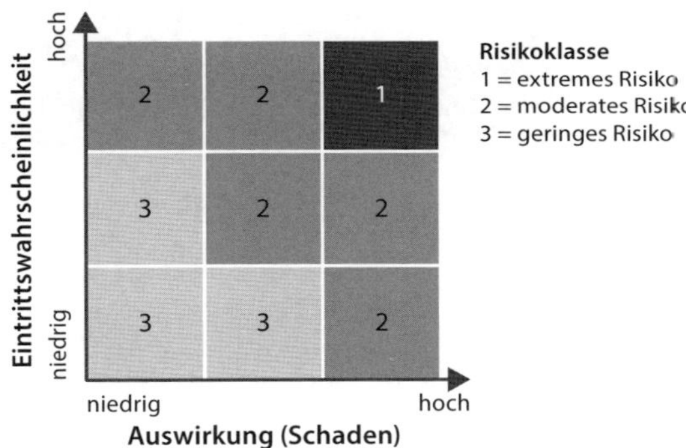

Abb. 5–3 *Risikobewertung anhand von Risikoklassen*

Zum Umgang mit Risiken gibt es verschiedene Strategien. Eine komplette Vermeidung eines Risikos ist in der Praxis meist nicht möglich. Risiken können aber reduziert werden, indem beispielsweise bei fehleranfälligen Komponenten eine Redundanz geschaffen wird. Einige Versicherungsgesellschaften bieten die Möglichkeit, Risiken durch eine Versicherung auf sie zu transferieren. Häufig ist es aus wirtschaftlicher Sicht nicht sinnvoll, alle Risiken zu vermeiden, zu reduzieren oder zu transferieren. Es ist durchaus legitim, bestimmte Risiken zu akzeptieren. Trotzdem müssen Entscheidungen getroffen und daher Risiken identifiziert und bewertet werden sowie Maßnahmen definiert werden, um im Katastrophenfall die Auswirkungen auf das Business so gering wie möglich zu halten. Denn nur so können diese Risiken bewusst übernommen werden.

Der Umgang mit einem Risiko sowie die Aufgaben, die daraus entstehen, werden in einem Verfügbarkeits- und Kontinuitätsplan festgehalten. Dazu gehört insbesondere, inwieweit die getroffenen Maßnahmen einer regelmäßigen Prüfung unterzogen werden müssen.

Die tatsächlich erreichte Verfügbarkeit wird fortwährend gemessen und mit den gesteckten Zielen verglichen. Zu diesem Zweck kann auch der Prozess Service Reporting Management mit eingebunden werden.

Abb. 5–4 *Aktivitäten im Prozess Service Availability & Continuity Management*

5.2.2 Rollen im Prozess

Bei der Betrachtung der Prozessziele und der Schnittstellen zu anderen Prozessen sollte der **Prozessverantwortliche** die Prozesse Customer Relationship Management und Service Level Management berücksichtigen. Insbesondere aus dem zweiten können Anforderungen für diesen Prozess abgeleitet werden. Bei der Berichterstattung kann der Prozess Service Reporting Management unterstützen.

Der vom Prozessverantwortlichen ernannte **Prozessmanager** kümmert sich um Folgendes:

- Anforderungen an Verfügbarkeit und Kontinuität identifizieren
- Sicherstellen, dass die Beteiligten die benötigten Daten zur Erstellung von Verfügbarkeits- und Kontinuitätsplänen verfügbar machen
- Erstellung, Pflege und regelmäßige Überprüfung aller Verfügbarkeits- und Kontinuitätspläne
- Sicherstellen, dass Maßnahmen zur Verbesserung von Verfügbarkeit und Kontinuität unter Berücksichtigung des Change-Management-Prozesses umgesetzt werden
- Als Ansprechpartner für Fragen zu Verfügbarkeit und Kontinuität dienen

Pro **Verfügbarkeits- und Kontinuitätsplan** gibt es einen **Verantwortlichen (Owner)**. Dessen Aufgaben umfassen:

- Erstellung und Pflege des jeweiligen Plans
- Sicherstellen, dass alle relevanten Beteiligten im Falle einer Änderung informiert werden
- Bei Bedarf sicherstellen, dass Änderungen am Plan genehmigt werden
- Sicherstellen, dass Kontinuitätspläne regelmäßig getestet und Wartungsarbeiten (z.B. an der Notstromversorgung) regelmäßig durchgeführt werden

5.2.3 Anforderungen

Für das Service Availability & Continuity Management existieren vier Anforderungen:

- **PR4.1**
  Verfügbarkeits- und Kontinuitätsanforderungen im Zusammenhang mit Services müssen unter Berücksichtigung von SLAs identifiziert werden.
- **PR4.2**
  Serviceverfügbarkeits- und Kontinuitätspläne müssen erstellt und gepflegt werden.
- **PR4.3**
  Die Planung der Serviceverfügbarkeit und -kontinuität muss Maßnahmen zur Reduzierung von Eintrittswahrscheinlichkeit und Auswirkung identifizierter Verfügbarkeits- und Kontinuitätsrisiken berücksichtigen.
- **PR4.4**
  Die Verfügbarkeit von Services und Servicekomponenten muss überwacht werden.

Die ersten drei betreffen sowohl Verfügbarkeit (Normalbetrieb) als auch den Notfall (Continuity). Die vierte Anforderung bezieht sich dann nur noch auf die Überwachung des Normalbetriebs. Notfallsituationen treten, wenn überhaupt, nur punktuell auf, sodass eine kontinuierliche Überwachung nicht möglich ist.

PR4.1 – Berücksichtigung der SLAs

Die Anforderungen an Verfügbarkeit und Kontinuität müssen aus den mit den Kunden getroffenen Vereinbarungen (SLAs) abgeleitet werden.

Die möglichen Ausprägungen der Fähigkeitsgrade werden wie folgt beschrieben:

Fähigkeitsgrad	Beschreibung
1	Es besteht ein grundsätzliches Verständnis zur Serviceverfügbarkeit im Normalbetrieb und für Notfälle, Krisen oder Katastrophen. Dieses Verständnis ist jedoch weder einheitlich noch eindeutig dokumentiert.
2	Es existiert eine einheitliche und eindeutige Dokumentation zu Anforderungen zur Serviceverfügbarkeit im Normalbetrieb und bei Notfällen, Krisen oder Katastrophen. Der zugrunde liegende Ansatz ist eher an der Infrastruktur als an Servicezielen oder den Anforderungen der Kunden orientiert.
3	Die Dokumentation der Serviceverfügbarkeit für den Normalbetrieb und den Notfall ist einheitlich und durchgängig. Die Identifikation der Anforderungen betrachtet Vereinbarungen in den SLAs und die dort beschriebenen Serviceziele.

PR4.2 – Erstellung von Plänen

Um die Serviceverfügbarkeit und -kontinuität sicherzustellen, müssen Pläne erstellt und gepflegt werden. Diese Pläne dienen zunächst dazu, das Thema strukturiert zu bearbeiten und zu beschreiben. Für die Verfügbarkeit bieten die Pläne eine gute Unterstützung und Orientierung im operativen Betrieb. Auch für die Kontinuität sind die Pläne eine wertvolle Hilfe. Sie definieren, was ein Notfall ist, wer ihn ausrufen darf und welche Services aus Kundensicht zuerst wiederhergestellt werden müssen. Mit ihren zielgerichteten Aktivitäten sorgen sie im Notfall für ein planvolles Vorgehen, trotz erhöhtem Stresslevel.

FitSM-6 beschreibt dazu folgende Fähigkeitsgrade:

Fähigkeitsgrad	Beschreibung
1	Einige Verfügbarkeits- und Kontinuitätspläne werden unregelmäßig erstellt. Der Umfang der Pläne und das genutzte Format weichen voneinander ab. Die Pläne sind selten aufeinander abgestimmt.
2	Die meisten Verfügbarkeits- und Kontinuitätspläne werden regelmäßig erstellt und sind eher auf die Infrastruktur bezogen. Für die einzelnen Services werden teilweise die unterstützenden Services und Servicekomponenten einbezogen.
3	Verfügbarkeits- und Kontinuitätspläne werden in definierten Intervallen erstellt und freigegeben. Jeder Plan beinhaltet einen definierten Umfang und ist in einem einheitlichen Format und festgelegten Struktur dokumentiert. Die Notwendigkeit eines jeden Plans und die Verbindung zu anderen Plänen ist eindeutig dokumentiert.

PR4.3 – Risikomanagement für Verfügbarkeit und Kontinuität

Die Planung der Serviceverfügbarkeit und -kontinuität muss Maßnahmen zur Reduzierung von Eintrittswahrscheinlichkeit und Auswirkung identifizierter Verfügbarkeits- und Kontinuitätsrisiken berücksichtigen.

Die Fähigkeitsgrade sehen folgendermaßen aus:

Fähigkeitsgrad	Beschreibung
1	Bestehende Verfügbarkeits- und Kontinuitätspläne sind technikorientiert. Sie basieren nicht auf einem eindeutigen Verständnis von identifizierten und bewerteten Risiken.
2	Die bedeutendsten Risiken sind mit Blick auf die Verfügbarkeit im Normalbetrieb und für Notfälle, Krisen oder Katastrophen identifiziert und bewertet. Dabei werden Eintrittswahrscheinlichkeit und mögliche Auswirkung betrachtet. Die Verfügbarkeitspläne basieren weitgehend auf dem Verständnis dieser wichtigsten Risiken.
3	Verfügbarkeits- und Kontinuitätspläne sind auf Basis der Ergebnisse einer Risikobewertung erstellt worden. Jede Maßnahme ist mit einem ermittelten Risiko verknüpft. Risikobewertungen sowie die Verfügbarkeits- und Kontinuitätspläne unterliegen regelmäßigen Überprüfungen.

PR4.4 – Überwachung der Verfügbarkeit

Die Verfügbarkeit von Services und Servicekomponenten muss überwacht werden. Diese Überwachung ist umfassender durchzuführen, denn es sind nicht nur einzelne Komponenten, sondern die Services insgesamt zu betrachten.

Die Fähigkeitsgrade sind wie folgt formuliert:

Fähigkeitsgrad	Beschreibung
1	Die Überwachung der Verfügbarkeit beschränkt sich auf wichtige technische Komponenten. Die ermittelten technischen Werte werden selten auf Serviceebene aggregiert. Der Ansatz zum Monitoring ist eher von technischen Möglichkeiten und Restriktionen getrieben, als davon, Anforderungen auf Kundenseite zu ermitteln oder sich auf Serviceziele auszurichten.
2	Für die meisten an Kunden gelieferten Services werden aggregierte Daten des technischen Monitorings zusammen mit anderen Informationen für ein erstes Reporting zur Verfügung gestellt.
3	Die Überwachung folgt einem eindeutigen, durchgängigen und dokumentierten Ansatz, der ein Reporting »end-to-end« unterstützt. Die Informationen werden zusammengefasst und aufbereitet, um eine Überprüfung der Zielerreichung zu ermöglichen. Das Gesamtkonzept zur Überwachung der eingesetzten Technologien sowie Aggregationsalgorithmen, Heuristiken oder andere Methoden, die angewendet werden, um die End-to-End-Verfügbarkeit zu berechnen, sind gut dokumentiert.

5.2.4 Beispielfirma Bikes & more

Die Rollenverteilung

Der IT-Leiter legt als Prozessverantwortlicher fest, dass klare und vor allem realistische Anforderungen an Verfügbarkeit und Kontinuität für neue Services bereits frühzeitig ermittelt werden sollen. Die Ermittlung muss so einfach sein, dass sie durch Kunden ohne große Erläuterungen verstanden werden kann.

Der Prozessmanager (stellvertretende IT-Leiter) befasst sich mit der Umsetzung des Prozesses. Dabei legt er fest, dass Serviceverfügbarkeits- und Kontinuitätspläne lediglich für die großen Business-Anwendungen nötig sind (Risikoklasse 1). In einem solchen Fall werden die Serviceverantwortlichen (Betreuer der Business-Anwendung) zu Verantwortlichen für den entsprechenden Plan.

Anforderungen an die Verfügbarkeit

Die Kunden der IT-Abteilung von Bikes & more hatten in der Vergangenheit keine detaillierten Verfügbarkeitsanforderungen formuliert. Jedoch konnte im täglichen Betrieb immer wieder festgestellt werden, dass Ausfälle bei manchen Services zu höheren Auswirkungen in den Geschäftsprozessen des Unternehmens führten als andere. Um diesem Umstand gerecht zu werden, möchte man drei Stufen der Mindestverfügbarkeit (normal, hoch, sehr hoch) einführen. Der Kunde wählt bereits im SLA eine der Verfügbarkeitsstufen. Ab dem Level »hoch« soll die Geschäftsleitung eingebunden werden. Dies soll unnötige Kosten vermeiden. Außerdem wird ab dem Level »hoch« ein separater Verfügbarkeitsplan erstellt. Aus diesem wird ersichtlich, wie die geforderte Verfügbarkeit realisiert werden soll.

Messen und Berichten der Verfügbarkeit

Mit einem einfachen Open-Source-Werkzeug wird zukünftig die Verfügbarkeit der Services überwacht. Der Server mit diesem Werkzeug wird in einem separaten Etagenverteiler installiert. Damit soll vermieden werden, dass durch den Ausfall bestimmter Netzwerkkomponenten im zentralen Serverraum eine hundertprozentige Verfügbarkeit gemessen wird, während gleichzeitig kein Anwender mehr auf die Services zugreifen kann. Neben der Verfügbarkeit der gesamten Services wird auch die Verfügbarkeit wichtiger Einzelkomponenten überwacht. Dabei wurde berücksichtigt, dass das Messwerkzeug für einige Komponenten bereits entsprechende Schnittstellen mitbringt. Bei anderen zu messenden Komponenten wurde geprüft, inwieweit eine entsprechende Einrichtung wirtschaftlich ist.

Anforderungen an die Kontinuität

Als verantwortlich für die im Katastrophenfall relevanten Geschäftsprozesse wird ausschließlich die Geschäftsleitung von Bikes & more angesehen, da diese einen Überblick über das gesamte Unternehmen hat. Nur sie kann abschätzen, welche Geschäftsprozesse im Katastrophenfall schnellstmöglich wiederhergestellt werden müssen und wie lange ein Ausfall maximal dauern darf. Als Prozessmanager identifiziert der stellvertretende IT-Leiter die IT-Services, die diese kritischen Geschäftsprozesse stützen. In einem Kontinuitätsplan werden für jeden kritischen Service folgende Informationen festgehalten:

- Welche Maßnahmen können ein kontinuierliches Weiterarbeiten im Katastrophenfall unterstützen.
- Welche Aktivitäten sind im Katastrophenfall umzusetzen.

Bei neuen Services soll zukünftig gleich im SLA mit angegeben werden, ob es sich um einen kritischen Service im Sinne der Kontinuität handelt oder nicht.

Risikoidentifikation und -behandlung

Bei einer Sichtung potenzieller Risiken wurde ein Erdbeben als eher unwahrscheinlich eingestuft. Aufgrund der geringen Eintrittswahrscheinlichkeit akzeptiert die Geschäftsleitung dieses Risiko. Anders sieht es bei einem Brand aus. Das Risiko ist deutlich höher und der potenzielle Schaden sehr hoch. Zur Minimierung der Auswirkungen gibt es bereits zwei Brandabschnitte im Gebäude. Darüber hinaus soll eine Regelung zur Minimierung der Brandlast getroffen werden. Vor allem dürfen zukünftig keine Kartons mehr im Serverraum gelagert werden.

Mit zu den wichtigsten Geschäftsprozessen gehört laut Geschäftsleitung der Onlinevertrieb. Im Rahmen der Kontinuitätsprüfung wurde festgestellt, dass die wichtigsten Komponenten des Service, der diesen Geschäftsprozess unterstützt, in einem externen Rechenzentrum betrieben werden[2]. Diese Komponenten sind in der Lage, Bestellungen anzunehmen und zu speichern. Anschließend sollen verbindliche Liefertermine zugesagt werden. Hierzu muss die Onlineplattform im externen Rechenzentrum auf die Produktionsdaten zugreifen, die sich auf Server im eigenen Gebäude befinden. Ohne Zugriff auf die Produktionsdaten können keine geplanten Liefertermine errechnet werden. Dies stellt im Katastrophenfall bei Bikes & more (z.B. bei einem größeren Brand) keine Schwierigkeit dar, da die Gewährleistung automatisch errechneter Termine sowieso nicht möglich wäre. Allerdings möchte die Geschäftsleitung innerhalb von maximal 24 Stunden die Bestellungen abholen und bearbeiten können. In einer solchen Übergangsphase sollen erste Rückmeldungen an die Besteller gegeben werden können.

---

2. Serverhousing

Die hierfür benötigten Softwarekomponenten werden außer Haus gelagert. Die Hardware hat keine besonderen Anforderungen. Ereignet sich ein Katastrophenfall am Samstagabend, könnte die Beschaffung neuer Hardware schwierig werden. Um diesem Umstand zu begegnen, wird mit einem regionalen Hardwarehändler ein Vertrag geschlossen, der regelt, dass dieser immer Hardware mit einer bestimmten Mindestausstattung vorrätig hat und für den Katastrophenfall auch außerhalb typischer Bürozeiten sowie an Feiertagen und an Wochenenden jemand erreichbar ist. Darüber hinaus stellt der Händler auch einen kleinen Raum zur Verfügung, in dem die Hardware in Betrieb genommen werden und ein Mitarbeiter von Bikes & more arbeiten kann.

5.3 PR5 – Capacity Management

Der Prozess Capacity Management hat die Aufgabe, sicherzustellen, dass ausreichende Kapazitäten bereitgestellt werden, um die vereinbarten Anforderungen an die Servicekapazität und -leistung (Performance) zu erfüllen.

5.3.1 Prozessbeschreibung

Die Eingangsinformationen für diesen Prozess kommen aus den Service Level Agreements, denn dort wurden mit den Kunden entsprechende Leistungen vereinbart. Werden klare Kapazitäten wie der bereitgestellte Festplattenplatz genannt, lässt sich daraus die benötigte Kapazität leicht ableiten. Schwieriger wird es, wenn Kapazitäten indirekt ausgedrückt werden, wie es z.B. bei der Anzahl der maximal gleichzeitigen Zugriffe auf eine Website der Fall ist. Noch schwieriger wird es, wenn keine Vereinbarungen getroffen wurden. Dann stellt sich in der Praxis häufig die Frage, mit welchen Antwortzeiten einer Applikation die Anwender noch zufrieden sind.

Wenn von der »Kapazität« gesprochen wird, impliziert das in der Praxis häufig zuerst eine rein technische Perspektive. Man denkt an den freien Speicherplatz oder die Netzwerkbandbreite. Aber auch finanzielle und personelle Aspekte müssen eine Rolle spielen. So hängt z.B. die Erreichbarkeit des Servicedesks massiv von seiner personellen Kapazität ab, neue technische Kapazitäten benötigen bei der Beschaffung selbstverständlich auch finanzielle Unterstützung und Vorlaufzeiten für die Beschaffung.

Die aus Sicht der Kapazität wichtigsten Komponenten werden stetig überwacht. Dies kann auf verschiedenen Ebenen erfolgen. Auf Ebene des Service können Antwortzeiten einer Anwendung am Endpunkt (Client beim Anwender) gemessen werden. Auf operativer Ebene kann die Leistung der einzelnen Server (freier Festplattenplatz, Prozessorleistung, Arbeitsspeicherauslastung, genutzte Netzwerkbandbreite) im Blickpunkt stehen. Durch die Definition von Grenzwerten und deren automatisierter Überwachung kann die Überschreitung eines kritischen Wertes eine Warnung auslösen. So kann rechtzeitig auf einen Kapazitätsengpass reagiert werden.

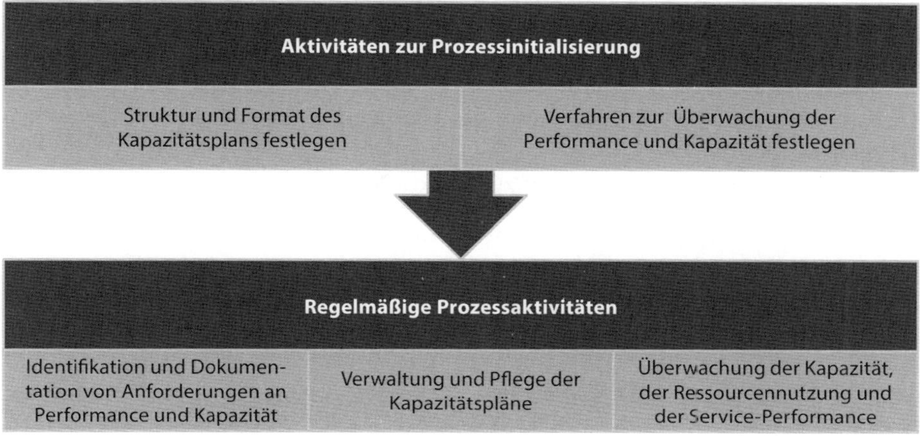

Abb. 5–5 *Aktivitäten im Prozess Capacity Management*

In Kapazitätsplänen wird der zukünftige Erweiterungsbedarf umrissen. Diese Pläne haben zwei wichtige Einflussfaktoren:

- Die regelmäßig gemessene Ressourcenauslastung weist auf zukünftige Engpässe hin.
- Neue oder geänderte SLAs zeigen auf, welche Services zukünftig erbracht werden sollen. Dies lässt Rückschlüsse auf die benötigte Kapazität zu.

Eine wichtige Voraussetzung für den zweiten Punkt ist, dass in den Prozessen Customer Relationship Management und Service Level Management Kundenkontakt gepflegt wird und strategische Änderungen oder Entscheidungen des Kunden, die die Kapazität betreffen, sich in SLAs niederschlagen. Hierbei kann es sich um die Eröffnung eines neuen Standortes mit neuen Arbeitsplätzen, aber auch um große Sonderaktionen in einem Webshop handeln.

5.3.2 Rollen im Prozess

Der **Prozessverantwortliche** sollte die Schnittstelle zum Service Level Management und zum Service Availability & Continuity Management genauer spezifizieren, da die Anforderungen zur Kapazität aus den SLAs eine wichtige Grundlage für die Arbeit in seinem Prozess darstellen. Er legt die Prozessziele fest und ernennt zur Planung und Umsetzung operativer Tätigkeiten einen **Prozessmanager**. Zu dessen Aufgaben gehören insbesondere die folgenden:

- Identifikation der Anforderungen an Service-Performance und Kapazität
- Sicherstellen, dass die Beteiligten die benötigten Daten zur Erstellung von Kapazitätsplänen zur Verfügung stellen
- Sicherstellen, dass Kapazitätspläne erstellt, gepflegt und regelmäßig überprüft werden
- Sicherstellen, dass Maßnahmen zur Erhöhung von Service-Performance und Kapazität unter Berücksichtigung des Change-Management-Prozesses umgesetzt werden
- Als Ansprechpartner für Fragen zu Service-Performance und Kapazität dienen

Für jeden **Kapazitätsplan** gibt es einen **Verantwortlichen (Owner)**. Dessen Aufgaben umfassen:

- Erstellung und Pflege des jeweiligen Plans
- Sicherstellen, dass alle relevanten Beteiligten im Falle einer Änderung informiert werden
- Bei Bedarf sicherstellen, dass Änderungen am Plan genehmigt werden
- Je nach Inhalt des Kapazitätsplans die Erstellung von Änderungsanträgen (z.B. zur Kapazitätserweiterung) oder zur Qualitätssicherung den Prozess Continual Service Improvement anstoßen

5.3.3 Anforderungen

Für das Capacity Management werden auch vier Anforderungen formuliert. Diese wurden in ihrer Struktur und Formulierung bewusst analog zu denen im Service Availability & Continuity Management ausgeprägt:

- **PR5.1**
  Kapazitäts- und Leistungsanforderungen im Zusammenhang mit Services müssen unter Berücksichtigung von SLAs identifiziert werden.
- **PR5.2**
  Kapazitätspläne müssen erstellt und gepflegt werden.
- **PR5.3**
  Die Kapazitätsplanung muss personelle, technische und finanzielle Ressourcen berücksichtigen.
- **PR5.4**
  Die Leistung von Services und Servicekomponenten muss auf Basis von Auslastung und identifizierten operativen Warnungen und Ausnahmen überwacht werden.

PR5.1 – Berücksichtigung der SLAs

Bei der Ermittlung der Anforderungen für Kapazität und Leistung sollten als wichtigste Grundlage immer die in den Vereinbarungen mit den Kunden formulierten Werte herangezogen werden. Das hat zwei Vorteile: In Richtung des Kunden kann die notwendige Kapazität über Preise gesteuert werden. Für den IT-Service-Provider ergibt sich daraus eine klare Vorgabe, was zu leisten ist.

Die Fähigkeitsgrade für diese Anforderung sehen wie folgt aus:

Fähigkeitsgrad	Beschreibung
1	Es existiert ein grundsätzliches Verständnis zu Kapazitäts- und Performance-Anforderungen. Diese Anforderungen sind jedoch weder einheitlich noch durchgängig dokumentiert.
2	Es existiert ein einheitliches und durchgängiges Verständnis zu Kapazitäts- und Performance-Anforderungen. Der Ansatz zur Dokumentation ist jedoch eher an der Infrastruktur orientiert und betrachtet nur selten Serviceziele oder Kundenanforderungen.
3	Die Anforderungen an die Kapazität und Performance sind durchgängig und einheitlich dokumentiert. Diese Dokumentation betrachtet Vereinbarungen in den SLAs und ist auf die Serviceziele abgestimmt.

PR5.2 – Erstellung von Kapazitätsplänen

Um eine effektive und effiziente Umsetzung der Anforderungen sicherzustellen, ist eine Kapazitätsplanung sinnvoll. Allein die Beschäftigung mit den Anforderungen, die Ermittlung von relevanten Werten und die daraus resultierenden Aktivitäten verbessern den Reifegrad des Prozesses.

Folgende Fähigkeitsgrade sind von FitSM-6 dafür vorgesehen:

Fähigkeitsgrad	Beschreibung
1	Kapazitätspläne werden in unterschiedlichen Intervallen erstellt. Sie variieren im jeweiligen Umfang sowie den verwendeten Formaten und sind selten untereinander abgestimmt.
2	Kapazitätspläne werden in regelmäßigen Abständen erstellt, sind jedoch noch eher an der Infrastruktur orientiert. Kapazitätspläne für einzelne Services beziehen unterstützende Services und Servicekomponenten ein.
3	Kapazitätspläne werden in regelmäßigen Abständen erstellt und freigegeben. Jeder Plan beachtet einen definierten Umfang und ist einheitlich dokumentiert. Die Notwendigkeit der einzelnen Pläne und die Verbindung zu anderen Plänen ist ebenfalls eindeutig dokumentiert.

PR5.3 – Inhalte der Kapazitätsplanung

Die Kapazitätsplanung muss aus Sicht von FitSM umfassend gestaltet sein. Das bedeutet, dass personelle, technische und finanzielle Ressourcen in die Planung einbezogen werden müssen. Erst mit dieser Gesamtbetrachtung wird der höchste der nachfolgend aufgeführten Fähigkeitsgrade dieser Anforderung erreicht.

Fähigkeitsgrad	Beschreibung
1	Bestehende Kapazitätspläne fokussieren auf die Technologie und betrachten nur die technischen Ressourcen.
2	Bestehende Kapazitätspläne betrachten auch nicht technische Ressourcen, tun dies jedoch nicht durchgängig und vollumfänglich.
3	Kapazitätspläne betrachten menschliche, technische und finanzielle Ressourcen in vollem Umfang.

PR5.4 – Überwachung der Kapazitäten

Diese Anforderung adressiert direkt das Monitoring der Services und Servicekomponenten. Dabei ist sowohl auf die Auslastung als auch auf operative Warnungen und Ausnahmen zu achten. Aus Sicht eines Kunden ist allein die ausreichende Kapazität einer Servicekomponente nicht zufriedenstellend, wenn andere zu schwach dimensioniert sind. Daher muss auch in diesem Prozess auf den Service geachtet werden. Wichtig ist auch, frühzeitig Meldungen der Servicekomponenten einzubeziehen, damit rechtzeitig eine Aufstockung in die Wege geleitet werden kann. Zu guter Letzt sind aus betriebswirtschaftlicher Sicht auch Überkapazitäten zu beobachten, damit Ressourcen nicht längerfristig ungenutzt vorgehalten werden.

Fähigkeitsgrad	Beschreibung
1	Kapazitäts- und Leistungsüberwachung ist auf wichtige technische Komponenten fokussiert. Eine Aggregation der technischen Überwachungsdaten in servicebasierten Metriken findet kaum oder nicht statt. Der Monitoring-Ansatz orientiert sich eher an technischen Möglichkeiten und Bedenken als an Kundenbedürfnissen und Servicezielen.
2	Für die meisten an Kunden gelieferte Services werden aggregierte Daten des technischen Monitorings zusammen mit anderen Informationen für ein erstes Reporting zur Service-Performance und Kapazitätsauslastungen bereitgestellt. Warnungen und Ausnahmefälle werden identifiziert und notwendige Maßnahmen eingeleitet.
3	Die Überwachung folgt einem eindeutigen, durchgängigen und dokumentierten Ansatz für ein Kapazitäts- und Performance-Reporting. Die Informationen werden zusammengefasst und aufbereitet, um eine Überprüfung der Zielerreichung bezüglich des Levels der Servicekapazität und -Performance zu ermöglichen. Das Gesamtkonzept zur Überwachung der eingesetzten Technologien sowie Aggregationsalgorithmen, Heuristiken oder andere Methoden, die angewendet werden, um die End-to-End-Verfügbarkeit zu berechnen, sind gut dokumentiert.

5.3.4 Beispielfirma Bikes & more

Die Rollenverteilung

Vom IT-Leiter als Prozessverantwortlichen wird das Prozessziel formuliert, dass immer ausreichende Kapazität zum Betrieb der Services zur Verfügung steht. Ein bevorstehender Kapazitätsmangel soll so frühzeitig erkannt werden, dass über eine potenzielle Kapazitätserweiterung noch rechtzeitig entschieden werden kann.

Der Prozessmanager (stellvertretende IT-Leiter) erstellt Vorgehensweisen zur Identifikation der Kapazitätsanforderungen, zur Überwachung der Kapazitätsauslastung und zur Erstellung von Kapazitätsplänen. Er legt fest, dass es für die Bereiche Netzwerk, physische Server, virtuelle Server, Datenbankserver und pro Business-Anwendung jeweils einen Kapazitätsplan geben soll, in dem die wichtigsten Eckdaten festgehalten werden. Pro Kapazitätsplan gibt es einen Verantwortlichen. Diese Rolle übernimmt der Administrator der jeweiligen Komponente. Durch diese Vorgehensweise bezieht sich ein Kapazitätsplan immer auf eine bestimmte Komponente der Infrastruktur.

Identifikation der Kapazitätsanforderungen

Viele der bei der IT-Abteilung von Bikes & more betriebenen Services haben keine besonderen Anforderungen an die Kapazität. Die Datenmengen wachsen langsam und stetig an, sind aber überschaubar und gut planbar. Die Reaktionsgeschwindigkeiten der Anwendungen sind akzeptabel und erfordern keine besondere Planung.

Einzig beim Onlinevertrieb möchte der Kunde eine Kapazität, die gewährleistet, dass auch bei Sonderaktionen die Reaktionsgeschwindigkeit der Onlinedienste nicht signifikant abnimmt. Um dies sicherzustellen, wird gemeinsam mit dem Abteilungsleiter Vertrieb abgeschätzt, mit wie vielen gleichzeitigen Zugriffen bei solch einer Aktion gerechnet werden kann und welche Reaktionsgeschwindigkeit noch akzeptabel ist. Im Rahmen eines Application Sizing hat der stellvertretende IT-Leiter die Administratoren aller beteiligten Komponenten zusammengeholt, um eine ausreichende Kapazität zu planen. In einigen Fällen konnte man aktuelle Werte recht einfach hochrechnen, in anderen Fällen war man auf Schätzungen der Experten angewiesen.

Um den Anforderungen des Kunden stetig gerecht zu werden, muss eine Betrachtung der Kapazität in regelmäßigen Abständen erfolgen. Die beteiligten Administratoren halten ein Zeitintervall von 6 Monaten für sinnvoll. Um dies nicht aus den Augen zu verlieren, wird dieser Termin in den Reviewplan übernommen. Darüber hinaus wird die Geschäftsleitung gebeten, bei Sonderaktionen die IT-Abteilung zuvor zu informieren, um nochmal eine zusätzliche Kapazitätsprüfung durchführen zu können. Dies wird im SLA verankert.

Überwachung der Kapazitätsauslastung

Im Prozess Service Availability & Continuity Management wurden Anforderungen an ein Werkzeug formuliert, das die Verfügbarkeit von ganzen Services und Einzelkomponenten messen kann. Dieses Werkzeug soll nun auch die Auslastung sowie die zur Verfügung stehende Kapazität messen. Bei wichtigen Komponenten werden Grenzwerte festgesetzt, bei denen das Werkzeug warnen soll.

Erstellung von Kapazitätsplänen

Das eingesetzte Tool ist in der Lage, für die gemessenen Komponenten Berichte zu generieren. Die Administratoren der Komponenten werden angehalten, auf dieser Basis eine Kapazitätsplanung zu erstellen. Im Kapazitätsplan werden die wichtigsten Komponenten aufgeführt. Die Administratoren tragen ein, ob die Kapazität langfristig ausreicht oder zu welchem Zeitpunkt eine potenzielle Kapazitätserweiterung sinnvoll wäre.

Quartalsweise soll zukünftig geprüft werden, ob die Kapazitätsplanung funktioniert hat oder ob es zu Störungen oder Notfalländerungen aufgrund mangelnder Kapazität gekommen ist. Dieser Termin wird im Reviewplan vermerkt, um die Durchführung sicherzustellen.

6 Überwachen und Ausrollen

Abb. 6–1 *FitSM-Prozess »Überwachen und Ausrollen«*

Ein geordneter Übergang von neuen oder geänderten Services in den Betrieb wird mit dem Durchlauf der drei unten aufgeführten Prozesse sichergestellt. Sie gewährleisten ein sicheres Management der IT-Infrastruktur zur Erbringung der Services, indem sie Änderungen geplant ablaufen lassen, Tests und Abnahmen regeln und durch ein konsistentes Modell der IT-Infrastruktur Entscheidungen bei Änderungen zielgerichtet unterstützen. Das Ziel dieser Prozesse ist der Schutz der Produktivumgebung bei gleichzeitiger Sicherstellung von notwendigen sowie sinnvollen Veränderungen und der gebotenen Flexibilität.

Folgende Prozesse sind für die oben aufgeführten Ziele und Aktivitäten vorgesehen:

- **PR13**
  Release & Deployment Management (RDM)
- **PR12**
  Change Management (CHM)
- **PR11**
  Configuration Management (CONFM)

6.1 PR13 – Release & Deployment Management

Manchmal ist es nicht sinnvoll, Changes einzeln zu entwickeln und direkt nach Fertigstellung auszurollen, sondern gleichartige Änderungen zu bündeln. Sie werden durch den Prozess Release & Deployment Management zu einer logischen Einheit, einem Release, zusammengefasst, gemeinsam getestet und in die Live-Umgebung überführt.

6.1.1 Prozessbeschreibung

Die Bündelung mehrerer Changes zu einem Release bietet sich an, wenn die einzelnen Änderungen intensiv zusammenhängen oder sogar nur sinnvoll gemeinsam ausgerollt werden können. Aufgrund der erhöhten Komplexität werden Releases in einem separaten Prozess bearbeitet, nämlich durch das Release & Deployment Management. Dieser ergänzt den Prozess Change Management, der die einzelnen Änderungen behandelt.

Der Rahmen sowie der Ablauf eines Release von der Planung über die Implementierung bis zum Abschluss bildet eine Release-Richtlinie. In ihr wird unter anderem festgelegt, was genau ein Release ist und welche Schritte nacheinander durchzuführen sind. Häufig handelt es sich hierbei um folgenden Ablauf:

- **Releaseplanung**
  Der Ressourcenbedarf wird geplant, was eine Zeitplanung, die Kalkulation der benötigten finanziellen Mittel sowie die Identifikation der zur Umsetzung benötigten Personen beinhaltet.
- **Releasezusammenstellung**
  Alle zum Release gehörenden Changes werden identifiziert. Manchmal kann es sinnvoll sein, weitere Changes einzureichen und im Falle der Genehmigung mit zu integrieren. Vor allem dann, wenn Plattformen neu ausgerollt werden und die darauf laufenden Komponenten relativ einfach gleich mit aktualisiert werden können.
- **Abnahmetest**[1]
  Beim Abnahmetest steht der fachliche Ablauf im Vordergrund. Gerade bei der Erstellung von Software ist es besonders wichtig, im Vorfeld Akzeptanzkriterien zu definieren. Die Erfüllung dieser Kriterien wird im Rahmen des Abnahmetests durch Kunden und andere relevante Beteiligte geprüft.

---

1. Es können noch einige weitere Tests notwendig sein, wie Performance-Test, Kapazitätstest, Test der Ausfallsicherheit, Penetrationstest, Backup und Wiederherstellung, Test der Notfallszenarien, Usability-Test und viele mehr. Identifikation und ordnungsgemäße Durchführung der notwendigen Tests bilden eine wichtige Grundlage für stabile Services.

- **Bewertung der Eignung**
  Die Ergebnisse des/der Abnahmetests werden ausgewertet und es wird festgestellt, inwieweit das Release den Akzeptanzkriterien entspricht. Darüber hinaus können weitere Anforderungen geprüft werden. Beispielsweise kann ein Betriebsführungshandbuch notwendig sein, in dem für die Administratoren beschrieben ist, wie Benutzer und Rechte verwaltet werden.
- **Rollout-Planung**
  Der Rollout wird in der Praxis gerne phasenweise durchgeführt. Leider lässt sich dies nicht immer realisieren, was zu einem Rollout in Form eines Big Bangs (also überall zeitgleich) führt. Das Risiko wächst hierbei immens, da im Falle eines Fehlschlages nicht nur die Arbeitsfähigkeit eines überschaubaren Bereiches, sondern einer kompletten Organisation gefährdet sein kann. Zielrechner könnten sich eine Software bei Bedarf ziehen oder es wird eine Zwangsinstallation festgelegt. Bei wenigen Rechnern kommt eine manuelle Installation infrage, bei einer Vielzahl wird eher ein automatischer Rollout sinnvoll sein.
- **Rollout-Vorbereitung**
  Die zu implementierende Hard- und Software muss an den Zielstandort übermittelt werden. Außerdem müssen Vorbereitungen getroffen werden, die im Falle einer nicht erfolgreichen Implementierung die Auswirkungen für Services und Kunden minimieren.
- **Rollout**
  Während des Rollouts müssen möglicherweise Teams vor Ort koordiniert und der korrekte Ablauf überwacht werden. Der Rollout endet mit der Überprüfung, ob das Release erfolgreich implementiert wurde. Dies deckt sich größtenteils mit der Überprüfung der erfolgreichen Implementierung der einzelnen Changes im Change Management (Post Implementation Review).

Abb. 6–2 *Aktivitäten im Prozess Release & Deployment Management*

6.1.2 Rollen im Prozess

Bei der Betrachtung der Schnittstellen zu anderen Prozessen muss der **Prozessverantwortliche** vor allem auf den Prozess Change Management blicken. Darüber hinaus plant er die Ressourcen für seinen Prozess, legt die Ziele fest und benennt einen **Prozessmanager**, der sich um die operative Umsetzung des Prozesses kümmert. Hierzu definiert er Prozessaktivitäten, weist diese Personen oder Rollen zu und plant eine Toolunterstützung.

Jedes Release erhält einen **Releaseverantwortlichen** (**Release Owner**). Zu seinen Aufgaben zählen:

- Steuerung und Koordination der Aktivitäten im Lebenszyklus des spezifischen Release, einschließlich Planung, Erstellung, Test und Verteilung
- Sicherstellung, dass die erforderliche Dokumentation komplett und in einer adäquaten Qualität vorliegt
- Alleiniger Ansprechpartner zum Release für alle Beteiligten, einschließlich Change Manager, betroffener Change Owner, Softwareentwickler, Problem Manager und Kundenvertreter

6.1.3 Anforderungen

Für das Release & Deployment Management werden folgende Anforderungen an diesen Prozess gestellt:

- **PR13.1**
  Eine Release-Richtlinie muss definiert werden.
- **PR13.2**
  Die Produktivsetzung neuer oder geänderter Services und Servicekomponenten muss unter Einbeziehung aller relevanten Parteien, einschließlich betroffener Kunden, geplant werden.
- **PR13.3**
  Releases müssen vor der Produktivsetzung zusammengestellt und getestet werden.
- **PR13.4**
  Abnahmekriterien für jedes Release müssen mit Kunden und anderen relevanten Parteien abgestimmt werden. Die Einhaltung der Abnahmekriterien muss verifiziert werden, bevor das Release für die Produktivsetzung freigegeben wird.
- **PR13.5**
  Die Vorbereitung für die Produktivsetzung muss Schritte beinhalten, die im Falle des Fehlschlagens der Produktivsetzung unternommen werden, um Auswirkungen auf Services und Kunden zu reduzieren.
- **PR13.6**
  Releases müssen auf Erfolg oder Fehlschlagen überprüft werden.

PR13.1 – Release-Richtlinie

Dieser Prozess beinhaltet viele Aktivitäten, die sinnvoll geplant, abgestimmt und koordiniert werden müssen. Dazu ist die Vorgabe einer einheitlichen Richtlinie sinnvoll, die für alle Beteiligten Gültigkeit hat. Diese Release-Richtlinie beinhaltet üblicherweise allgemeine Vorgaben hinsichtlich der Art, Häufigkeit und Terminierung von Releases. Weiterhin kann sie festlegen, dass im Zusammenhang mit geschäftskritischen Services keine Releases innerhalb der Geschäftszeiten durchgeführt werden dürfen, außer in begründeten Ausnahmefällen. Daher existieren in der Praxis auch Release-Richtlinien je Anwendung oder Service, nicht nur die Richtlinie für den Releaseprozess.

Die Fähigkeitsgrade dazu sehen folgendermaßen aus:

Fähigkeitsgrad	Beschreibung
1	Es existiert keine dokumentierte Release-Richtlinie, gleichwohl ist der Bedarf erkannt und es wird vereinzelt daran gearbeitet.
2	Eine oder mehrere Release-Richtlinien existieren. Diese sind jedoch im Umfang eingeschränkt oder es fehlt ihnen an nützlichen Informationen wie beispielsweise Art und Rhythmus von Releases.
3	Es existiert eine umfassende Release-Richtlinie. Sie enthält einen ausreichenden und nützlichen Grad an Informationen, beispielsweise eine Übersicht zu Releasetypen und deren Rhythmus.

PR13.2 – Planung der Produktivsetzung

Neben der Release-Richtlinie ist eine individuelle Planung beim Ausrollen von neuen Services notwendig. Insbesondere die Kunden sind bei der Planung einzubeziehen. Diese Planung sollte so allgemein beschrieben sein, dass sich ein ähnlicher Ablauf bei jedem neuen Release aller Services ergibt.

Die Fähigkeitsgrade hierzu sind wie folgt formuliert:

Fähigkeitsgrad	Beschreibung
1	Gelegentlich wird das Ausrollen von neuen Services gemeinsam mit Kunden geplant.
2	Es besteht ein grundsätzliches Verständnis darüber, dass die Planung des Ausrollens von neuen oder geänderten Services mit allen Beteiligten, einschließlich der betroffenen Kunden, abgesprochen wird. Festgelegt ist noch nicht, wer die Beteiligten im Detail sind und wie bzw. wann sie einzubinden sind. Daher sind von Service zu Service Unterschiede möglich.
3	Es existiert ein etablierter und dokumentierter Ablauf in der Rollout-Planung, der alle Beteiligten (inklusive der Kunden) einbezieht.

PR13.3 – Test der Releases

Jedes Release muss vor dem Ausrollen zusammengestellt und getestet werden. Diese Anforderung bezieht sich auf die Basisidee dieses Prozesses, nämlich verschiedene gleichartige Änderungen zusammenzustellen und gemeinsam zu testen.

FitSM-6 formuliert dazu folgende Fähigkeitsgrade:

Fähigkeitsgrad	Beschreibung
1	Releases werden teilweise vor dem Rollout getestet.
2	Releases werden in der Regel vor dem Rollout in einer separaten Testumgebung getestet. Das Vorgehen bei Tests ist nicht definiert.
3	Releases werden vor dem Rollout in einer separaten Testumgebung getestet. Das Vorgehen bei Tests ist definiert, ebenso wie Rollen und Verantwortlichkeiten.

PR13.4 – Erstellung und Überprüfung von Abnahmekriterien

Für jedes Release eines Service muss der jeweilige Kunde eine Abnahme erteilen. Das geschieht nach entsprechenden Tests auf der Basis von Abnahmekriterien. Sind weitere Parteien (beispielsweise Lieferanten) an einem Release involviert, müssen auch diese an der Erstellung der Abnahmekriterien, den Tests und der finalen Freigabe beteiligt werden.

Die Fähigkeitsgrade zu dieser Anforderung sehen wie folgt aus:

Fähigkeitsgrad	Beschreibung
1	Akzeptanzkriterien werden grundsätzlich als sinnvoll angesehen, aber selten angewendet.
2	Akzeptanzkriterien sind in der Regel für größere Releases festgelegt und überprüft. Da das Vorgehen nicht dokumentiert ist, kann es von Release zu Release abweichen.
3	Für alle Releases existiert ein dokumentierter Ansatz zur Anwendung von Akzeptanzkriterien, inklusive Festlegung, Abstimmung und Überprüfung dieser.

PR13.5 – Fehlerkorrekturpläne

Wie schon beschrieben, haben die Prozesse in diesem Bereich »Überwachen und Ausrollen« die übergeordnete Zielsetzung, den Produktivbetrieb zu schützen. Daher ist auch der Fall zu planen, bei Problemen mit dem Ausrollen eine funktionsfähige Alternative zu haben. Damit sind Auswirkungen auf Services und Kunden zu reduzieren.

Folgende Fähigkeitsgrade sind hierzu formuliert:

Fähigkeitsgrad	Beschreibung
1	Eine Fehlerkorrekturplanung wird lediglich auf der Basis von Ad-hoc-Entscheidungen der beteiligten Personen durchgeführt.
2	Eine Fehlerkorrekturplanung wird im Allgemeinen geplant und getestet. Das Vorgehen ist nicht dokumentiert und kann daher von Release zu Release abweichen.
3	Für alle Releases oder Releasetypen existiert ein dokumentierter Ansatz zur Fehlerkorrekturplanung inklusive Tests.

PR13.6 – Überprüfung der Releases

Nach der operativen Durchführung des Releasewechsels ist zu prüfen, ob die Aktivitäten erfolgreich waren. Dazu sind auch die Abnahmekriterien zu berücksichtigen.

Die Fähigkeitsgrade dazu sehen wie folgt aus:

Fähigkeitsgrad	Beschreibung
1	Releases werden nicht durchgängig auf Erfolg oder Misserfolg überwacht.
2	Im Allgemeinen wird der Erfolg (oder Misserfolg) eines Release dokumentiert. Das Format der Dokumentation variiert, eine Analyse der Ergebnisse wird nicht immer durchgeführt.
3	Releases werden anhand eines dokumentierten Vorgehens auf Erfolg oder Misserfolg überwacht und durchgängig protokolliert. Die Ergebnisse werden für weitergehende Analysen genutzt (z.B. um die Effektivität des Release Deployment Management zu bewerten und weiter zu verbessern).

6.1.4 Beispielfirma Bikes & more

Die Rollenverteilung

Als Prozessverantwortlicher legt der IT-Leiter fest, dass mit den Kunden eines Service abgestimmt sein muss, wann Releases eingespielt werden. Sie müssen vor dem Rollout in die Produktivumgebung ausreichend getestet sein, um die Stabilität der betroffenen und angrenzenden Services sicherzustellen.

Der stellvertretende IT-Leiter erstellt als Prozessmanager die Release-Richtlinie und koordiniert die operativen Tätigkeiten des Prozesses.

Der Releaseverantwortliche soll derjenige werden, der sich fachlich mit dem entsprechenden Release am besten auskennt und in dessen Bereich der Großteil der durchzuführenden Änderungen fällt. Die meisten Releases treten bei Bikes & more innerhalb der Business-Anwendungen auf. Daher wird es sich in den meisten Fällen um einen der beiden Administratoren in diesem Bereich handeln.

Die Release-Richtlinie

Die IT-Abteilung von Bikes & more definiert in der Release-Richtlinie folgende Punkte:

- **Was ist ein Release**
  Jede neu zu installierende Software, die größeren Upgrades und die kleineren Updates sowie umfangreiche Hardwareänderungen.
- **Minor Release**
  Softwareupdates, die bevorzugt der Fehlerbeseitigung dienen, werden bei Bikes & more als Minor Release bezeichnet. Diese Updates dürfen eingespielt werden, ohne dies separat zu dokumentieren. Allerdings muss ein Verfahren gewählt werden, über das nachvollzogen werden kann, welche Updates wann eingespielt wurden. Zeit und Art der Installation sind so zu wählen, dass im Fehlerfalle die Auswirkungen möglichst gering sind.
- **Major Release**
  Unter diesen Begriff fallen neue Software und Upgrades, die mit einer klaren Erweiterung oder Veränderung der Funktionalität einhergehen, sowie umfangreiche Hardwareänderungen.
- **Dokumentation**
  Es gibt eine Dokumentvorlage, die für die Dokumentation des Release zu nutzen ist. Das Dokument wird in einem eigenen Verzeichnis abgelegt und erhält einen Namen, bestehend aus dem Namen der zu ändernden Hauptkomponente und einer Versionsnummer. Der Name ist in dem Änderungsticket, das das Release ausgelöst hat, zu dokumentieren. Es ist geplant, diese Aktivität später in das Wiki zu überführen.
- **Verantwortlichkeiten/Beteiligte**
  In der Dokumentation ist einzutragen, wer die Verantwortung für das Release übernimmt und welche Personen/Organisationen sonst noch beteiligt sind. Alle Beteiligten sind adäquat in die Releaseplanung mit einzubeziehen.
- **Definition von Akzeptanzkriterien**
  Es ist festzuhalten wer für die Formulierung der Akzeptanzkriterien verantwortlich ist und wer vor dem Rollout die Einhaltung dieser Kriterien prüft. Darüber hinaus sind die Akzeptanzkriterien selbst aufzuführen.
- **Speicherung von Software**
  Jede Software, die zur Erstellung des Release benötigt wird, muss in einem zentralen Repository abgelegt werden. Dies betrifft auch Software, die hinterher nicht mit installiert wird, jedoch zur Konfiguration zwingend notwendig ist.
- **Lizenzierung**
  Der Releaseverantwortliche muss sicherstellen, dass vor dem Ausrollen der Software alle erforderlichen Lizenzen vorliegen.

- **Test und Abnahme**
  Der Releaseverantwortliche muss sicherstellen, dass im Anschluss an die Erstellung des Release ein adäquater Test stattfindet. Dieser Test beinhaltet die Prüfung der oben erwähnten Akzeptanzkriterien.
- **Zeit und Art des Rollouts**
  Wie auch beim Minor Release sind Zeit und Art der Installation so zu wählen, dass im Fehlerfalle die Auswirkungen für Services und Kunden möglichst gering sind. Wann, auf welche Art und an welchen Standorten/Geräten das Rollout stattfinden soll, ist zu dokumentieren.
- **Post Implementation Review (PIR)**
  Nach dem Rollout ist auf adäquate Weise zu prüfen, ob das angestrebte Ziel erreicht wurde. Es ist kurz festzuhalten, wie die Überprüfung stattgefunden hat. Wenn kein Fehler festgestellt wurde, kann im Änderungsticket, das dem Release zugrunde liegt, »PIR: OK« eingetragen und dieses geschlossen werden.

6.2 PIR12 – Change Management

Es gibt viele Gründe, Changes, also Änderungen, an den zur Serviceerbringung relevanten Bestandteilen durchzuführen. Von der Einführung eines neuen Service, über Kapazitätserweiterungen bis hin zum Austausch von defekten Komponenten sind diese Änderungen Tagesgeschäft bei einem IT-Service-Provider. Mithilfe des Change Management stellt man sicher, dass derartige Änderungen in kontrollierter Weise geplant, genehmigt, implementiert und überprüft werden, um nachteilige Auswirkungen auf Services oder Kunden zu vermeiden.

6.2.1 Prozessbeschreibung

Der Change-Management-Prozess ist für die Steuerung aller Änderungen an relevanten Bestandteilen der Infrastruktur (Servicekomponenten) verantwortlich. Ihm obliegt die Aufgabe, dass Änderungen nur dann durchgeführt werden, wenn sie für die Organisation sinnvoll sind, und er betrachtet dabei auch die wirtschaftliche Dimension. Umfang und Konsequenzen einer Änderung werden identifiziert und die Dokumentation aktualisiert.

Eine standardisierte Vorgehensweise bei der Implementierung von Änderungen bringt einige Vorteile. So wird die Möglichkeit einer korrekten und funktionsfähigen Implementierung erhöht und die Gefahren für andere produktive IT-Services werden minimiert. Dies führt zu einer Produktivitätssteigerung für die Anwender durch stabilere Services. Die Konsequenzen einer Änderung sind ohne ein funktionierendes Change Management kaum nachzuvollziehen.

Welche Elemente bei der Serviceerbringung als so relevant erachtet werden, dass sie dem Change-Management-Prozess unterliegen, muss jede Organisation für sich selbst entscheiden. Hilfreich ist dabei auf der einen Seite der Blick auf

Kunden, d.h. gegebenenfalls eine Ableitung aus den SLAs. Weiterhin hilft der Blick auf die eigene IT-Infrastruktur. Die Festlegung dieser Elemente, der sogenannten Configuration Items (CI), ist Aufgabe des Prozesses Configuration Management und wird dort genauer betrachtet.

An dieser Stelle bleibt festzuhalten, dass man unter einem Change eine Veränderung (wie das Hinzufügen, Entfernen, Modifizieren oder Ersetzen) an einem Configuration Item versteht.

Ein Change beginnt in der Regel mit einem Änderungsantrag (Request for Change, RFC). Hierbei handelt es sich um einen dokumentierten Vorschlag für einen Change an einem oder mehreren Configuration Items.

Ein Änderungsantrag muss aufgezeichnet werden. Er sollte in der Lage sein, nachfolgende Fragen zu beantworten:

- Welches oder welche Elemente sollen geändert werden?[2]
- Was soll daran geändert werden?
- Gibt es einen Zeitpunkt, bis zu dem die Änderung umgesetzt sein muss?
- Welche anderen Komponenten sind noch von dieser Änderung betroffen?
- Aus welchem Grund soll die Änderung durchgeführt werden, d.h., welchen geschäftlichen Nutzen/Mehrwert hat die Änderung?
- Was passiert bei Nichtdurchführung der Änderung?
- Welche Kosten entstehen durch die Änderung?
- Wer ist für die Änderung verantwortlich?
- Wer führt die Änderung durch?
- Wer ist nach erfolgter Änderung zu informieren?

Die Auswahl und der Detailgrad der zu erfassenden Informationen hängt von der Komplexität der Infrastruktur und von dem gewünschten Kontrollgrad der Organisation ab.

Die anschließende Klassifizierung ermöglicht die Einordnung der Änderung in vordefinierte Kategorien. Dies bietet nicht nur Möglichkeiten der statistischen Auswertung, sondern kann auch die Zusammensetzung der Beteiligten ändern. So können bei einer Änderung von Hardware andere Personen mit einbezogen werden als bei Softwareänderungen. Im Rahmen der Klassifizierung sollte einem Change auch eine Priorität vergeben werden, die die zeitliche Planung unterstützt.

Nun muss der beantragte Change bewertet werden. Sind die potenziellen Risiken abschätzbar? Stehen Aufwand und Nutzen in einem sinnvollen Verhältnis? Um derartige Fragen zu beantworten, kann es sinnvoll sein, ein Team zu bilden, das gemeinsam darüber berät, ob der Change genehmigt oder abgelehnt werden sollte. Bei diesem Team handelt es sich um das Change Advisory Board, kurz CAB. Die beteiligten Personen sollten alle für die Bewertung des Change

2. Eine Verknüpfung des Änderungsantrages mit den zu ändernden Elementen kann die Fehleranalyse durch die Prozesse Incident & Service Request Management sowie Problem Management deutlich unterstützen.

relevanten Kompetenzen abdecken. Dazu gehört auch die Kompetenz, darüber entscheiden zu können, wer die Kosten übernimmt. Wird der Change abgelehnt, wird dies im Änderungsdatensatz dokumentiert.

Im Falle einer Genehmigung wird mit der Implementierung der Änderung begonnen. Einfache Änderungen, wie ein simpler Hardwaretausch, werden unter Führung des Change Management durchgeführt. Handelt es sich um umfangreiche Änderungen findet die Implementierung durch den Prozess Release & Deployment Management statt, wo die benötigten Komponenten dann auch erstellt und getestet werden. Dies betrifft Änderungen an Software, aber auch umfangreiche Hardwareänderungen gehören dazu.

Für Änderungen mit hohen Auswirkungen oder hohen Risiken müssen Schritte geplant und getestet werden, um nicht erfolgreiche Changes rückgängig zu machen.

Jede durchgeführte Änderung endet mit einem Post Implementation Review (PIR), einer Überprüfung, inwieweit das gewünschte Ergebnis erreicht wurde. Ein Post Implementation Review kann je nach Änderung sehr einfach und kurz, aber auch sehr komplex ausfallen.

Typischerweise werden drei Hauptkategorien von Changes unterschieden:

- Standard-Change
- Nicht-Standard-Change (Normaler Change)
- Notfall-Change (Emergency Change)

Der Standard-Change dient der Reduktion des Verwaltungsaufwandes im Tagesgeschäft. Es handelt sich um einen Change mit geringem Risiko, der relativ häufig vorkommt, wie die Bereitstellung der Grundausstattung für einen neuen Mitarbeiter. Er folgt einem vorher bestimmten Verfahren oder einer Arbeitsanweisung und hat einmal erfolgreich den Change-Prozess durchlaufen. Meist sind Standard-Changes vorab autorisiert, sodass für die Implementierung von Standard-Changes keine Änderungsanträge erforderlich sind. Sie werden über andere Mechanismen initiiert, z. B. über einen Anruf beim Servicedesk (Service-Request).

Alle Nicht-Standard-Changes durchlaufen die oben beschriebenen Aktivitäten, beginnend mit dem Änderungsantrag (RFC).

Im betrieblichen Alltag kann es vorkommen, dass manche Änderungen extrem schnell umgesetzt werden müssen und für den Ablauf eines Nicht-Standard-Change die Zeit nicht ausreicht. Dies ist der Fall, wenn aufgrund defekter Configuration Items Services ausgefallen sind, die Kernprozesse des Kunden stützen, oder wenn ein Sicherheits-Patch schnellstmöglich eingespielt werden muss. In solch einem Fall wird ein Notfall-Change initiiert. Da es sich nicht um Standard-Changes handelt, kann die Änderung mit hohen Risiken verbunden sein. Für den Fall eines Notfall-Change sollten vorab separate Verfahren definiert werden, die der Dringlichkeit, aber auch der Qualität gerecht werden.

In einem Änderungszeitplan, auch Änderungskalender oder Change Schedule genannt, werden Termine und weitere Details für geplante Änderungen erfasst. Der Änderungszeitplan sollte von allen Beteiligten eingesehen werden können. Die zeitliche Planung von Änderungen wird vereinfacht durch die Definition von Zeitfenstern (Wartungsfenster), möglichst über alle Services hinweg.

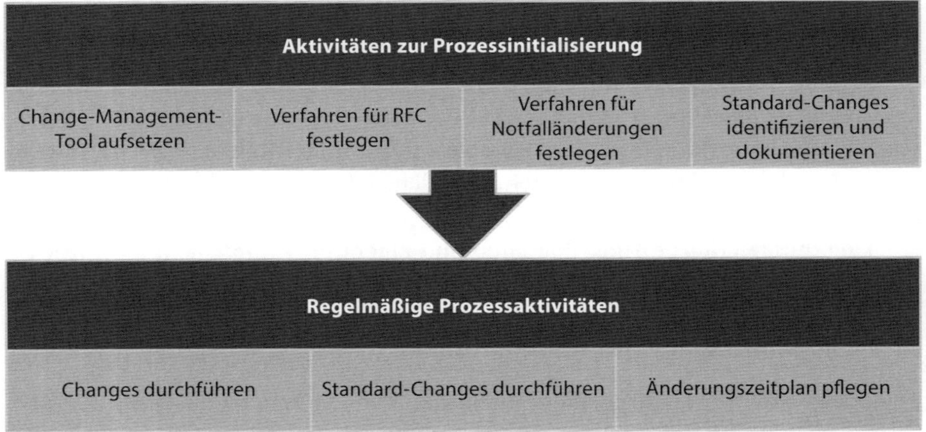

Abb. 6–3 *Aktivitäten im Prozess Change Management*

6.2.2 Rollen im Prozess

Neben der Festlegung der Prozessziele und der Bereitstellung entsprechender Ressourcen und der Benennung eines Prozessmanagers sollte der **Prozessverantwortliche** insbesondere die Schnittstellen zu den zwei angrenzenden Prozessen regeln:

- **Configuration Management**
  Die Festlegung, welche Änderungen formal als Change zu behandeln sind und somit formal den Change-Management-Prozess durchlaufen müssen, wird im Prozess Configuration Management auf Basis der Vorgaben des Change Management entschieden.
- **Release & Deployment Management**
  Wird bei einem Change festgestellt, dass er einem Release zugeordnet werden kann, wird die Implementierung im Rahmen des Release & Deployment Management durchgeführt. Bei der Abstimmung dieser beiden Prozesse ist insbesondere festzulegen, was als Release angesehen wird.

Zu den operativen Aufgaben des **Prozessmanagers** gehören folgende:

- Planen, Terminieren, Vorbereiten und Moderieren der Sitzungen des Change Advisory Board (CAB)
- Pflege der Liste und Beschreibungen von Standard-Changes gemeinsam mit den technischen Spezialisten
- Sicherstellen, dass die Änderungsanfragen zeitnah und effektiv bearbeitet werden
- Überwachung des Fortschritts von Überprüfung, Genehmigung und Implementierung von Änderungen
- Regelmäßige Überprüfung der Änderungsdatensätze zur Identifikation von Trends, Nichtkonformität, mangelnder Dokumentation und schlechter Nachvollziehbarkeit

Für jeden Änderungsantrag gibt es einen **Antragsteller (Change Requester)**. Er erstellt den Änderungsantrag und fügt zusätzliche Informationen für den Change Manager hinzu. In der Regel begleitet er den Änderungsantrag in der CAB-Sitzung.

Jeder Change wird durch einen eigenen Änderungsverantwortlichen (Change Owner) repräsentiert. Hierbei kann es sich um den Antragsteller oder um eine weitere Person handeln. Er begleitet den Change von der Genehmigung bis zum Abschluss und kümmert sich um Folgendes:

- Steuerung und Koordination aller Aktivitäten über den gesamten Lebenszyklus des spezifischen Change
- Fortschrittsüberwachung der Überprüfung und Implementierung des Change
- Sicherstellen, dass die Änderungsdatensätze stetig komplett und aktuell sind, von der Erfassung bis zum Post Implementation Review
- Kommunikation mit dem Releaseverantwortlichen, wenn der Change im Rahmen eines Release umgesetzt wird

Die Zusammensetzung des **Change Advisory Board (CAB)** richtet sich nach den jeweils benötigten Kompetenzen. In Abhängigkeit der zur Beurteilung anstehenden Changes sollten alle Personen beteiligt sein, die sinnvoll zur Prüfung und Genehmigung beitragen können. Das CAB prüft für jeden Change die Vorteile, die Risiken, mögliche Auswirkungen, die technische Machbarkeit sowie Aufwand und Kosten. Basierend auf diesen Faktoren entscheidet das CAB über die Genehmigung und somit über die Umsetzung des Change.[3]

3. Je nach praktischer Umsetzung könnte im Falle eines Notfall-Change die Einberufung des CAB zu aufwendig sein. Um die Genehmigung zu beschleunigen, wäre es möglich, ein kleineres Emergency Change Advisory Board (ECAB) einzurichten, das Notfall-Changes schnell beurteilt. Das ECAB stellt dann eine im Notfall relevante Teilgruppe des CAB dar. Bei dieser Vorgehensweise handelt es sich weder um eine Anforderung noch um eine explizite Empfehlung von FitSM. Sie ist jedoch FitSM-konform.

6.2.3 Anforderungen

Für den umfangreichen Prozess Change Management werden in FitSM sieben Anforderungen formuliert:

- **PR12.1**
  Alle Changes müssen auf konsistente Art und Weise erfasst und klassifiziert werden.
- **PR12.2**
  Alle Changes müssen auf konsistente Art und Weise beurteilt und genehmigt werden.
- **PR12.3**
  Alle Changes müssen auf konsistente Art und Weise einem Post Implementation Review unterzogen und abgeschlossen werden.
- **PR12.4**
  Es müssen klare Festlegungen zur Ermittlung von Notfall-Changes sowie zum konsistenten Umgang mit ihnen existieren.
- **PR12.5**
  Bei der Entscheidung über die Genehmigung von Requests for Changes müssen Nutzen, Risiken, potenzielle Auswirkungen auf Services und Kunden sowie die technische Realisierbarkeit berücksichtigt werden.
- **PR12.6**
  Ein Zeitplan der Changes muss gepflegt werden. Er muss Angaben zu genehmigten Changes und vorgesehenen Terminen für die Produktivsetzung enthalten, die an relevante Parteien kommuniziert werden können.
- **PR12.7**
  Für Changes mit hoher Auswirkung oder hohem Risiko müssen die Schritte geplant und getestet werden, die notwendig sind, um den Change im Falle einer fehlgeschlagenen Produktivsetzung wieder rückgängig machen zu können oder eingetretene negative Effekte beheben zu können.

PR12.1 – Erfassung und Klassifikation der Änderungen

Der Prozess kann seine Zielsetzung nur erreichen, wenn alle Changes durch seinen Ablauf abgewickelt werden. Nur so kann sichergestellt werden, dass kein Change am Prozess vorbeiläuft. Grundbedingung dafür ist, dass alle Changes erfasst werden. Die Klassifikation dient dann einer effizienten Steuerung des Prozesses.

Folgende Fähigkeitsgrade sind dokumentiert:

Fähigkeitsgrad	Beschreibung
1	Nicht alle Änderungen werden aufgezeichnet, einige werden ohne Erfassung eines Datensatzes durchgeführt. Die aufgezeichneten Änderungen variieren in Format und Detaillierungsgrad.
2	Die Mehrheit bzw. alle Änderungen werden aufgezeichnet und klassifiziert. Es fehlt an einem gemeinsamen Verständnis über Inhalte und Vorgehen bei der Aufzeichnung und Klassifikation, weiterhin ist die Verantwortlichkeit nicht eindeutig geregelt.
3	Alle Änderungen werden aufgezeichnet und klassifiziert. Das Vorgehen und die Verantwortlichkeit sind eindeutig beschrieben, die Dokumentation der Änderungen erfolgt in einer konsistenten Art und Weise. Die Klassifizierung basiert auf einem festgelegten Satz an Kriterien und einer eindeutigen Regelung.

PR12.2 – Beurteilung und Genehmigung von Änderungen

Für die Beurteilung und Genehmigung von Änderungsanträgen muss ein abgestimmtes und allgemeingültiges Schema gefunden werden. Dabei sind u.a. die notwendigen Informationen zu beschreiben und mögliche Genehmigungshierarchien zu beachten. Gegebenenfalls können kleinere Changes einfacher beurteilt und genehmigt werden als umfangreiche.

Das führt im Detail zu folgenden Fähigkeitsgraden:

Fähigkeitsgrad	Beschreibung
1	Während Changes üblicherweise untersucht und genehmigt werden, geschieht das mehr oder weniger in einer willkürlichen Weise. Verantwortlichkeiten sind nicht immer klar definiert. Kriterien für die Untersuchung und die Genehmigung werden ad hoc festgelegt für jeden Change und können zwischen vergleichbaren Changes stark variieren.
2	Es gibt auf einer allgemeinen Ebene einen weitgehend undokumentierten Konsens darüber, von wem und nach welchen Kriterien Changes untersucht und genehmigt werden sollen und wie dies generell einzuhalten ist.
3	Die Bewertung und Freigabe von Änderungen folgt einem geregelten und dokumentierten Ansatz und beinhaltet eindeutige Richtlinien sowie Abläufe.

PR12.3 – Post Implementation Review

Wie im Release & Deployment Management das Release nach der Durchführung auf Erfolg oder Misserfolg zu überprüfen ist, muss auch ein Change nach seiner Umsetzung überprüft werden. Kleinere Changes können dabei mit einem Blick auf eine zusammenfassende Darstellung betrachtet werden, größere Changes im Rahmen von umfangreichen Projekten bedürfen einer ausführlicheren Sichtung.

Die Fähigkeitsgrade sind wie folgt dokumentiert:

Fähigkeitsgrad	Beschreibung
1	Nach der Implementierung eines Change wird dieser nur auf einer individuellen Basis einem Review unterzogen, dabei werden keine Richtlinien oder Kriterien befolgt. Es mag eine signifikante Anzahl an Changes geben, für die überhaupt kein Post Implementation Review durchgeführt wird.
2	Alle oder zumindest die Mehrheit der Changes unterliegen einem Post Implementation Review, wobei hier meistens undefinierte oder undokumentierte Aktivitäten und Kriterien angewendet werden. In manchen Fällen werden die Ergebnisse der PIRs aufgezeichnet. Gleichwohl unterliegen diese Aufzeichnungen keinem eindeutigen und einheitlichen Format.
3	Für jeden implementierten Change wird ein Post Implementation Review durchgeführt. Alle Post Implementation Reviews werden nach klar definierten Richtlinien durchgeführt, die Kriterien und/oder die Prozeduren ergeben vergleichbare Resultate, die in einer einheitlichen und vollständigen Weise dokumentiert werden.

PR12.4 – Notfall-Changes

Um die Nutzung der Mechanismen für die Notfall-Changes genau definieren zu können, müssen eindeutige Regelungen zur Klärung der Voraussetzungen getroffen werden. Alle Notfall-Changes müssen einem einheitlichen Ablauf folgen.

FitSM-6 formuliert dazu die folgenden Fähigkeitsgrade:

Fähigkeitsgrad	Beschreibung
1	Es gibt ein Grundverständnis darüber, dass von den normalen Change-Management-Aktivitäten bei Notfall-Changes abzuweichen ist. Gleichwohl sind die Umstände nicht bekannt und es ist nicht klar, wie in diesem Fall von den normalen Verfahren abzuweichen ist. Diese Entscheidungen werden ad hoc von Einzelpersonen individuell getroffen.
2	Es gibt zumindest eine grundsätzliche Basis, wie der Konsens zur Feststellung eines Notfall-Change hergestellt werden kann und wie der Change-Management-Prozess in einem solchen Fall abgeändert bzw. beschleunigt werden kann. Gleichwohl ist dieser Ansatz meistens nicht dokumentiert.
3	Es gibt einen dokumentierten und angewendeten Ansatz, der Notfall-Changes definiert und festlegt, wie diese behandelt werden müssen, inklusive eines eindeutigen Satzes an Kriterien dafür und einer Richtlinie bzw. Prozedur für den Umgang damit.

PR12.5 – Bewertung von Änderungsanträgen

Die Genehmigung von Änderungsanträgen muss technische und nicht technische Aspekte berücksichtigen. Neben der technischen Realisierbarkeit und den technischen Abhängigkeiten muss auch der Nutzen, mögliche Risiken und potenzielle Auswirkungen auf Services und Kunden in Betracht gezogen werden.

Die Fähigkeitsgrade sehen dazu wie folgt aus:

Fähigkeitsgrad	Beschreibung
1	Akzeptanzkriterien für die Genehmigung von Changes enthalten nicht immer bzw. nicht regelmäßig die notwendigen Beurteilungen von Faktoren wie Nutzen, Risiken etc.
2	Akzeptanzkriterien für die Genehmigung von Changes beinhalten regelmäßig die mit dem Change verbundenen Risiken, aber nicht immer andere Arten von Kriterien, die in den Change-Anforderungen genannt sind.
3	Das dokumentierte Verfahren zur Genehmigung von Changes beinhaltet eine Bewertung auf Basis von Kriterien wie Nutzen, Risiken, potenzielle Auswirkung auf andere Services und Nutzer sowie die technischen Machbarkeiten des Change.

PR12.6 – Zeitplan geplanter Änderungen

Genehmigte Änderungen mit den vorgesehenen Terminen für die Umsetzung sind in einer Übersicht (»Änderungskalender«) zu pflegen. Dieser Zeitplan der Änderungen muss an alle relevanten Parteien kommuniziert werden. Das kann durch die Bereitstellung einer Übersicht erfolgen.

Unterschieden werden folgende drei Fähigkeitsgrade:

Fähigkeitsgrad	Beschreibung
1	Während die Inbetriebnahme von Changes üblicherweise den betroffenen Personen angekündigt wird, gibt es gleichwohl keine komplette oder zusammenhängende Change-Planungsübersicht bzw. keinen gepflegten Change-Kalender.
2	Es gibt einen für alle betroffenen Personen zugänglichen Change-Kalender, aber dieser enthält nicht alle relevanten Changes oder alle wichtigen Details.
3	Es gibt einen kompletten und gepflegten Change-Kalender im Zugriff aller betroffenen oder interessierten Personen. Der Zeitplan enthält alle relevanten Details und das geplante Implementierungsdatum für jeden genehmigten Change.

PR12.7 – Fehlerkorrekturpläne

Für Änderungen mit hoher Auswirkung oder hohem Risiko müssen die Schritte geplant und getestet werden, die notwendig sind, um die Änderung im Falle einer fehlgeschlagenen Produktivsetzung wieder rückgängig machen zu können oder eingetretene negative Effekte beheben zu können.

Die Fähigkeitsgrade sehen dazu wie folgt aus:

Fähigkeitsgrad	Beschreibung
1	Die Fehlerkorrektur nicht erfolgreicher Changes ist manchmal vor der Inbetriebnahme geplant worden, manchmal nicht. Dies basiert auf Ad-hoc-Entscheidungen involvierter Einzelpersonen.
2	Fehlerkorrekturmaßnahmen werden in unterschiedlichen Stufen für alle Changes mit hoher Auswirkung oder hohem Risiko geplant. Gleichwohl gibt es noch kein dokumentiertes Verfahren, das festlegt, wann ein solcher Change gegeben ist oder welche erweiterte Planung und welche Tests durchgeführt werden sollten.
3	In Übereinstimmung mit einem dokumentierten und etablierten Verfahren können Aktivitäten zur Fehlerkorrektur eines nicht erfolgreichen Change zuverlässig geplant, getestet und durchgeführt werden, wenn es sich um Changes mit hoher Auswirkung oder hohem Risiko handelt.

6.2.4 Beispielfirma Bikes & more

Die Rollenverteilung

Der IT-Leiter lenkt in seiner Rolle als Prozessverantwortlicher einen Fokus des Prozesses auf die konsequente Erarbeitung von Standard-Changes. Damit soll den IT-Mitarbeitern eine möglichst große Freiheit bei der täglichen Administration ermöglicht werden und gleichzeitig eine Senkung des Aufwands erreicht werden.

Als Prozessmanager legt der stellvertretende IT-Leiter die Prozessschritte fest und unterstützt die praktische Umsetzung durch ein Tickettool. Das führt gemeinsam mit anderen Prozessen, die ebenfalls über dieses Tool als Ticket abgewickelt werden, zu einer genaueren Planung und Übersicht der Arbeiten der IT-Mitarbeiter.

Um im ersten Schritt den Aufwand möglichst gering zu halten, hat man sich entschlossen, dass ausschließlich IT-Mitarbeiter als Antragsteller in Betracht kommen. In Zukunft soll geprüft werden, ob es sinnvoll ist, an einigen Stellen auch Kunden diese Möglichkeit zu bieten.

Änderungsverantwortlicher wird der IT-Mitarbeiter, in dessen Fachgebiet die Änderung liegt und der wahrscheinlich auch den größten Teil der Änderung selbst durchführen wird oder die externe Unterstützung bei der Durchführung der Änderung beaufsichtigt.

Das Change Advisory Board wird bei zu genehmigenden Änderungen spontan einberufen und kann, wenn dies ausreicht, auch nur aus dem Prozessmanager und dem Änderungsverantwortlichen bestehen.

Abgrenzung der relevanten Infrastruktur

Die Komponenten, die zur Serviceerbringung besonders wichtig sind, werden im Prozess Configuration Management identifiziert und in einer Datenbank dokumentiert. Änderungen, die eine Änderung dieser Dokumentation zur Folge haben, müssen gemäß diesem Change-Management-Prozess durchgeführt werden. Alle anderen Komponenten, wie beispielsweise Netzwerkkabel, Mäuse und Tastaturen, dürfen einfach ausgetauscht werden.

Der Änderungsantrag

Der Änderungsantrag selbst wird über das Tickettool gestellt. Der Antragsteller wird dann automatisch erfasst. Darüber hinaus sind die IT-Mitarbeiter angehalten, den Betreff so zu formulieren, dass daraus bereits erkennbar ist, was geändert werden soll. Über eine Kategorie wird aufgezeigt, zu welchem Bereich die Änderung gehört. Hieraus ergibt sich dann der Änderungsverantwortliche. Die Kategorien sind identisch mit denen im Prozess Incident & Service Request Management.[4]

In der Beschreibung soll die zu ändernde Komponente eindeutig benannt werden. Stehen weitere Informationen zur Verfügung, sollten diese mit aufgeführt werden. Hierbei kann es sich z. B. um folgende Punkte handeln:

- Wer soll Änderungsverantwortlicher werden?
- Bis wann muss die Änderung spätestens durchgeführt sein?
- Wie hoch ist der geschätzte Aufwand/sind die geschätzten Kosten?
- Kann die Änderung im laufenden Betrieb durchgeführt oder muss sie in ein Wartungsfenster eingeplant werden?
- Gibt es Abhängigkeiten zu anderen geplanten Änderungen?

Die Genehmigung

Der Prozessmanager, in diesem Prozess auch Change Manager genannt, prüft die Anträge und entscheidet über eine Genehmigung oder Ablehnung. In die Entscheidung bezieht er mit ein, welche Vorteile, Risiken und mögliche Auswirkungen auf Services und Kunden die Änderung hat, sowie die technische Machbarkeit. Er entscheidet im Einzelfall darüber, ob er sich bei der Genehmigung der Unterstützung eines Kollegen bedient (Change Advisory Board). Im Falle einer Ablehnung schließt er das Ticket, im Falle einer Genehmigung bleibt das Ticket offen.

---

4. In der Beschreibung des Prozesses Incident & Service Request Management bei Bikes & more werden die Kategorien im einzelnen aufgeführt (siehe Abschnitt 7.1.4).

Durchführungsplanung

Nach der Genehmigung kümmert sich der Änderungsverantwortliche um die Planung der Durchführung. Hierzu gehören gegebenenfalls die Bestellung von Hard- oder Software, die Beauftragung Externer, die Konfiguration, ein oder mehrere Tests sowie die zeitliche Planung. Alle erledigten Arbeiten werden im Ticket dokumentiert. Bei größeren Änderungen wird gemäß dem Prozess Release & Deployment Management gearbeitet.

Fehlerkorrekturplanung

Bevor nun die Komponenten in die Produktivumgebung integriert werden, ist eine Fehlerkorrekturplanung nötig. Im Ticket wird kurz dokumentiert, was passiert, wenn die zu ändernde Komponente oder angrenzende Komponenten nach der Implementierung nicht wie vorgesehen funktionieren. Bei komplexen Changes, die auf unterschiedlichen Komponenten zeitgleich umgesetzt werden müssen, kann eine detaillierte Planung nötig sein (Back-out). Bei einfachen Changes, wenn z.B. Hardware durch eine leistungsfähigere Komponente ausgetauscht wird, kann als Fehlerkorrekturplanung einfach ein kompletter Rückbau infrage kommen (Fallback). Bei der Fehlerkorrekturplanung muss die Dauer der Fehlerkorrektur berücksichtigt werden, um rechtzeitig die Entscheidung zur Durchführung der Fehlerkorrektur treffen zu können. In der IT-Abteilung von Bikes & more stand zunächst im Raum, die Fehlerkorrekturplanung nur dann zu dokumentieren, wenn sie nicht offensichtlich aus einem Rückbau der Komponenten besteht. Man hat sich jedoch dagegen entschieden, da auf diese Weise nicht nachvollzogen werden kann, ob die Planung nicht einfach vergessen wurde.

Post Implementation Review

Nach der Umsetzung des Change wird geprüft, ob die Änderung erfolgreich war und ordnungsgemäß durchgeführt wurde. Wie dies genau geschieht, wird dem Änderungsverantwortlichen überlassen. Er muss die genaue Vorgehensweise nicht dokumentieren, aber er darf die Änderung erst abschließen, wenn der Test erfolgreich war. Dann dokumentiert er »PIR: OK«, schließt das Ticket und legt es in die Queue der abgeschlossenen Changes. Der Change Manager behält sich vor, stichprobenartig nachzufragen, wie der Test denn ausgesehen hat. Vor allem dann, wenn es im Nachhinein zu änderungsbedingten Störungen kommt. Dies soll die Gefahr verringern, dass der Post Implementation Review nur dokumentiert, nicht jedoch durchgeführt wird.

Der Notfall-Change

Bei Bikes & more ist ein Notfall-Change eine Änderung, die unverzüglich umgesetzt werden muss, da kritische Geschäftsprozesse maßgeblich gestört sind. Dies betrifft vor allem die Onlineplattform sowie die Produktion. Ursache eines solchen Change könnte beispielsweise eine Störung aufgrund des Ausfalls einer zentralen Hardwarekomponente sein. Um diese Störung zu beseitigen, muss ein Notfall-Change durchgeführt werden. Im Falle eines Notfall-Change wird unverzüglich der IT-Leiter informiert, der die Situation koordiniert. Ist dieser nicht erreichbar, übernimmt sein Stellvertreter die Koordination. Sollte dieser auch nicht erreichbar sein, wird das Vorgehen von demjenigen koordiniert, zu dessen Aufgabe die Administration der ausgefallenen Komponente gehört. Er muss sich jedoch dann mit allen relevanten Kollegen abstimmen.

Ein Notfall-Change wird bei Bikes & more erst dokumentiert, wenn hierdurch nicht mehr die zeitnahe Umsetzung der Änderung verzögert wird.

Der Änderungskalender

Im Ticket zur Änderung wird der geplante Termin für den Rollout gepflegt. Über eine vordefinierte Suche kann auf Knopfdruck eine Liste der genehmigten Änderungen, sortiert nach geplantem Rollout-Datum, erstellt werden. Diese Möglichkeit steht allen IT-Mitarbeitern offen. Sollten Dritte, wie Kunden oder Dienstleister, beteiligt sein, werden diesen die geplanten Rollout-Termine kommuniziert oder gar mit ihnen abgestimmt.

Standard-Changes

Zur Reduktion des Verwaltungsaufwandes wurden bei Bikes & more folgende Tätigkeiten als Standard-Changes definiert:

- Aufbau, Umzug, Abbau eines Arbeitsplatzrechners
- Aufbau, Umzug, Abbau eines Monitors
- Installation, Umzug, Abbau von Netzwerk-Switches
- Installation von Softwareupdates, mit Ausnahme von Updates der Onlineplattform (Details werden in der Release-Richtlinie geregelt)

Jeder IT-Mitarbeiter kann sich mit einem Vorschlag zur Definition weiterer Standard-Changes an den Prozessmanager wenden.

6.3 PR11 – Configuration Management

Viele FitSM-Prozesse benötigen Informationen über die zur Serviceerbringung relevanten Elemente und einen Überblick darüber, wie diese zusammenhängen. Das Configuration Management dokumentiert diese Elemente, die sogenannten Configuration Items (CI), und ihre Beziehungen zueinander. Es sorgt dafür, dass diese Dokumentation stets aktuell zur Verfügung steht.

6.3.1 Prozessbeschreibung

Bei den zu dokumentierenden Elementen (Configuration Items, CI) handelt es sich um Objekte, die zur Bereitstellung eines oder mehrerer Services oder Servicekomponenten beitragen und daher einer gewissen Kontrolle unterliegen müssen. Das Configuration Management dokumentiert diese CIs in einer zentralen Datenbank, der Configuration Management Database (CMDB). Die CMDB kann auch eine »logische« Datenbank sein, die Konfigurationsinformationen aus mehreren Informationsquellen bündelt. Die CIs werden miteinander in Beziehung gesetzt, sodass ein logisches Abbild der Services und relevanter Komponenten entsteht, das auch die Abhängigkeiten darstellt.

Ein CI kann in diversen Formen vorliegen:

- **Hardware**
  Bei einem CI kann es sich z.B. um einen Server oder auch nur um eine Hardwarekomponente, wie eine Festplatte, handeln.
- **Software**
  Zum Beispiel kann das ein Betriebssystem, eine Anwendung oder eine Schnittstellensoftware sein.
- **Dokumentation**
  Wenn ein Notfallplan als eine relevante Komponente für die Serviceerbringung identifiziert wird, so kann auch dieser in die CMDB aufgenommen werden.
- **Services**
  Die Aufnahme eines Service ermöglicht es, die Komponenten (CIs), von denen der Service abhängt, mit dem Service zu verknüpfen.

So vielfältig wie die Arten der CIs können auch deren Beziehungen untereinander sein. In der Praxis sind häufig unter anderem folgende Beziehungen gängig:

- **A ist Bestandteil von B**
  Ein Festplattensystem ist Bestandteil eines Servers.
- **A ist mit B verbunden**
  Applikationsserver A ist mit Datenbankserver B verbunden.

- **A löst B aus**
  Eine Virtualisierungsplattform startet beim Hochfahren automatisch verschiedene virtuelle Maschinen.
- **A ist installiert auf B**
  Eine Software ist installiert auf einem bestimmten Server.
- **A verwendet B**
  Ein Server nutzt zur Datenablage ein bestimmtes Storage-System.
- **A ist abhängig von B**
  Ein Service ist abhängig von einem bestimmten Server. Fällt der Server aus, kann der Service nicht mehr erbracht werden.

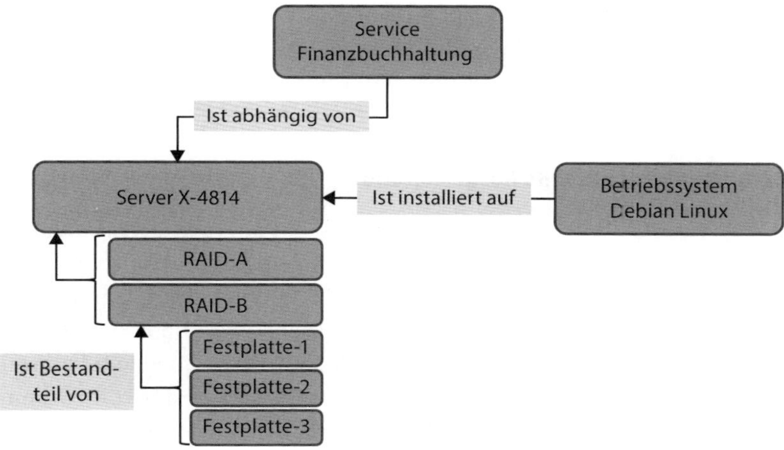

Abb. 6–4 *Beispielhafter Ausschnitt einer CMDB (vom Service zum Configuration Item)*

Die Konfiguration eines CI ergibt sich aus den Ausprägungen der Attribute, den Beziehungen und anderen relevanten Eigenschaften. Mit der Konfiguration eines Druckers meint FitSM also alle zu diesem Drucker in der CMDB erfassten Informationen. Es kann auch sinnvoll sein, mehrere CIs zu einer Konfiguration zusammenzufassen. So ergibt sich die Konfiguration eines Servers aus dessen Bestandteilen und deren relevanter Eigenschaften (z.B. Server, RAID-Controller, Festplatten).

Bei einigen CIs kann es sinnvoll sein, eine Grundkonfiguration (Configuration Baseline) festzulegen. Auf diese Weise wird die Konfigurationsvielfalt minimiert und Dokumentationen vereinfacht. Wenn z.B. eine Configuration Baseline für Arbeitsplatzrechner definiert wird, müssen die Details nicht mehr bei jedem einzelnen Rechner erfasst werden. Es reicht gegebenenfalls ein Hinweis auf potenzielle Abweichungen von der Configuration Baseline.

Auch bei Software oder Services kann eine Configuration Baseline erstellt werden. Dies ist besonders vor der Implementierung neuer Releases wichtig. Sollte die Änderung nicht erfolgreich sein, zeigt die Configuration Baseline den

Status vor der Änderung. Eine Configuration Baseline ist dann der Zustand einer spezifizierten Menge an Configuration Items zu einem bestimmten Zeitpunkt.

Kritische Erfolgsfaktoren

Die Festlegung eines sinnvollen Datenmodells ist immens wichtig. Ein zu geringer Detailgrad erfasst die wesentlichen Komponenten und Informationen nicht, die dann Gefahr laufen, nicht die notwendige Aufmerksamkeit zu erlangen. Dies kann gerade bei Änderungen an Komponenten dazu führen, dass Konsequenzen nicht abgeschätzt werden können und ungewollt wichtige Services beeinflusst werden.

Ein zu hoher Detailgrad erhöht unnötig den Dokumentationsaufwand. Alle CIs mit all ihren Attributen müssen aktuell gehalten werden. Bereits die Aufnahme eines einzelnen Attributes kann den Aufwand immens steigern. Wird bei einem Betriebssystem z.B. die Build-Nummer erfasst, so kann kaum mehr ein noch so kleines Update eingespielt werden, ohne gleich die CMDB aktualisieren zu müssen.

CMDB: physische und virtuelle Ausgestaltung

Es gibt nur eine CMDB, gleichzeitig kann es davon viele geben. Was wie ein Widerspruch klingt, kann tatsächlich richtig und sogar sinnvoll sein. Die CMDB bildet den zentralen Ort für die Speicherung aller zur Serviceerbringung relevanter Komponenten. Doch was passiert, wenn es tatsächlich schon mehrere Datenbanken gibt, in denen diese Informationen verteilt sind? In solch einem Fall steht eine Prüfung von Konsolidierungsmöglichkeiten an. Alles, was sinnvoll zusammengefasst werden kann, reduziert die Komplexität. Bleiben noch mehrere Datenbanken übrig, so werden diese als physische CMDBs bezeichnet. Darüber kann ein logisches Konstrukt, eine Art Data Warehouse, gelegt werden. Dies hat die Konsequenz, dass logisch der Eindruck entsteht, als handle es sich nur um eine einzige Datenbank. Tatsächlich liegen mehrere physische Datenbanken darunter. Man spricht in diesem Fall von einer logischen und mehreren physischen CMDBs.

Die Grundaufgabe des Configuration Management besteht also nicht in der Konfiguration von Hard- und Software, sondern darin,

- zu identifizieren, was als CI mit welchen Attributen erfasst werden soll,
- die CIs zu erfassen und aktuell zu halten,
- die Beziehungen zwischen CIs zu erkennen, zu dokumentieren und aktuell zu halten,
- mit dem entstehenden logischen Abbild der Infrastruktur ein Verständnis für die aktuelle Konfiguration zu geben und
- alle anderen Prozesse mit diesen Informationen zu versorgen.

Insbesondere die Aktualität der CMDB ist in der Praxis immer eine große Herausforderung. Es muss beispielsweise regelmäßig ein Soll-Ist-Abgleich durchgeführt werden (was ist in der CMDB dokumentiert, was ist in der realen Umgebung tatsächlich vorhanden) oder eine automatisierte Inventarisierung eingerichtet werden. Zudem muss dann immer das Vorgehen mit den gefundenen Daten geregelt werden.

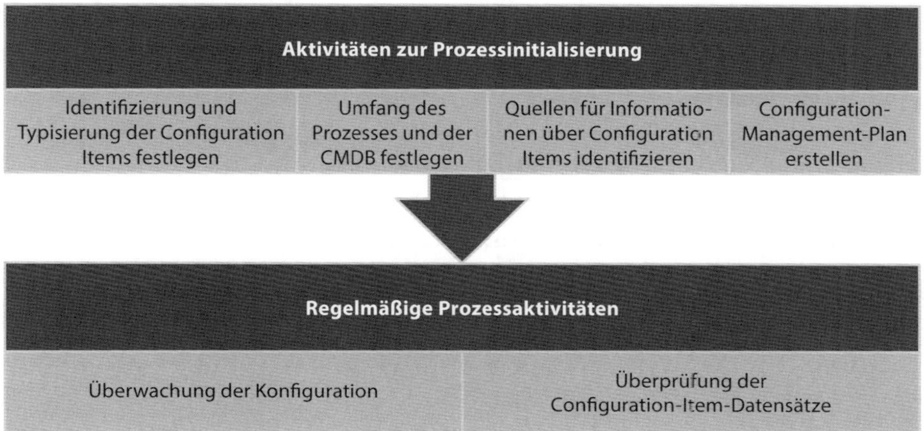

Abb. 6–5 *Aktivitäten im Prozess Configuration Management*

6.3.2 Rollen im Prozess

Die Gesamtverantwortung wird durch den **Prozessverantwortlichen** (**Process Owner**) getragen. Zu den operativen Aufgaben des **Prozessmanagers** gehören:

- Pflege der Definition aller CI- und Beziehungstypen
- Planen regelmäßiger Prüfungen der Konfigurationsinformationen in der CMDB
- Sicherstellen, dass die Überprüfung der Konfigurationsinformationen durchgeführt und die Beseitigung von Unstimmigkeiten in die Wege geleitet wird
- Bei Bedarf eine Configuration Baseline für die jeweiligen Objekte erstellen

Jedes in der CMDB gespeicherte CI erhält einen **CI-Verantwortlichen** (**CI Owner**). Dieser kümmert sich um die Aktualität der zum CI gespeicherten Informationen und arbeitet mit dem Prozessmanager sowie anderen CI-Verantwortlichen zusammen, um die Aktualität aller CIs und deren Beziehungen sicherzustellen.

6.3.3 Anforderungen

Folgende Anforderungen werden an diesen Prozess beschrieben:

- **PR11.1**
  Typen von Configuration Items (CI) und Beziehungen müssen definiert werden.
- **PR11.2**
  Der Detailgrad der aufgezeichneten Konfigurationsinformationen muss ausreichend sein, um eine effektive Kontrolle über die CIs zu unterstützen.
- **PR11.3**
  Jedes CI und seine Beziehungen mit anderen CIs müssen in einer Configuration Management Database (CMDB) aufgezeichnet werden.
- **PR11.4**
  CIs müssen gesteuert und überwacht und Änderungen an CIs in der CMDB nachverfolgt werden.
- **PR11.5**
  Die in der CMDB gespeicherten Informationen müssen in geplanten Abständen verifiziert werden.
- **PR11.6**
  Vor einem neuen Release in die Produktivumgebung muss eine Configuration Baseline der betroffenen CIs erstellt werden.

PR11.1 – Definition von Typen für Konfigurationselemente

Die effektive und effiziente Verwaltung der Inhalte der CMDB wird wesentlich durch die zu erfassenden Informationen bestimmt. Dazu sind die unterschiedlichen Typen der Einträge sinnvoll zu gestalten.

Folgende Fähigkeitsgrade sind in FitSM-6 beschrieben:

Fähigkeitsgrad	Beschreibung
1	Ein Bewusstsein über die Wichtigkeit von CI-Typdefinitionen ist vorhanden. Gleichwohl gibt es weder eine definitive Dokumentation noch ein gemeinsames Verständnis darüber, was erforderliche oder zugelassene CI-Typen und CI-Relationen sind.
2	Es gibt eine Dokumentation über CI-Typen und Beziehungstypen, aber diese ist unvollständig. Zum Beispiel enthält diese nicht alle erforderlichen Typen oder es fehlt die Definition der erforderlichen CI-Attribute.
3	Alle CI- und Beziehungstypen, die in der CMDB verwendet werden dürfen, sind klar definiert und dokumentiert. Die Definition enthält die erforderlichen CI-Attribute und – wo erforderlich – auch die Beziehungsattribute, inklusive zugelassener Kombinationen von CI- und Beziehungstypen. Die Verantwortlichkeiten für die Pflege und die Aktualisierung dieser Definitionen und Dokumentationen ist ebenfalls eindeutig festgelegt.

PR11.2 – Detaillierungsgrad der Dokumentation

Ebenso wie die Gestaltung der Typen der Konfigurationselemente ist der Detailgrad der aufgezeichneten Konfigurationsinformationen ein wichtiger Aspekt für die Qualität der CMDB und den Arbeitsaufwand zu ihrer Pflege. Vorgabe muss sein, dass die Informationen ausreichend sein müssen, um eine effektive Kontrolle über die CIs zu unterstützen. Die Anforderungen dazu kommen aus den zahlreichen anderen FitSM-Prozessen.

Die Fähigkeitsgrade sehen dazu wie folgt aus:

Fähigkeitsgrad	Beschreibung
1	Konfigurationsinformationen werden nur auf einem niedrigen Level aufgezeichnet. Die aufgezeichnete Information für jedes CI verbleibt oft unverändert nach der Inbetriebnahme oder nach einem umfangreichen Change für dieses CI.
2	Die aufgezeichneten Informationen sind grundsätzlich ausführlich genug, um jedes CI zu kontrollieren. Signifikante Changes mit Auswirkungen auf CI-Attribute oder Relationen finden sich meistens in den aktualisierten CI-Datensätzen wieder. Nichtsdestotrotz ist der Level der aufgezeichneten Detailinformationen in der Praxis nicht wirklich geplant bzw. gesteuert, z.B. werden Attribute eventuell aufgezeichnet, die nicht in den CI-Typdefinitionen vorhanden sind, oder definierte Attribute bleiben manchmal unaufgezeichnet.
3	Es gibt definierte Verantwortlichkeiten und Prozeduren für eine ordnungsgemäße Aufzeichnung und Aktualisierung für alle CIs auf einem geplanten Detaillierungsgrad. Dieser Detaillierungsgrad ist ausreichend, um alle wichtigen Aspekte von CIs aufzuzeichnen, die bei Inbetriebnahme oder signifikanten Changes benötigt werden und um die Konfigurationsdaten in transparenter und nachvollziehbarer Weise aufzuzeichnen und zu pflegen.

PR11.3 – Dokumentation in einer CMDB

IT-Service-Provider haben in der Regel verschiedene Datenbestände mit Informationen zu ihren Configuration Items. Neben den Einträgen an sich sind die Beziehungen zwischen ihnen zu dokumentieren. Erst diese Informationen machen Entscheidungen beispielsweise bei der Beurteilung eines Änderungsantrages möglich.

Die folgenden Fähigkeitsgrade spiegeln das wider:

Fähigkeitsgrad	Beschreibung
1	Es gibt ein Bewusstsein über das Konzept einer CMDB, aber diese ist – wenn überhaupt – nur in einer einfachen Version implementiert. Die meisten wichtigen Informationen über Konfigurationen sind aus verschiedenen unzusammenhängenden Dokumentationen ersichtlich, inklusive Datenbanken, Übersichten und Tools.
2	Es wird eine CMDB genutzt und gepflegt, um die CIs und ihre gegenseitigen Beziehungen nachzuhalten. Sie ist ziemlich vollständig, aber enthält nicht von allen CIs und deren Beziehungen Aufzeichnungen. Damit stellt sie nicht den Bezug zu allen Servicekomponenten her und entspricht daher nicht dem erwarteten Anwendungsbereich einer CMDB. Verschiedene Quellen von Konfigurationsinformationen wurden nur partiell integriert, inklusive Datenbanken, Übersichten und Tools.
3	Es existiert eine vollständig integrierte CMDB, die vollständige Aufzeichnungen der CIs und der Beziehungen zwischen den CIs enthält und damit dem definierten und dokumentierten adäquaten Anwendungsbereich entspricht. Die CMDB wird gemäß etablierten und dokumentierten Richtlinien und Verfahren gepflegt, mit klaren Verantwortlichkeiten für die Eigentümerschaft und Pflege der CMDB.

PR11.4 – Überwachung von Änderungen

Auf der Basis der Informationen einer CMDB werden Entscheidungen getroffen. Daher ist eine veraltete CMDB nutzlos. Es ist also wichtig, dafür zu sorgen, dass die CMDB bei Änderungen an der IT-Infrastruktur aktualisiert wird.

FitSM-6 formuliert dazu folgende Fähigkeitsgrade:

Fähigkeitsgrad	Beschreibung
1	Änderungen in der CMDB werden manchmal nachgehalten. Es gibt keine Garantie dafür, dass die aufgezeichneten Informationen für alle CIs in der CMDB den aktuellen Status der CIs wiedergeben.
2	Änderungen an CIs spiegeln sich in der Regel auch an Änderungen der CI-Datensätze in der CMDB wider. Allerdings werden Zuständigkeiten und Verfahren, um die CMDB bei ausgerollten Änderungen aktuell zu halten, nicht klar definiert und die Datenqualität variiert.
3	Die in der CMDB gespeicherten Informationen geben den aktuellen Status und die aktuelle Konfiguration von allen oder aber fast allen CIs wieder. Es gibt dokumentierte Verfahren und Verantwortlichkeiten, um die in der CMDB gespeicherten Informationen aktuell zu halten, und zwar über alle Phasen von Changes und Releases.

PR11.5 – Überprüfung der CMDB-Inhalte

Auch wenn alle Änderungen in der CMDB nachgehalten werden, ist eine regelmäßige Überprüfung der Inhalte notwendig. Dabei besteht das Ziel darin, mögliche Abweichungen zu identifizieren, man führt also eine Inventur der realen IT-Infrastruktur durch.

Die Fähigkeitsgrade werden wie folgt unterschieden:

Fähigkeitsgrad	Beschreibung
1	Die in der CMDB gespeicherten Informationen stehen nicht unter einem regelmäßig stattfindenden Verifikationsprozess bzw. Review. Wenn es manchmal erforderlich ist, wird eine Verifizierung durchgeführt, aber der Ansatz dafür ist nicht spezifiziert. Die Qualität der in der CMDB gespeicherten Daten wird nicht in einer nachhaltigen Weise überprüft.
2	Eine Verifikation der in der CMDB gespeicherten Daten wird nicht geplant oder regelmäßig festgelegt, geschieht aber gleichwohl in unregelmäßigen Intervallen. Der Umfang und die Genauigkeit dieser Verifizierung variiert. Alles in allem gibt es einen gewissen Level an Qualitätskontrollen, die über die in der CMDB gespeicherten Informationen durchgeführt werden.
3	Die in der CMDB gespeicherten Informationen werden in geplanten Intervallen mit einem definierten Umfang verifiziert. Die Qualität der in der CMDB gespeicherten Informationen wird auf einem soliden hohen Level gehalten, um damit die Anforderungen der anderen Service-Management-Prozesse zu erfüllen.

PR11.6 – Configuration Baseline

Aus Dokumentationszwecken sollte vor einem Releasewechsel eine Configuration Baseline gezogen werden. Man erstellt also im Prinzip ein Abbild der funktionsfähigen Zusammenstellung der Konfigurationselemente.

Die Fähigkeitsgrade sehen wie folgt aus:

Fähigkeitsgrad	Beschreibung
1	Die Ausgangskonfiguration von CIs wird vor neuen Releases selten aufgezeichnet.
2	Die Ausgangskonfiguration von CIs wird üblicherweise vor neuen Releases aufgezeichnet, aber nicht immer in einer nachvollziehbaren und kompletten Weise.
3	Bevor neue Releases eingeführt werden, wird eine komplette Baseline der Ausgangskonfiguration systematisch aufgezeichnet.

6.3.4 Beispielfirma Bikes & more

Die Rollenverteilung

Damit der Dokumentationsaufwand nicht zu groß wird, macht der Prozessverantwortliche die Vorgabe, die zu erfassenden Objekte und deren Attribute auf ein Minimum zu beschränken. Im Rahmen der Prozessreviews soll dann geprüft werden, ob es sinnvoll wäre, den Dokumentationsumfang zu erweitern.

Im Rahmen einer Configuration-Management-Planung obliegt dem stellvertretenden IT-Leiter, als Prozessmanager die Definition der Aktivitäten sowie der Beschluss, die zum Tickettool gehörende CMDB für diesen Prozess einzusetzen.

Jedes Configuration Item erhält einen CI-Verantwortlichen, der die Daten des CI aktuell hält bzw. sicherstellt, dass Änderungen in der CMDB nachgezogen werden. Diese Aufgabe übernimmt derjenige, der sich auch administrativ um den entsprechenden Bereich der Infrastruktur kümmert. Die Verantwortlichen der entsprechenden CIs in der CMDB werden auch die jeweiligen Serviceverantwortlichen.

Festlegung der CIs und ihrer Beziehungen

Gemäß dem Ziel des Prozessverantwortlichen »Keep it small« werden bei der Erstellung der CMDB im ersten Schritt nur die absolut notwendigen Bestandteile der IT als CIs erfasst. Auch bei den Attributen blieb man sehr sparsam. Wenn die CMDB ein Jahr in Betrieb ist, möchte man die Erweiterung der CMDB prüfen. Bis dahin werden die IT-Mitarbeiter Erfahrungen damit gesammelt haben, welchen Aufwand die Pflege der Datenbank erfordert. Denkbar wäre es, dann auch Dokumente aufzunehmen (beispielsweise Servicekatalog oder SLAs).[5]

Für den ersten Entwurf der Datenbank werden folgende CIs identifiziert:

- Services
- Server (physisch und virtuell)
- Kernapplikationen (direkt an der Serviceerbringung beteiligte Applikationen)
- Unterstützende Applikationen (von denen die Kernapplikationen zwingend abhängen)
- Serverräume und Verteilerräume (alle Räumlichkeiten, in denen sich wichtige Teile der Infrastruktur häufen)
- Aktive Netzwerkkomponenten
- Unterbrechungsfreie Stromversorgungen
- Notstromgenerator

5. Sollten umfangreiche Anpassungen nötig sein, kann dieser Ansatz deutlich mehr Aufwand erzeugen als die Berücksichtigung aller relevanten Komponenten gleich bei der Einführung. Nach Abwägung der oben beschriebenen Vorteile und dieses Risikos, entscheidet sich Bikes & more für eine schrittweise Einführung einer CMDB in ihrer überschaubaren Infrastruktur.

- Klimaanlagen
- Netzwerkdrucker
- Arbeitsplatzrechner
- Monitore

Über die Attribute muss jedes Objekt eindeutig identifizierbar sein. Hierzu dient eine Seriennummer, eine MAC-Adresse oder die eindeutige Bezeichnung einer Applikation. Welche dieser Varianten zum Einsatz kommt, wird pro CI-Art entschieden, muss jedoch bei allen CIs der gleichen Art konsistent angewandt werden. Bei Arbeitsplatzrechnern oder den Netzwerkdruckern wird der Standort über ein Attribut gepflegt. Die zentralen Räumlichkeiten werden als eigenes CI angelegt und die dort befindlichen Komponenten den Räumlichkeiten über eine Beziehung zugeordnet. Jedes CI erhält ein Attribut Status, das die Werte »geplant«, »aktiv« oder »außer Betrieb« annehmen kann. Darüber hinaus wird jedes CI einem CI-Verantwortlichen zugeordnet. Je nach Objekt kommen noch einige weitere Attribute hinzu.

Es gab einige Diskussionen darüber, ob die Anwender auch als CI angelegt werden sollten. Dies würde eine Zuordnung zu entsprechenden Arbeitsplätzen und freigeschalteten Services erlauben. Eine Einschätzung des Pflegeaufwandes und des potenziellen Nutzens hat den Prozessmanager jedoch dazu bewegt, dies im ersten Schritt nicht zu erfassen.

Auf diese Weise entsteht ein Detailgrad der CMDB, der einen möglichst geringen Aufwand erzeugt, für die effektive Steuerung der wichtigsten Komponenten der Infrastruktur jedoch ausreicht. Eine weitere Aktivität ist die Suche nach Automatisierungsmöglichkeiten.

Aufbau der CMDB

Das neu eingesetzte Tickettool bringt eine eigene CMDB mit. Nach der Festlegung, was genau zu erfassen ist, werden die IT-Mitarbeiter angehalten, die entsprechenden Objekte in ihrem Bereich zu erfassen. Der Prozessmanager legt Wert darauf, dass sich dies nicht zu lange hinzieht. Erst wenn die Datenbank vollständig und aktuell ist, entfaltet sie ihr ganzes Potenzial.

Pflege der CMDB

Der stellvertretende IT-Leiter legt fest, dass Änderungen an den hier dokumentierten Objekten nur noch im Rahmen des Change-Management-Prozesses durchgeführt werden dürfen. Nach einer erfolgten Änderung ist durch den CI-Verantwortlichen die Änderung in der CMDB einzutragen. Sollte einem IT-Mitarbeiter eine Differenz zwischen Realität und CMDB auffallen, so ist der Sachverhalt zu prüfen und entweder die CMDB zu aktualisieren oder die entsprechende Komponente zu korrigieren.

Regelmäßige Prüfung der Aktualität

Alle 12 Monate werden die CI-Verantwortlichen durch den stellvertretenden IT-Leiter aufgefordert, die Aktualität ihrer CIs zu prüfen. Dies wird im Reviewplan eingetragen. Hierbei wird ebenfalls dokumentiert, wie viele nicht aktuelle Einträge gefunden wurden. Dem Prozessmanager dient diese Information dazu, festzustellen, wie effektiv die Pflege der CMDB funktioniert.

Erstellung einer Configuration Baseline

Im Falle umfangreicher Änderungen werden die CI-Verantwortlichen angehalten, eine Configuration Baseline zu erstellen. Diese dient der Identifikation der Änderungen sowie der Wiederherstellung der Infrastruktur nach einer fehlgeschlagenen Änderung.

7 Beseitigen und Vorbeugen

Abb. 7–1 *FitSM-Prozess »Beseitigen und Vorbeugen«*

Bei der Erbringung vereinbarter Services kommt es immer wieder zu Störungen sowohl bei der Nutzung der Services durch Anwender als auch im Allgemeinen im Betrieb. Diese Störungen müssen analysiert und beseitigt werden, insbesondere wenn vertragliche Vereinbarungen aus den Service Level Agreements verletzt, d.h. Zusagen nicht eingehalten werden. Daneben benötigen die Anwender häufig Unterstützung in der Nutzung der Services. So müssen Zugriffe auf Services oder Benutzerkonten eingerichtet und allgemeine Fragen zu den Services beantwortet werden. Von besonderer Bedeutung ist dabei die Tatsache, dass in diesem Bereich der intensivste Kontakt mit dem Anwender herrscht. Das bedeutet für die IT-Organisation, dass hier neben einer guten fachlichen Basis die Mitarbeiter mit Kundenkontakt auch soziale Kompetenz benötigen.

Die beschriebenen Aufgaben werden in folgende Prozesse aufgeteilt:

- **PR9**
  Incident & Service Request Management (ISRM)
- **PR10**
  Problem Management (PM)

7.1 PR9 – Incident & Service Request Management

Sind Services in Betrieb, treten Incidents (Störungen) und Service-Requests (Anfragen von Anwendern) auf. Der Prozess Incident & Service Request Management beseitigt Incidents und erfüllt/beantwortet die Service-Requests. Die Störungsbeseitigung betrifft Services, für die in der Regel ein Service Level Agreement mit konkreten Servicezielen vereinbart wurde. Hierbei steht die schnellstmögliche Wiederherstellung des Service im Vordergrund, damit dieser die Geschäftsprozesse des Kunden wieder ordnungsgemäß unterstützen kann. Service-Requests sind die Anfragen von Anwendern nach IT-Unterstützung. Ob Incident oder Service-Request, in beiden Fällen muss für Anwender die Kontaktaufnahme zur IT und die Bearbeitung dieser Meldungen geregelt sein.

7.1.1 Prozessbeschreibung

Funktioniert ein Service oder eine Komponente nicht wie geplant, dann spricht man von einem Incident. Incidents haben meist den Ausfall oder eine signifikante Qualitätsminderung eines Service zur Folge. Bei der Frage, ob es sich bei einem Vorfall um einen Incident handelt, ist es irrelevant, ob eine ausgefallene Komponente von Anwendern gerade verwendet wird. Ein Incident bleibt auch dann ein Incident, wenn Anwender nichts davon merken.

In folgenden Fällen liegen Incidents vor:

- Ein Service oder eine Servicekomponente ist unterbrochen bzw. nicht verfügbar.
- Die Qualität eines Service fällt unter ein im SLA vereinbartes Niveau. Ist das Niveau nicht vereinbart, spricht man auch von einem Incident, wenn die Qualität unter einem erwarteten Niveau liegt. Dies lässt in der Praxis einen hohen Auslegungsspielraum zu.
- Gleiches gilt für Servicekomponenten, deren Leistungsniveau in einem OLA (interner Leistungserbringer) oder in einem UA (externer Leistungserbringer) festgehalten wurde. Bei nicht festgelegtem Leistungsniveau tritt auch hier ein entsprechender Auslegungsspielraum auf.
- Der Ausfall einer redundanten Komponente ist in FitSM ein Graubereich. Fällt beispielsweise ein Netzteil eines Servers aus, der aufgrund zweier redundanter Netzteile weiterläuft, so kann dies im Rahmen des Incident Management behandelt werden, wenn derartige Fälle nicht bereits durch etablierte Wartungsverfahren abgedeckt sind.
- Gleiches gilt für den drohenden Ausfall einer Servicekomponente. Erzeugt eine Festplatte ungewohnte Geräusche, kann diese als defekt deklariert und als Incident betrachtet werden. FitSM schreibt diese Vorgehensweise jedoch nicht vor.

Incidents werden häufig durch betroffene Anwender bemerkt und gemeldet. Ergänzend können durch die toolgestützte Überwachung relevanter Komponenten Incidents identifiziert werden.

Nicht bei jedem Kontakt eines Anwenders handelt es sich um einen Incident. Möchte ein Anwender eine Frage stellen oder etwas beauftragen, so spricht man von einem Service-Request, also einer Serviceanfrage.

Solch ein Service-Request kann vielfältig sein:

- **Eine Frage nach einer Information**
  »Wie kann ich auf dem neuen Etagendrucker doppelseitig drucken?«
- **Eine Frage nach einer Beratung**
  »Können Sie mir sagen, ob man so eine farbige Grafik mit unserem Textverarbeitungsprogramm machen kann?«
- **Die Beauftragung von Zugriffsänderungen**
  »Ein neues Teammitglied benötigt Zugriff auf unser Projektverzeichnis.«
- **Zurücksetzen von Kennwörtern und Accounts**
  - »Ich habe mein Passwort vergessen, bitte setzen Sie dieses zurück.«
  - Oder: »Nach mehrfacher Falscheingabe wurde mein Benutzerkonto gesperrt. Bitte aktivieren Sie es wieder.«
- **Die Beauftragung eines Standard-Change**
  »Eine neue Kollegin benötigt einen Arbeitsplatzrechner.«

Tritt ein Incident oder ein Service-Request auf, durchläuft er eine Reihe von Aktivitäten.

Aufzeichnung

Die wichtigsten Eckdaten werden erfasst. Hierzu gehört insbesondere, wer den Vorfall gemeldet hat bzw. wer von dem Incident betroffen ist, welche Servicekomponente betroffen ist und wie sich der Incident konkret darstellt.

Klassifikation (Klassifizierung, Classification)

Vorfälle werden auf Basis gemeinsamer Eigenschaften, gemeinsamer Beziehungen oder anderer Kriterien in Kategorien unterteilt. Aufgrund der Kategorie kann ein ITSM-Tool bekannte Lösungen oder auch aktuelle, bekannte Fehler aus einer Datenbank heraussuchen. Sollen Vorfälle an ein Team mit speziellem Know-how oder spezifischen Rechten weitergeleitet werden, kann dieses Team durch die Kategorie identifiziert werden. Außerdem ist es möglich, Statistiken darüber zu erstellen, in welchen Bereichen immer mehr bzw. immer weniger Vorfälle auftreten.

Im Rahmen der Klassifikation findet auch eine Priorisierung statt.[1] Da nur begrenzt personelle Ressourcen zur Verfügung stehen, können sich nicht beliebig viele Bearbeiter sofort um jeden Vorfall kümmern. Daher werden Incidents und Service-Requests nach ihrer relativen Wichtigkeit geordnet. Die Priorität spiegelt diese relative Wichtigkeit wider. Es ist wichtig und häufig nicht leicht, objektive Kriterien zur Festlegung der Priorität zu finden.

Zur Bestimmung einer Priorität können die situationsspezifische Auswirkung und Dringlichkeit eines Vorfalls herangezogen werden. Im Falle der Auswirkung könnten Kriterien wie die Anzahl betroffener Anwender eine Rolle spielen oder auch, ob ein Service komplett ausgefallen oder nur leicht beeinträchtigt ist. Die Dringlichkeit orientiert sich meist an den Konsequenzen für den Geschäftsbetrieb des Kunden. Auf diese Weise ergeben sich verschiedene Kombinationen:

- **Auswirkung niedrig, Dringlichkeit niedrig**
  Beispiel: Nach einem Update kann ein Anwender nicht mehr auf den zentralen Etagendruckern drucken, sondern nur noch an seinem lokalen Tintenstrahldrucker. Das ist deutlich langsamer und teurer. Es ist nur ein Anwender betroffen und die Auswirkungen auf den Geschäftsbetrieb des Unternehmens oder der Behörde sind minimal.
- **Auswirkung hoch, Dringlichkeit niedrig**
  Beispiel: Ein Incident auf einem Server sorgt dafür, dass derzeit das Starten der Arbeitsplatzrechner etwa doppelt so lange dauert als normal. Betroffen sind alle Benutzer, die Auswirkungen auf den Geschäftsbetrieb sind hoch.
- **Auswirkung niedrig, Dringlichkeit hoch**
  Beispiel: Durch mehrfache falsche Passworteingabe wurde das Benutzerkonto eines Anwenders gesperrt. Dieser muss Berichte für eine Wirtschaftsprüfung exportieren. Das Meeting mit den Wirtschaftsprüfern findet in zwei Stunden statt. Sollten die Berichte nicht vorliegen, muss ein neuer Termin vereinbart werden. Den zusätzlichen Aufwand würden die Wirtschaftsprüfer in Rechnung stellen. Der Anwender stellt einen Service-Request zum Zurücksetzen des Benutzerkontos.
- **Auswirkung hoch, Dringlichkeit hoch**
  Beispiel: Das zentrale Paketsteuerungssystem eines Paketdienstes ist ausgefallen. Kaum ein Mitarbeiter kann mehr arbeiten, der Geschäftsbetrieb steht weitestgehend still.

Über eine Matrix kann dann aus Auswirkung und Dringlichkeit die Priorität abgeleitet werden. Dieses Beispiel geht von einer einfachen Struktur aus. In der Praxis sollte man versuchen, ähnlich zu agieren. Mehr Prioritätsstufen bringen nicht zwingend eine zeitgerechtere Bearbeitung.

---

1. Während ITIL die Schritte Kategorisierung und Priorisierung kennt, subsumiert FitSM dies in einem Schritt mit der Bezeichnung Klassifikation.

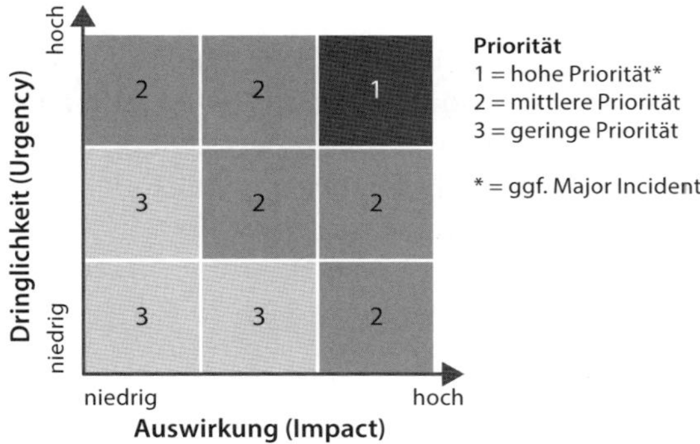

Abb. 7–2 *Ermittlung der Priorität aus Auswirkung und Dringlichkeit*

In einigen Fällen wünscht der Kunde bereits im SLA, dass bestimmte Systeme bevorzugt behandelt werden. Viele Werkzeuge können dies automatisiert abbilden, indem Prioritäten aus den zuvor gewählten Kategorien abgeleitet werden. Auch die Bevorzugung bestimmter Anwendergruppen (VIPs) über eine erhöhte Priorität lässt sich realisieren.

Analyse

Der Incident wird eingegrenzt und eine Lösung gesucht. Hierbei können verschiedene Informationen und Werkzeuge unterstützen:

- Eine Datenbank mit bekannten Fehlern (Known Errors) und entsprechenden Umgehungs- bzw. Zwischenlösungen (Workarounds)
- Aktuelle Konfigurationen und Änderungen derselben
- Informationen zu aktuell ausgebrachten Releases

Gegebenenfalls Eskalation

Die bisherigen Aktivitäten werden meist durch einen Servicedesk durchgeführt, der als Ansprechpartner für Anwender fungiert (First-Level-Support). In einigen Fällen kann es sinnvoll oder notwendig sein, weitere Kompetenzen oder weiteres fachliches Wissen hinzuzuziehen (Second-Level- oder Third-Level-Support). Dieser Vorgang wird als Eskalation bezeichnet.

- **Hierarchische Eskalation**
  Müssen Entscheidungen getroffen werden, die über die Kompetenzen der aktuellen Bearbeitungsstufe hinausgehen, wird der Incident an Rollen mit weitreichenderen Kompetenzen kommuniziert. Das kann beispielsweise eine kostenpflichtige Beauftragung bei einem Lieferanten sein. Auch ein Regelverstoß aufgrund mangelnder Kapazitäten kann ein Eskalationsgrund sein. So könnte bei einem Incident der Priorität 1, der nicht innerhalb von vier Stunden gelöst ist, automatisch eine hierarchische Eskalation erfolgen, damit ein Team zur Beseitigung zusammengestellt wird.

- **Funktionale Eskalation**
  Übersteigt das zur Lösung benötigte Fachwissen das des Mitarbeiters, so wird über eine funktionale Eskalation weiteres Know-how hinzugezogen. Solch ein Fall liegt beispielsweise vor, wenn der Servicedesk eine Netzwerkstörung nicht beseitigen kann und jemand aus dem Bereich der Netzwerkadministration sich darum kümmern muss.

Wiederherstellung des Service

Wurde eine Lösung gefunden, wird diese implementiert. Es wird also der normale Servicebetrieb wiederhergestellt. Ein Incident kann auch über eine Umgehungs- bzw. Zwischenlösung (Workaround) beseitigt werden. Wichtig ist, dass der Anwender wieder gemäß den Vereinbarungen im Service Level Agreement arbeiten kann. Ist die Beseitigung eines Incidents nicht möglich und eine weitergehende Ursachenforschung nötig, kommt der Prozess Problem Management ins Spiel. Diese Situation wird im nachfolgenden Kapitel behandelt.

Abschluss

Der Vorfall kann geschlossen werden, wenn ein Incident gelöst bzw. ein Service-Request ordnungsgemäß abgearbeitet/beantwortet wurde. Es sollte von vornherein definiert werden, was beim Abschluss eines Vorfalls alles zu prüfen und zu dokumentieren ist. Insbesondere sollten wiederkehrende Incidents erkannt und eine entsprechende Information an das Problem Management weitergeleitet werden, das sich um Ursachenforschung und Beseitigung von Schwachstellen kümmert.

Major Incident

In der Praxis sollten zusätzlich Verfahren definiert werden, die bei Incidents mit extrem hohen Auswirkungen, sogenannten Major Incidents, zum Einsatz kommen. Gemeint sind Situationen, in denen ein Großteil der wesentlichen Geschäftsprozesse aufgrund eines Incidents nicht ausgeführt werden können. In produzierenden Unternehmen kann es sich beispielsweise um einen Produktionsstillstand handeln, bei Logistikdienstleistern um den Ausfall der Kommissionierung oder Beladungssteuerung und bei Handelsunternehmen um den Webshop oder die Auftragsannahme. Häufig führt eine solche Situation zur Zusammenstellung eines speziellen Teams und zur definierten, stetigen Information bestimmter Führungskräfte.

Transparenz

Befragt man Anwender zu ihrem Verhältnis zum Servicedesk, ist die Antwort nicht immer zufriedenstellend. Häufig haben Anwender den Eindruck, dass sich niemand um ihre Belange kümmert, während tatsächlich fieberhaft daran gearbeitet wird. Dieser Eindruck lässt sich mindern, indem Anwender stetig auf dem

Laufenden gehalten werden. Hierzu reicht häufig schon ein Web-Frontend zum Tickettool, über das sich Anwender jederzeit über den aktuellen Bearbeitungsstand erkundigen können.

* Alle Tätigkeiten von der Aufzeichnung bis zum Abschluss

Abb. 7–3 *Aktivitäten im Prozess Incident & Service Request Management*

7.1.2 Rollen im Prozess

Die Gesamtverantwortung wird durch den **Prozessverantwortlichen (Process Owner)** getragen. Bei der Erstellung einer Prozessbeschreibung sollte er sich insbesondere um die Schnittstellen zum Problem und zum Change Management kümmern. Weiterhin benötigt er die Anforderungen an seinen Prozess aus den Service Level Agreements.

Zu den operativen Aufgaben des vom Prozessverantwortlichen ernannten **Prozessmanagers** gehören:

- Sicherstellung, dass alle Incidents und Service-Requests in ausreichender Qualität aufgezeichnet werden, sodass sie verfolgbar sind und Langzeitanalysen ermöglicht werden
- Überwachung des Fortschritts von Incidents und Service-Requests sowie Identifikation möglicher Verletzungen von Reaktions- und Lösungszeiten

Für jeden Incident gibt es einen **Incident-Verantwortlichen (Incident Owner)** und für jeden Service-Request einen **Service-Request-Verantwortlichen (Service-Request Owner)**. Als Fallverantwortliche kümmern sie sich um folgende Aufgaben:

- Koordination und Übernahme der Verantwortung für alle Aktivitäten im Lebenszyklus
- Fortschrittsüberwachung und Prüfung, ob die Bearbeitung sich noch in dem vorgegebenen Zeitrahmen bewegt
- Auslösen von Erinnerungen an die Beteiligten und wenn nötig Eskalation an den Prozessmanager
- Auslösung einer Kommunikation und Eskalation gemäß SLA, im Falle einer SLA-Verletzung
- Sicherstellen einer adäquaten Dokumentationstiefe

Die **Prozessmitarbeiter** bearbeiten als Spezialisten konkret anhand der Prozessbeschreibung die Störungsmeldungen und die Serviceanfragen.

7.1.3 Anforderungen

Der Prozess zur Störungsbeseitigung und Bearbeitung von Serviceanfragen wird durch sieben Anforderungen beschrieben, von denen insbesondere die ersten vier den Prozess regeln:

- **PR9.1**
  Alle Incidents und Service-Requests müssen auf konsistente Art und Weise erfasst, klassifiziert und priorisiert werden.
- **PR9.2**
  Die Priorisierung von Incidents und Service-Requests muss die in den SLAs festgelegten Serviceziele berücksichtigen.
- **PR9.3**
  Die Eskalation von Incidents und Service-Requests muss auf konsistente Art und Weise erfolgen.
- **PR9.4**
  Der Abschluss von Incidents und Service-Requests muss auf konsistente Art und Weise erfolgen.
- **PR9.5**
  Personen, die in den Prozess Incident & Service Request Management eingebunden sind, müssen Zugang zu relevanten Informationen wie bekannten Fehlern und Workarounds sowie zu Konfigurations- und Releaseinformationen erhalten.
- **PR9.6**
  Anwender müssen über den Fortschritt der von ihnen gemeldeten Incidents und ausgelösten Service-Requests auf dem Laufenden gehalten werden.
- **PR9.7**
  Es müssen klare Festlegungen zur Ermittlung von Major Incidents sowie zum konsistenten Umgang mit ihnen existieren.

PR9.1 – Erfassung und Klassifikation von Incidents und Service-Requests

Für die Störungsmeldungen der Anwender und ihre Serviceanfragen ist eine Bearbeitung durch die IT sicherzustellen. Dazu ist zunächst dafür zu sorgen, dass alle Fälle der Anwender dokumentiert sind. Handschriftliche Aufzeichnungen können verloren gehen, sind nur begrenzt verfügbar und nicht ausreichend strukturiert für eine weitere Prozesssteuerung. Diese Anforderung kann nur durch die Einführung eines Tools zur elektronischen Dokumentation von Incidents erfüllt werden. Neben der Erfassung an sich ist eine Klassifikation durchzuführen, die einerseits für spätere Auswertungen und Prozessoptimierungen genutzt werden kann und andererseits die weitere Bearbeitung dieses Falles steuert (bearbeitende Abteilung/Spezialisten, Zeitplan, Priorisierung etc.).

Folgende Fähigkeitsgrade werden dazu in FitSM-6 beschrieben:

Fähigkeitsgrad	Beschreibung
1	Nicht alle Incidents und Service-Requests werden aufgezeichnet. Einige werden ohne eine Aufzeichnung behandelt. Bestehende Incident- oder Service-Request-Tickets unterscheiden sich signifikant in Format und Detaillierungsgrad.
2	Alle oder die meisten Incidents und Service-Requests werden registriert, klassifiziert und priorisiert. Obwohl es ein intuitives Verständnis über die zu erfassenden Informationen und die Art der Aufzeichnung gibt, sind diese Anforderungen nicht klar definiert und die Verantwortlichkeiten nicht dokumentiert.
3	Alle Incidents und Service-Requests werden aufgezeichnet, klassifiziert und priorisiert. Aufzeichnungen darüber basieren auf dokumentierten Verantwortlichkeiten und Prozeduren, und die erfasste Information liegt in gleichartiger Weise aufgezeichnet vor. Klassifizierung und Priorisierung folgen einem klaren Schema und einem definierten Satz von Kriterien.

PR9.2 – Priorisierung von Incidents und Service-Requests

In den SLAs werden Serviceziele mit dem Kunden vereinbart und festgelegt. Diese betreffen auch die Priorisierung der eingehenden Meldungen der Anwender. Damit wird sichergestellt, dass ein einheitliches und dokumentiertes Verständnis über die Reihenfolge der Bearbeitung herrscht.

Die Fähigkeitsgrade werden folgendermaßen abgegrenzt:

Fähigkeitsgrad	Beschreibung
1	Prioritäten für Incidents und Service-Requests werden auf einer individuellen Basis zugeordnet, meistens hinterlegt mit einem nicht dokumentierten, intuitiven Verständnis der Kritikalität. Serviceziele aus SLAs (wenn vorhanden) sind meist nicht der Treiber für eine Priorisierung.
2	Prioritäten für Incidents und Service-Requests werden auf Basis eines Verständnisses der Serviceziele aus SLAs (sofern vorhanden, sonst anderen Kundenanforderungen) zugeordnet. Andere Faktoren werden manchmal auch herangezogen, und dieser Ansatz führt zu wiederholbaren Ergebnissen. Gleichwohl gibt es kein gleichartiges Priorisierungsschema, keine Richtlinie oder Verfahren.
3	Priorisierungen von Incidents und Service-Requests folgen klar definierten Richtlinien oder Prozeduren. Diese stellen sicher, dass bei Eröffnung eines Incidents oder eines Service-Request alle Anforderungen der Kunden (z.B. aus SLAs), aber auch andere relevante Faktoren in einer einheitlichen Weise einbezogen werden.

PR9.3 – Eskalation von Incidents und Service-Requests

Die Eskalation von Incidents und Service-Requests ist im täglichen Betrieb eine wichtige und häufig notwendige Tätigkeit. Sie sichert die termingerechte Bearbeitung der Incidents und Service-Requests und hilft dem Fallverantwortlichen oder Prozessmitarbeiter, die notwendige Unterstützung zu bekommen.

Folgende Fähigkeitsgrade sind dokumentiert:

Fähigkeitsgrad	Beschreibung
1	In Abhängigkeit der Situation oder der beteiligten Personen werden Incidents und Service-Requests teilweise eskaliert. Es gibt keine vordefinierten Eskalationspfade, die eingehalten werden bzw. einzuhalten sind. Incidents und Service-Requests bleiben manchmal für einen längeren Zeitraum ungelöst bzw. unbearbeitet.
2	Incidents und Service-Requests, die es erfordern, werden in der Mehrheit der Fälle funktional und/oder hierarchisch eskaliert. Es existiert ein intuitives Verständnis über die Eskalationspfade, diese sind jedoch nicht definiert und es gibt keine oder nur wenige festgelegte Auslöser für Eskalationen. Die Verantwortlichkeiten sind nicht definiert.
3	Incidents und Service-Requests werden auf Basis dokumentierter Verantwortlichkeiten und Prozeduren eskaliert, wenn dies erforderlich ist. Festgelegte Auslöser und eine Hilfestellung für funktionale und hierarchische Eskalationen sind vorhanden und werden zur Klärung genutzt, wie solche Incidents und Service-Requests zu behandeln sind. Dies führt zu einem gleichartigen Verhalten in der Eskalation von Incidents und Service-Requests.

PR9.4 – Abschluss von Incidents und Service-Requests

Sobald Incidents gelöst und Service-Requests abschließend bearbeitet wurden, muss ein einheitlicher Abschluss des jeweiligen Falles erfolgen. Dieser Abschluss regelt beispielsweise, welche Bedingungen zum Setzen eines finalen Status erfüllt sein müssen, ob der Anwender seine Zustimmung dazu geben muss, ob abschließende Überprüfungen oder auch Nachdokumentation erfolgen und wie die Qualität der Dokumentation bewertet wird.

Die Fähigkeitsgrade werden in FitSM-6 folgendermaßen beschrieben:

Fähigkeitsgrad	Beschreibung
1	Incidents und Service-Requests werden auf Basis individueller Entscheidungen des Supportpersonals geschlossen, nachdem sie gelöst oder erfüllt sind. Gegebenenfalls erfolgt die Schließung aus anderen Gründen (z.B. ein zu langer ungelöster Incident). Es gibt keinen gemeinsamen Ansatz darüber, wann Incidents und Service-Requests geschlossen werden sollten oder welche anderen Aktionen veranlasst werden sollten.
2	Incidents und Service-Requests werden generell in gleichartiger Weise geschlossen, jeweils mit einem nachvollziehbaren Grund. Nachvollziehbare andere erforderliche Aktionen werden auch veranlasst, wenn Incidents und Service-Requests geschlossen werden. Gleichwohl gibt es keinen dokumentierten Ansatz und keine dokumentierten Verantwortlichkeiten für diese Aktivitäten.
3	Incidents und Service-Requests werden in gleichartiger Weise geschlossen, basierend auf dokumentierten Richtlinien, Prozeduren oder Verantwortlichkeiten. Andere erforderliche Aktivitäten wie z.B. die Bestätigung des Schließens gemeinsam mit dem Nutzer werden durchgeführt, wenn diese sachgemäß sind.

PR9.5 – Unterstützung des Supportpersonals

Die Prozessmitarbeiter und Fallverantwortlichen, die im Prozess Incident & Service Request Management eingebunden sind, benötigen verschiedene Information zur sachgerechten Bearbeitung ihrer Aufgaben. Sie müssen daher Zugang zu relevanten Informationen wie bekannten Fehlern und Umgehungs-/Zwischenlösungen sowie zu Konfigurations- und Releaseinformationen erhalten.

Die Fähigkeitsgrade sehen wie folgt aus:

Fähigkeitsgrad	Beschreibung
1	Eine signifikante Anzahl an erforderlichen Informationen für die Lösung von Incidents oder für die Erfüllung von Service-Requests kann zwar für den Support und das Handling der Tickets angewendet werden, aber gleichwohl ist das im Prozess Incident & Service Request Management beteiligte Personal nicht immer in der Lage, diese zu nutzen. Entweder weil der Zugang zu diesen Informationen beschränkt ist oder weil die Informationsquellen nicht bekannt sind. Der Verteilung der Informationen über verschiedene Quellen macht den Zugang sehr schwierig oder es gibt Beschwerden über die Qualität der vorhandenen Informationen, die deren Nutzung anscheinend nicht lohnenswert machen.
2	Das Supportpersonal hat Zugang und Zugriff zur Mehrzahl der benötigten Informationen, um die Incident- und Service-Request-Behandlung zu unterstützen. Diese werden meistens auch verwendet. Gleichwohl sind die Verantwortlichkeiten nicht dokumentiert und es gibt keine klaren Definitionen darüber, wo sich die Informationen befinden, wie man Zugriff erhält und wie man sie anwendet.
3	Für alle beteiligten Personen gibt es verfügbare Quellen von Konfigurations- und Releaseinformationen, die zusammen mit den Verantwortlichkeiten dokumentiert sind. Dies korreliert mit den dokumentierten Verantwortlichkeiten des Supportpersonals. Informationen werden in systematischer Weise aufgezeichnet und sind überwiegend vollständig und aktuell.

PR9.6 – Anwenderinformation

Die Kommunikation mit Anwendern ist eine wichtige Aktivität, deren Bedeutung nicht jedem IT-Mitarbeiter klar ist. Es erhöht die Akzeptanz der Arbeit der IT enorm, wenn beispielsweise der Fortschritt der gemeldeten Incidents und ausgelösten Service-Requests laufend zugänglich ist und bei wichtigen Ereignissen eine Meldung ausgelöst wird.

FitSM-6 sieht folgende Fähigkeitsgrade vor:

Fähigkeitsgrad	Beschreibung
1	Es erfolgt teilweise eine Kommunikation mit Nutzern über deren Incidents und Service-Requests. Gleichwohl findet diese nur sporadisch und reaktiv statt.
2	Nutzer und Kunden werden über den Fortschritt der von ihnen gemeldeten Incidents und Service-Requests informiert. Dies umfasst sowohl die Rückantwort an Nutzer und Kunden über den Status des Falles als auch eine proaktive Benachrichtigung darüber. Gleichwohl gibt es keinen klar definierten und systematischen Ansatz, wie diese Art der Kundenkommunikation erfolgt, und die Verantwortlichkeiten dafür sind nicht dokumentiert.
3	Nutzer und Kunden werden systematisch über den Fortschritt und Status der von ihnen gemeldeten Incidents und Service-Requests informiert. Dies geschieht in einem definierten Ansatz sowohl auf Anfrage (reaktiv) als auch in einer proaktiven Weise, wozu es auch dokumentierte Verantwortlichkeiten des Supportpersonals gibt.

PR9.7 – Behandlung von schwerwiegenden Incidents

Um auf die Fälle von Incidents mit äußerst weitreichender Bedeutung vorbereitet zu sein, müssen klare Festlegungen zur Feststellung dieser Major Incidents sowie zum einheitlichen Umgang mit ihnen existieren. Das bedeutet beispielsweise eine organisatorische Regelung zur Zusammenstellung von entsprechenden Teams und eine Festlegung, wann aus einem solchen Incident ein Notfall wird (siehe Abschnitt 5.2).

Fähigkeitsgrad	Beschreibung
1	Es gibt nur eine Vorstellung davon, welche Incidents als weitreichend betrachtet werden sollten. In diesen Fällen wird eine besondere Behandlung und Beachtung für solche Incidents an den Tag gelegt, aber die Art der Behandlung erfolgt nicht gleichartig.
2	Es besteht eine Übereinkunft darüber, welche Art von Incidents als Major Incidents behandelt werden sollten. Diese werden als solche bezeichnet und klassifiziert und erfahren eine gesonderte Behandlung und Beachtung. Das beinhaltet die Behandlung mit der höchsten Priorität, eine ausreichende Ausstattung mit Fachexperten, die Koordinierung durch eine ausreichend hohe Managementebene, eine ausreichende Kommunikation und eine Überprüfung nach Beseitigung der Störung. Gleichwohl sind klare Definitionen und die Verantwortlichkeiten nicht dokumentiert.
3	Es gibt einen klar definierten und akzeptierten Ansatz für die Klassifizierung und die Bearbeitung von Major Incidents von deren Meldung bis zur Schließung. Das umfasst eine effektive Kommunikation, Koordination der Lösungsaktivitäten und ein Post Resolution Review. Es gibt einen definierten Satz von Kriterien für das Vorliegen von Major Incidents, und die Verantwortlichkeiten sind klar definiert und dokumentiert.

7.1.4 Beispielfirma Bikes & more

Die Rollenverteilung

Der IT-Leiter legt in seiner Rolle als Prozessverantwortlicher fest, dass zukünftig alle Incidents und alle Service-Requests zu erfassen sind. Hierzu sollen möglichst einfache Mechanismen zur Verfügung gestellt werden, um den Aufwand gering zu halten.

Die Identifikation und Einführung dieser einfachen Mechanismen obliegt dem Prozessmanager, also dem stellvertretenden IT-Leiter.

Bei der Erfassung eines Incident- oder Service-Request-Tickets dokumentiert das Ticketsystem automatisch denjenigen, der das Ticket erstellt. Diese Person wird zum Verantwortlichen für das Ticket und muss somit auch regelmäßig nachverfolgen, ob seine Tickets auch bearbeitet werden. Hierzu wird im Ticketsystem eine standardisierte Suchabfrage definiert, die es jedem ermöglicht, alle eigenen und noch offenen Tickets nach Alter sortiert anzuzeigen.

Die Erstellung von Tickets

Bisher hat Bikes & more kleinere Störungen auf Zuruf erledigt und größere wurden als E-Mails erfasst und in einem gemeinsamen E-Mail-Ordner (Funktionspostfach) verwaltet. Dies wird nun durch das Tickettool ersetzt. Im ersten Schritt sollen die zu erfassenden Punkte sowie die Detailtiefe gering, aber nachvollziehbar gehalten werden. Ob diese Minimaldefinition ausreicht, soll bei einem späteren Review des Prozesses geprüft werden.

Bisher rufen die Anwender beim Servicedesk an oder senden eine E-Mail. Beide Eingangskanäle sollen weiterhin Verwendung finden. Das Ticketsystem bringt eine Weboberfläche mit, worüber Incidents und Service-Requests direkt von den Anwendern erfasst werden können. Dies wird mit einem zeitlichen Verzug von drei Monaten eingeführt. Diese Zeit soll genutzt werden, um zu klären, welche Informationen mittelfristig erfasst werden sollen. So sehen sich die Anwender in der Einführungsphase nicht ständig mit neuen Eingabefeldern auf dem Frontend konfrontiert.

Meldet sich ein Anwender beim Servicedesk, soll ein Ticket erstellt werden, bei dem Vor- und Nachname des Anwenders erfasst werden. Das Werkzeug vergibt eine eindeutige Ticketnummer und trägt gleich den Namen des angemeldeten Servicedesk-Mitarbeiters ein. Aufgrund der ersten Aussage des Anwenders entscheidet der Servicedesk-Mitarbeiter, ob es sich um eine Anwenderanfrage (Service-Request) oder um einem Incident handelt. Dies lässt sich im Nachhinein gegebenenfalls auch noch korrigieren.

Klassifikation (Kaegorisierung und Priorisierung)

Das Ticket wird klassifiziert. Hierzu wurden die Kategorien Arbeitsplatz, Netzwerk, Server und Business-Anwendungen eingerichtet. Die Kategorie Business-Anwendungen wird in die Bereiche Buchhaltung, Faktura und Onlineplattform für Kunden unterteilt. Die Kategorien Arbeitsplatz und Server sollen nur verwendet werden, wenn Vorfälle nicht klar einer Business-Anwendung zugeordnet werden können. Diese Kategorien sind identisch mit denen im Prozess Change Management.

Zur Festlegung der Priorität soll im ersten Schritt ein dreistufiges System zum Einsatz kommen. Man entscheidet sich in Abstimmung mit der Geschäftsleitung dafür, dass bei der Priorisierung grundsätzlich zwischen Verwaltung und Produktion unterschieden werden soll. Die Definition wird in den Servicekatalog aufgenommen und somit Bestandteil der SLAs.

Priorität 1

- **Produktion**
  Es entstehen negative Auswirkungen auf die Produktion, die einen Lieferverzug zur Folge haben können.
- **Verwaltung**
  Ein wichtiger Service ist für alle Verwaltungsmitarbeiter ausgefallen.

Priorität 2

- **Produktion**
  Negative Auswirkungen auf die Produktion sind in ein bis zwei Tagen zu erwarten.
- **Verwaltung**
  Wichtige, zeitkritische Arbeiten können von einem Anwender nicht durchgeführt werden. Auch nicht von einem anderen Arbeitsplatz aus oder durch einen Kollegen.

Priorität 3

- **Produktion**
  Negative Auswirkungen auf die Produktion sind zeitnah nicht zu erwarten.
- **Verwaltung**
  Die Geschäftsprozesse der Verwaltung sind nicht gestört, jedoch umständlicher durchzuführen.

Die Tickets der Priorität 1 sollten schnellstmöglich bearbeitet werden, während die der Priorität 3 auch schon mal aufgrund sonstiger administrativer Aufgaben ein oder zwei Tage liegen bleiben können.

Major Incident

Wenn die Produktion bereits stillsteht oder ein Stillstand direkt bevorsteht, dann wird ein Major Incident ausgerufen. In diesem Fall ist vorgesehen, sofort den IT-Leiter oder seinen Stellvertreter zu informieren. Zu diesem Zweck sind die Mobilfunknummern und auch die privaten Telefonnummern dieser Personen bekannt. Ein Anruf findet auch nachts oder am Wochenende statt, sollte z. B. aufgrund eines Alarmsystems ein Major Incident identifiziert werden. Die koordinierende Person ruft unverzüglich alle Mitarbeiter, die zur Störungsbeseitigung benötigt werden, zusammen. Darüber hinaus informiert sie die Geschäftsleitung und hält sie in definierter Art und Weise auf dem Laufenden.

Im Falle eines Major Incidents müssen notwendige Maßnahmen schnellstmöglich umgesetzt werden können. Damit durch die Beantragung notwendiger Gelder keine unnötige Zeit verstreicht, hat die Geschäftsleitung beschlossen, eine

Ad-hoc-Budgetkompetenz von 10.000 Euro zu übertragen. Allerdings muss das Team einstimmig der Meinung sein, dass es sich um eine sinnvolle Maßnahme handelt. Ansonsten muss die Zustimmung der Geschäftsleitung eingeholt werden.

Analyse und Wiederherstellung

Im Rahmen der Analyse prüft der Servicedesk aufgrund der Symptome, ob ihm eine Lösung bekannt ist. Hierzu hat er Zugriff auf alle relevanten Informationen, wie Known Errors, Workarounds, Wartungsfenster und Changes (über den Change-Kalender), sowie auf die CMDB. Wird eine Lösung gefunden, so wird diese angewendet und der Vorfall geschlossen.

Eskalation

Sollten die Fähigkeiten oder die administrativen Rechte der Personen oder Gruppen zur Lösung des Vorfalls nicht ausreichen, so wird dieser an die entsprechende Gruppe/Person zur Bearbeitung weitergeleitet (funktionale Eskalation). Sollte der Servicedesk-Mitarbeiter niemanden zur weiteren Bearbeitung finden, so leitet er den Vorfall an den Prozessmanager weiter, der die Koordination übernimmt (hierarchische Eskalation). Über Vorfälle, die eine definierte Zeitdauer (abhängig von der Priorität) überschritten haben, wird durch das Ticketsystem automatisch der Prozessmanager informiert.

Abschluss

Beim Abschluss eines Vorfalls erhält der Anwender vom Ticketsystem automatisch eine E-Mail mit der Bitte, die Lösung gleich zu verifizieren und sich bei Bedarf innerhalb von einem Werktag noch einmal zu melden. Bei zeitkritischen Vorfällen wird der Anwender zusätzlich telefonisch informiert. Dies gilt auch für Vorfälle, bei denen der Anwender die E-Mail erst sehen kann, nachdem er festgestellt hat, dass die Lösung funktioniert. Darüber hinaus wird die Lösung im Ticket kurz dokumentiert. Bei niedrig priorisierten Incidents enthält die E-Mail auch den Hinweis, dass der Servicedesk von einer zufriedenstellenden Störungsbeseitigung ausgeht, wenn auf diese Mail nicht innerhalb von fünf Tagen geantwortet wird.

Tritt ein Incident häufiger als zu erwarten auf, wird ein Problem für den Prozess Problem Management angelegt. Auch Incidents mit der Priorität 1 haben die Erzeugung eines Problems zur Folge, um deren Ursache auf den Grund zu gehen.

Falls ein Incident mit einem Workaround geschlossen wurde, wird der Incident mit dem dazugehörigen Problem verknüpft. Sollte es kein zugehöriges Problem geben, wird der Incident mit dem Status »gelöst mit Workaround« gekennzeichnet. Dies soll die spätere Nachvollziehbarkeit erhöhen und vermeiden, dass zu viele Workarounds unreflektiert zur Dauerlösung werden.

Weboberfläche für Anwender

Wie bereits erwähnt, bringt das Ticketsystem eine Weboberfläche für Anwender mit. Die Möglichkeit, Incidents und Service-Requests durch den Anwender selbst erfassen zu lassen, soll erst mittelfristig eingeführt werden. Allerdings haben die Anwender bereits jetzt die Möglichkeit, über die Weboberfläche ihre eigenen Incidents nachzuverfolgen. Auf diese Weise kann sich ein Anwender immer über den aktuellen Bearbeitungsstand informieren, ohne jedes Mal den Servicedesk anrufen zu müssen.

7.2 PR10 – Problem Management

Das Problem Management ermittelt bei Bedarf die Ursachen von Incidents und erstellt nachhaltige Lösungen. So kann vor allem bei wiederkehrenden Incidents ein erneutes Auftreten vermieden oder für bestehende Incidents die Auswirkung minimiert werden. Durch Workarounds, also temporäre Umgehungslösungen, können Anwender bereits wieder arbeiten, bevor eine dauerhafte Lösung implementiert wurde. Derartige Umgehungslösungen werden im Problem Management erarbeitet und dem Incident Management zur Verfügung gestellt.[2]

Unter einem Problem versteht man die (noch unbekannte) zugrunde liegende Ursache für einen oder mehrere Incidents, die eine genauere Untersuchung erfordert. Während das Incident Management die Anwender im Blick hat und versucht, dafür zu sorgen, dass diese schnellstmöglich wieder arbeiten können (Störungsbeseitigung), verfolgt das Problem Management die nachhaltige Stabilisierung der Infrastruktur (Ursachenanalyse).

7.2.1 Prozessbeschreibung

Ein Incident kann meist auf Basis früherer Störungen, deren Lösung und dem weiteren Know-how der Beteiligten eingegrenzt und gelöst werden. Demgegenüber benötigt ein Problem eine spezifische Ursachenanalyse.

Zu den Aufgaben des Problem Management gehört es, Incidents zu analysieren und auf dieser Basis potenzielle Probleme zu identifizieren. Folgende Aspekte sollten zu einem dokumentierten Problem führen.

- Ein Incident tritt immer wieder auf. Auch wenn er möglicherweise recht schnell, z.B. durch einen Neustart, beseitigt werden kann, sollte eine nachhaltige Lösung dafür sorgen, dass die Häufigkeit, mit der dieser Incident auftritt, reduziert werden kann. Möglicherweise lässt sich die Ursache sogar komplett eliminieren.

---

2. Dies schließt nicht aus, dass (vor allem einfache) Workarounds auch im Prozess Incident & Service Request Management identifiziert und angewendet werden, ohne dass das Problem Management involviert ist.

- Ein oder mehrere Incidents treten auf und können ohne detaillierte Ursachenanalyse nicht gelöst werden.
- Eine Auswertung historischer Incidents zeigt, dass bestimmte Störungen nicht komplett vermieden werden können. Dies legt eine Steigerung der Fehlertoleranz nahe.

Die zugrunde liegende Ursache mehrerer Incidents wird also über ein Problem analysiert und im Idealfall nachhaltig beseitigt. Liegt jedoch nur ein einzelner Incident vor, so muss zur Ursachenanalyse nicht zwingend ein korrespondierendes Problem erstellt werden. Dahinter steckt das Bestreben, in derartigen Situationen den Grad der Verwaltung nicht unnötig zu erhöhen.

Bei einem sehr hoch entwickelten Prozess und überdurchschnittlich hohen Anforderungen an die Zuverlässigkeit kann es sinnvoll sein, über die von FitSM definierten Anforderungen hinauszugehen und die zur Serviceerbringung relevanten Komponenten zu stabilisieren, obwohl noch keine Incidents aufgetreten sind. Ein solcher Fall liegt vor, wenn beispielsweise Komponenten eine unerwartete Verhaltensweise an den Tag legen oder Einträge in Logdateien auf ungewöhnliches Verhalten hinweisen. Es muss noch keinen Incident geben, aber es werden Symptome beobachtet, die möglicherweise zu Incidents führen könnten. Auch in diesem Fall kann ein Problemeintrag erzeugt werden, um der Ursache auf den Grund zu gehen.

Prozessschritte

Zur späteren Auswertung werden Problemeinträge klassifiziert. Sie werden also genau wie Incidents einer Kategorie zugeordnet. Analog zum Incident Management wird auch hier eine Priorität zugewiesen. Diese legt fest, wie schnell an dem Problem gearbeitet werden muss.

Im Rahmen der Ursachenanalyse wird nun die Ursache identifiziert. Parallel dazu wird ein Workaround gesucht. Manchmal ist es wichtig, die Ursache bereits zu kennen, um einen Workaround zu finden, jedoch nicht immer. So kann z. B. ein Neustart eine Funktionalität wiederherstellen, auch ohne die Ursache zu kennen. Ein Workaround hat den Vorteil, dass Anwender bereits wieder arbeiten können, bevor eine endgültige Lösung implementiert wurde. Dabei kann es sein, dass ein Workaround beim Anwender zusätzliche Arbeit verursacht und nicht die im SLA versprochene Leistung des Service erbringt. Aber wichtige Funktionalitäten stehen dann wieder zur Verfügung, während die endgültige Lösung aufgrund von unzureichenden Ressourcen, nicht vorhandenen Fähigkeiten oder anderen Gründen noch auf sich warten lässt.

Sobald ein dokumentierter Workaround vorliegt oder auch nur eine temporäre Umgehungslösung, bekommt das Problem den Status Known Error (bekannter Fehler[3]). Die Ursache ist zu diesem Zeitpunkt noch nicht beseitigt. Durch die Anwendung des dokumentierten Workarounds können negative Auswirkungen auf die Services minimiert oder gar eliminiert werden, während weiter an der Ursachenanalyse und der nachhaltigen Beseitigung gearbeitet wird.

Nachdem eine Lösung gefunden wurde, die die Ursache des Problems beseitigt, kann diese umgesetzt werden. Im Anschluss an die erfolgreiche Implementierung der Lösung wird der Problemeintrag geschlossen. Müssen bei der Umsetzung der Lösung Änderungen an einem Configuration Item vorgenommen werden, wird die Lösung im Rahmen eines Change durch das Change Management implementiert. Die Aufgabe des Problem Management liegt dann darin, einen entsprechenden Änderungsantrag zu stellen.

Das Change Management ist nicht verpflichtet, den Änderungsantrag zu genehmigen. Eine Ablehnung könnte z.B. dadurch begründet werden, dass der Aufwand in einem Missverhältnis zum Nutzen steht. In solch einem Fall wird das Problem (mit dem Status Known Error) nicht beseitigt. Der Workaround wird zur Dauerlösung.

Es kann passieren, dass bei der Untersuchung des Problems, also während der Ursachenanalyse und der Suche nach einem Workaround, gleich eine dauerhafte Lösung gefunden wird. Sollten Implementierungsaufwand und -zeit der dauerhaften Lösung die des Workarounds nicht überschreiten, wird gleich die dauerhafte Lösung implementiert. In diesem Fall kann der Problemeintrag geschlossen werden, ohne dass je der Status Known Error dokumentiert wurde. Auf diese Weise soll in FitSM ein unnötiger Verwaltungsaufwand vermieden werden.

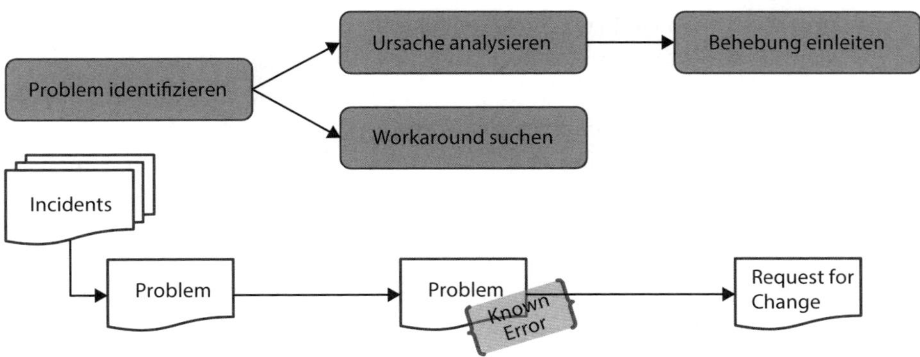

Abb. 7–4 *Ablauf des Problem Management anhand eines Beispiels*

Ein praktisches Beispiel zur Veranschaulichung

Im Incident Management wird durch einen oder mehrere Anwender gemeldet, dass eine Anwendung extrem lange benötigt, um bestimmte Transaktionen durchzuführen. Häufig endet dies in einem Abbruch. In den letzten Wochen ist

3. In FitSM muss die Ursache nicht zwingend bekannt sein, damit ein Problem den Status Known Error erhält. Es reicht, wenn lediglich ein Workaround besteht.

dies immer mal wieder aufgetreten. Es werden entsprechende Incidents erstellt. Diese bleiben offen, solange die Anwendung dieses Verhalten an den Tag legt. Im Rahmen des Problem Management wird ein Problemeintrag erzeugt und mit den zugehörigen Incidents verknüpft. Auf diese Weise ist ersichtlich, dass aktuell an dem Sachverhalt gearbeitet wird. Der Problemeintrag erhält eine Kategorie, die sehr wahrscheinlich mit der Kategorie der erfassten Incidents übereinstimmt. Über die Festlegung von Dringlichkeit und Auswirkung wird die Priorität bestimmt. Die Ursachenanalyse beginnt. Schnell zeigt sich, dass seit einem Update vor einem Monat die Protokoll-Dateien nicht mehr wie gewohnt täglich archiviert und geleert werden. Der Hersteller der Software hatte diese Funktion mit dem Update in ein zusätzlich zu installierendes Modul übertragen. Die Protokolldateien belegten immer mehr Platz auf der Festplatte, wodurch nicht mehr ausreichend Platz für temporäre Dateien der Anwendung war.

Als Workaround werden die Protokolldateien händisch archiviert und geleert. Nach einem Neustart reagiert die Anwendung wieder wie erwartet. Dieser Workaround wird dokumentiert, wodurch der Problemeintrag den Status Known Error erhält. Die Anwender können wieder arbeiten und die Incidents im Prozess Incident & Service Request Management können geschlossen werden.

Im Problem-Management-Prozess wird eine Lösung erarbeitet, die die Ursache nachhaltig beseitigt: das Installieren des Softwaremoduls zur Archivierung der Protokolldateien gemäß Anleitung des Herstellers.

Die Lösung wird als Änderungsantrag beim Change-Management-Prozess eingereicht. Dort wird sie beurteilt und genehmigt. Da das zu implementierende Softwaremodul die Datenbank reorganisiert und weitreichende Änderungen am Gesamtpaket vornimmt, wird die Implementierung an den Prozess Release & Deployment Management übergeben.

Nach Test und Installation des Softwaremoduls auf dem Zielsystem wird geprüft, ob die Umsetzung erfolgreich war (PIR). Nach erfolgreicher Prüfung kann der Problemeintrag geschlossen werden. Sollten an diese Stelle noch offene Incidents mit dem Problem verknüpft sein, können nun auch diese geschlossen werden. Im vorliegenden Beispiel konnten jedoch bereits alle Incidents mit dem Workaround geschlossen werden.

Eine Datenbank für bekannte Fehler (Known Error Database, KEDB)

Zur Verwaltung von Problemen und bekannten Fehlern dient die KEDB. Bei der Erfassung eines Problems wird in der KEDB ein Problemeintrag erzeugt und über den gesamten Lebenszyklus des Problems weiter gepflegt. Hier wird häufig das Ticketsystem aus dem Prozess Incident & Service Request Management auch für das Problem Management eingesetzt. Auf diese Weise können Incident-Tickets und Problem-Tickets einfach miteinander verknüpft werden. Eine Suche nach Problem-Tickets ergibt ein Ergebnis, das die KEDB repräsentiert.

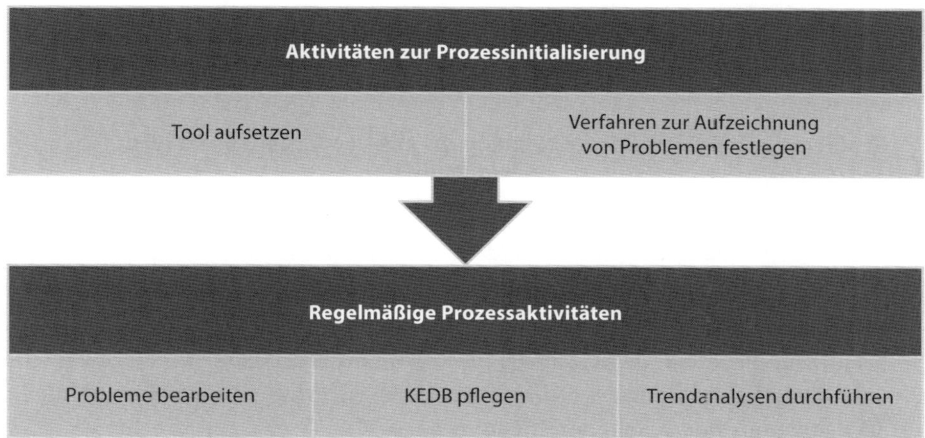

Abb. 7–5 *Aktivitäten im Prozess Problem Management*

7.2.2 Rollen im Prozess

Der **Prozessverantwortliche** (**Process Owner**) trägt die Gesamtverantwortung für den Prozess und muss insbesondere die Schnittstellen zu den Prozessen Incident & Service Request Management definieren. Der **Prozessmanager** übernimmt folgende Aufgaben:

- Aufsetzen eines Tools zur Prozessunterstützung
- Sicherstellen, dass Trends bei Incidents regelmäßig analysiert werden, um Probleme zu identifizieren
- Sicherstellen, dass identifizierte Probleme in ausreichender Qualität aufgezeichnet werden
- Sicherstellen, dass Probleme analysiert, Informationen über bekannte Fehler aufgezeichnet und Probleme zum Abschluss gebracht werden

Jedem Problem wird ein **Problemverantwortlicher** (**Problem Owner**) zugeordnet, der bei dem spezifischen Problem folgende Aufgaben übernimmt:

- Die Koordination und Verantwortung für alle Aktivitäten im Lebenszyklus
- Fortschrittsüberwachung und Sicherstellung, dass bei Bedarf eine Eskalation erfolgt
- Sicherstellen, dass die Informationen des spezifischen Problems, einschließlich der Beschreibung potenzieller Workarounds aktuell dokumentiert sind
- Kommunikation des Problems/bekannten Fehlers und potenzieller Workarounds an die relevanten Beteiligten (z.B. Servicedesk und Anwender)
- Abhängig von den gewählten Lösungsoptionen einen Änderungsantrag oder den Prozess Continual Service Improvement anstößt

7.2.3 Anforderungen

Für das Problem Management werden folgende Anforderungen formuliert:

- **PR10.1**
  Probleme müssen mittels Trendanalysen auf der Basis von Incidents identifiziert und registriert werden.
- **PR10.2**
  Probleme müssen untersucht werden, um Maßnahmen zu ihrer Beseitigung oder zur Reduzierung ihrer Auswirkungen auf Services zu identifizieren.
- **PR10.3**
  Wenn ein Problem nicht dauerhaft beseitigt wird, muss das Problem als bekannter Fehler erfasst werden, zusammen mit Maßnahmen wie effektiven Workarounds oder Umgehungslösungen.
- **PR10.4**
  Aktuelle Informationen über bekannte Fehler und effektive Workarounds müssen gepflegt werden.

PR10.1 – Identifikation von Problemen

Eine Hauptaufgabe des Problem Management ist die Untersuchung der bestehenden Incidents. Dieses muss strukturiert erfolgen, d.h. regelmäßig und gleichartig im Vorgehen. Es ist also wichtig, die Notwendigkeit einer nachhaltigen Störungsanalyse und -beseitigung in ein methodisches Vorgehen zu überführen.

In FitSM-6 werden die Fähigkeitsgrade folgendermaßen beschrieben:

Fähigkeitsgrad	Beschreibung
1	Ob ein Problem erkannt und dieses registriert wird, hängt von den einzelnen beteiligten Personen ab. Ein signifikanter Aufwand führt manchmal zu einer Lösung des Problems, es wird als solches formal jedoch nicht erkannt oder registriert.
2	Es gibt ein gemeinsames Verständnis darüber, wann und wie Probleme identifiziert und registriert werden sollten. Incident-Tickets werden routinemäßig untersucht, um nicht identifizierte Probleme mit signifikanter Auswirkung zu erkennen.
3	Es gibt einen definierten und dokumentierten Ansatz für die Identifikation und Aufzeichnungen von Problemen. Dies schließt die Vorsorge dafür mit ein, wann und von wem Incidents auf einer regelmäßigen Basis in Bezug auf Probleme untersucht werden sollten.

PR10.2 – Behandlung von Problemen

Die dokumentierten Probleme müssen auf Basis einer genauen Untersuchung durch geeignete Maßnahmen beseitigt werden, wenn die Ursache bekannt ist. Dazu sind organisatorische Regelungen zu treffen, die sicherstellen, dass eine zielorientierte Behandlung erfolgt. Ein Ergebnis sollte auch sein, die Auswirkungen auf Services zu identifizieren und zu reduzieren, sofern sich die Behebung des Problems nicht sofort durchführen lässt.

Die Fähigkeitsgrade sehen wie folgt aus:

Fähigkeitsgrad	Beschreibung
1	Wenn ein Problem identifiziert wurde, wird es nur auf einer individuellen Basis untersucht, abhängig von der Person oder Gruppe, die sich dafür verantwortlich fühlt.
2	Wenn ein Problem identifiziert wurde, gibt es weitere Untersuchungen, die einem gut etablierten Ablauf von Aktionen unterliegen. Trotzdem ist dieser Ansatz und sind die beteiligten Rollen nur teilweise definiert und dokumentiert.
3	Es ist ein formaler Ansatz für die Identifikation und Untersuchung von Problemen etabliert. Rollen und Verantwortlichkeiten sind dokumentiert. Dieser Ansatz deckt alle notwendigen Aktivitäten ab, um ein Problem definitiv zu lösen oder dessen Auswirkungen zu minimieren. Dazu gehört sowohl die Identifizierung von Problemlösungen und die Lieferung von Workarounds als auch ein Ansatz, dafür eine Kosten-Nutzen-Betrachtung durchzuführen.

PR10.3 – Erfassung von bekannten Fehlern

Sofern ein Problem nicht gleich dauerhaft beseitigt werden kann, muss ein Workaround gesucht und dokumentiert werden. Der Problemeintrag erhält den Status Known Error. Die Dokumentation ist für das Incident & Service Request Management eine wichtige Quelle bei der Störungsbeseitigung und verkürzt dort häufig die Zeit zur Lösung eines Incidents.

In FitSM-6 sind dazu folgende Fähigkeitsgrade beschrieben:

Fähigkeitsgrad	Beschreibung
1	Welche Aktivitäten nach einer Ursachenanalyse (Root Cause Analysis) eines identifizierten Problems durchzuführen sind, variiert stark und ist abhängig von den involvierten Personen.
2	Es gibt ein gemeinsames, aber nicht dokumentiertes Verständnis darüber, dass, wenn eine sofortige Problemlösung nach einer Ursachenanalyse nicht praktikabel erscheint, dennoch Anstrengungen unternommen werden, die Auswirkungen über Umgehungslösungen zu reduzieren.
3	Die Identifikation von Aktionen, um Probleme zu beseitigen oder deren Auswirkungen (nach einer Ursachenanalyse) zu minimieren, wurde auf Basis eines etablierten und dokumentierten Ansatzes eingeführt. Falls ein Problem nicht gelöst werden kann oder die Lösung nicht effizient ist, wird das Problem als Known Error (bekannter Fehler) klassifiziert und ein wirksamer Workaround wird in der Known Error Database (KEDB) dokumentiert, wobei ein einheitliches Format für die Beschreibung angewendet wird.

PR10.4 – Dokumentation von bekannten Fehlern

Die behandelten Probleme müssen in einem entsprechenden System dokumentiert werden, damit eine einfache Suche und das schnelle Auffinden der Beschreibung der Umgehungslösung sichergestellt ist. Diese KEDB sollte dabei als wichtiges Arbeitsmittel (eine Datenbank) verstanden werden, in der nicht nur die eigenen Known Errors dokumentiert werden sollten, sondern auch die von Lieferanten gemeldeten.

Folgende Fähigkeitsgrade werden in FitSM-6 unterschieden:

Fähigkeitsgrad	Beschreibung
1	Informationen über bekannte Fehler und deren Umgehungslösungen werden in verschiedenen, variierenden Systemen und Formaten gepflegt. Das im Prozess Incident & Service Request Management involvierte Personal ist manchmal nicht darüber informiert, wenn es Updates dieser Informationen gibt, und hat nicht immer Zugriff auf diese Informationen. Die Verantwortlichkeit für die Pflege der Informationen und deren Bereitstellung ist nicht eindeutig geklärt.
2	Informationen über bekannte Fehler und deren Umgehungslösungen werden üblicherweise aktuell gehalten, jedoch wird dies nicht allgemein als Verantwortlichkeit des Problem Management wahrgenommen. Aktualisierte Informationen werden nur den im Incident & Service Request Management beteiligten Personen über bekannte, aber nicht dokumentierte Kanäle bekannt gemacht.
3	Es gibt einen definierten und eingeführten Ansatz – inklusive Richtlinien und Prozeduren –, wie die Informationen über bekannte Fehler und deren Umgehungslösungen gepflegt und allen Beteiligten im Prozess Incident & Service Request Management bekannt gemacht werden.

7.2.4 Beispielfirma Bikes & more

Die Rollenverteilung

Als **Prozessverantwortlicher** legt der IT-Leiter fest, dass das Problem Management sich zunächst insbesondere um die nachhaltige Stabilisierung der Infrastruktur aller Services kümmert, die die Produktion und die Onlineplattform für Kunden von Bikes & more unterstützen. Mit diesem Ziel geht der stellvertretende IT-Leiter als **Prozessmanager** in die operative Umsetzung.

In der IT-Abteilung von Bikes & more hat jeder Mitarbeiter seine fachlichen Kernkompetenzen. Gemäß diesen Schwerpunkten übernimmt er die Aufgabe, diesen Teil der IT-Infrastruktur nachhaltig zu stabilisieren. Damit können auftretende Incidents zielgerichtet und konzentriert minimiert werden. Er führt somit für seinen Bereich die entsprechenden Aktivitäten im Problem Management aus. Für auftretende Probleme wird er der Problemverantwortliche.

Regelmäßige Analyse der Incidents

Jeder IT-Mitarbeiter bei Bikes & more analysiert einmal pro Monat die im Incident Management aufgetretenen Störungen seines Bereiches.[4] Der Arbeitsaufwand hierbei ist minimal, da das Ticketsystem automatisch einen Bericht aller Incidents der entsprechenden Kategorie erstellt. Der IT-Mitarbeiter analysiert seine Kategorie, stellt fest, ob sich bestimmte Incidents häufen, und berichtet darüber in einem regelmäßigen Meeting. Dieses findet einmal im Monat statt und soll sicherstellen, dass sich die IT-Mitarbeiter mit diesem Prozess beschäftigen und sich über das jeweils gewählte Vorgehen und die Ergebnisse austauschen.

Der Prozessablauf

Probleme werden über das Incident Management initiiert. Wird bei der regelmäßigen Analyse der Incidents eine stetige Zunahme oder eine ungewöhnliche Häufung festgestellt, hat dies die Erzeugung eines Problem-Tickets zur Folge. Das Problem-Ticket wird einem Problemverantwortlichen zugewiesen. Wird bei der Ursachenanalyse eine sinnvolle Lösung identifiziert, die gleich implementiert werden kann, so wird diese umgesetzt und das Problem geschlossen. Ist zur Lösung des Problems eine Änderung an einem Configuration Item notwendig, so muss diese als Change über den Change-Management-Prozess umgesetzt werden. Falls die Ursache nicht direkt beseitigt werden kann oder soll, wird ein Workaround erarbeitet und dokumentiert. Das Problem-Ticket erhält im Ticketsystem automatisch den Status »bekannter Fehler«. Der Servicedesk sieht diesen Workaround und kann ihn bei Bedarf einem Anwender mitteilen, damit dieser wieder arbeiten kann. Das dokumentierte Problem erhält dann vom Servicedesk durch einen Klick eine positive Bewertung, damit es in der Übersicht weiter oben auftaucht und die Mitarbeiter des Problem Management ein Feedback zu ihrer Arbeit bekommen. Ein Incident-Ticket kann dann geschlossen werden. Nach der Implementierung einer dauerhaften Lösung kann auch das Problem-Ticket geschlossen werden.

4. Im Rahmen des Incident Management setzen sich die IT-Mitarbeiter täglich mit auftretenden Incidents und deren Behebung auseinander. Die hier beschriebene monatliche Tätigkeit betrifft nur die Analyse der Incidents im Rahmen des Prozesses Problem Management, um Trends zu erkennen.

8 Berichten und Verbessern

Abb. 8–1 *FitSM-Prozess »Berichten und Verbessern«*

Für Kunden bzw. Anwender ist es wichtig zu wissen, ob die vereinbarte Leistung auch erbracht wurde, insbesondere in der definierten Qualität (Serviceziele). Die Nutzer der Services und weitere Verantwortliche haben meist nur eine subjektive Einschätzung dazu. Dies sollte durch ein effektives, effizientes und an die Serviceziele gekoppeltes Berichtswesen auf eine belastbare, sachliche Grundlage gestellt werden. Dazu ist das Reporting nicht allein auf die technischen Komponenten und die IT-Infrastruktur zu beziehen. Es muss ermittelt werden, ob die Leistung (der Service) auch bei den entsprechenden Nutzern ankommt.

Service-Provider haben dabei zudem die Chance, ihre Leistung darzustellen und die Qualität ihrer Arbeit zu dokumentieren. Häufig werden in der Bewertung der Arbeit der IT Ausfälle und negative Erfahrungen in den Vordergrund gestellt. Dem kann mit einem abgestimmten Berichtswesen entgegengewirkt werden. Neben dem Reporting über die Qualität der Leistungserbringung ist ein Vorgehen notwendig, die eigenen Prozesse und Ergebnisse kontinuierlich zu verbessern. Dies kann sich in einer höheren Qualität oder aber auch in einem geringeren Aufwand bei der Leistungserbringung niederschlagen.

Um die Aufgaben des Berichtswesens und der kontinuierlichen Verbesserung derartig abzubilden, beschreibt FitSM zwei Prozesse:

- **PR3**
  Service Reporting Management (SRM)
- **PR14**
  Continual Service Improvement Management (CSI)

8.1 PR3 – Service Reporting Management

Das Service Reporting Management definiert Inhalt und Aufbau von Serviceberichten und sorgt für deren regelmäßige Erstellung. Es ist also ein Prozess, der allen anderen Prozessen und den Rolleninhabern hilft, adäquate Berichte zu erstellen und zu liefern. Ebenso wie die Störungsbearbeitung oder die Kapazitätsplanung durch eine Prozessdarstellung, die Etablierung von Rollen und Umsetzung von Anforderungen professioneller gestaltet werden, steht das Reporting und damit die Kommunikation über die eigenen Leistungen im Fokus der Professionalisierung.

8.1.1 Prozessbeschreibung

In den SLAs wurden mit Kunden Serviceziele definiert. Um festzustellen, ob diese Ziele erreicht wurden, müssen die entsprechenden Komponenten regelmäßig einer Messung unterzogen werden. Hierbei kann es sich beispielsweise um Antwortzeiten einer Anwendung, um deren Verfügbarkeit oder auch um die Geschwindigkeit der Störungsbeseitigung handeln. Die Messergebnisse werden mit den vereinbarten Zielen verglichen und in einem Servicebericht zielgruppengerecht zusammengefasst. Über den Zielerreichungsgrad hinaus können jedoch auch noch andere Aspekte in der Berichterstattung eine Rolle spielen. Die Anzahl durchgeführter Changes zeigen die Anstrengungen auf, die ein Service-Provider unternimmt, um die Servicekomponenten stetig aktuell zu halten. Bei einem Onlineshop könnte ein Bericht über das Anwenderverhalten interessant sein. Ein Servicebericht für den Kunden enthält also typischerweise die im SLA vereinbarten Parameter.

Ein Servicebericht für die interne Verwendung kann daneben auch Aspekte aus den OLAs enthalten. Auf diese Weise ist es möglich, zu prüfen, inwieweit beispielsweise die Verfügbarkeit von Datenbankservern den erwarteten (vereinbarten) Vorgaben entspricht. Zur Kontrolle der Vereinbarungen mit externen Lieferanten können Messkriterien aus den UAs entnommen werden, z. B. die Bandbreitenauslastung. In diesem Falle können die Werte für die Berichterstattung selbst ermittelt oder durch den externen Dienstleister kommuniziert sein.

Serviceberichte dienen in der Regel zur Erfassung eines Sachverhaltes, um Entscheidungen daraus abzuleiten. Daher ist eine zielgruppengerechte Aufbereitung der Berichte wichtig. Ein Bericht für das Management ist meist komprimiert und auf wichtige Eckwerte beschränkt, während ein Bericht für ein operativ tätiges Team tendenziell mehr Detailwerte aufweist. Je nach Zielgruppe können auch Beschreibungen von Maßnahmen sinnvoll sein, die eingeleitet wurden, noch in Arbeit sind oder schon erfolgreich abgeschlossen wurden.

Zudem kann es hilfreich sein, die Berichte zu standardisieren und zu automatisieren. Dies erleichtert die Erstellung und erhöht den Wiedererkennungswert für alle Zielgruppen. Ein verlässlicher, standardisierter Aufbau ermöglicht es z.B. Kunden, Management oder Administratoren, schnell die für sich selbst relevanten Daten zu finden.

Abb. 8–2 *Aktivitäten im Prozess Service Reporting Management*

8.1.2 Rollen im Prozess

Auch in diesem Prozess liegt die Verantwortung für Zieldefinition, Dokumentation und Ressourcenbereitstellung beim **Prozessverantwortlichen**. Dieser sollte unter anderem festlegen, wie die Anforderungen an die Berichterstattung aus den Dokumenten SLA, OLA und UA des Prozesses Service Level Management an das Service Reporting Management kommuniziert werden.

Die operativen Aufgaben des **Prozessmanagers** umfassen insbesondere folgende:

- Eine Liste der Serviceberichte erstellen und aktuell halten
- Die Spezifikationen der Serviceberichte regelmäßig prüfen
- Die regelmäßige Berichterstattung gemäß den Vorgaben überwachen

Für jeden **Servicebericht** gibt es einen **Verantwortlichen (Owner)**, der Folgendes sicherstellt:

- Pflege der Vorgaben für den jeweiligen Servicebericht
- Erstellung und zur Zurverfügungstellung des Serviceberichts gemäß den Vorgaben
- Die zur Berichterstellung benötigten Daten müssen rechtzeitig zur Verfügung stehen.
- Beachtung neuer oder veränderter Anforderungen für die Vorgaben des Serviceberichts

8.1.3 Anforderungen

Für das Service Reporting Management werden drei Anforderungen in FitSM beschrieben:

- **PR3.1**
  Serviceberichte müssen spezifiziert und mit ihren Empfängern abgestimmt werden.
- **PR3.2**
  Die Spezifikation eines jeden Serviceberichts muss eine eindeutige Bezeichnung des Berichts, seinen Zweck, seinen Empfängerkreis, seine Frequenz, seine Inhalte, sein Format sowie die Methode der Bereitstellung des Berichts umfassen.
- **PR3.3**
  Serviceberichte müssen gemäß den Spezifikationen erstellt werden. Das Serviceberichtswesen muss Leistung im Vergleich zu vereinbarten Zielen, Informationen über signifikante Ereignisse und ermittelte Fälle von Nichtkonformität darstellen.

PR3.1 – Spezifikation der Serviceberichte

Häufig liefern Systeme, IT-Infrastrukturkomponenten oder genutzte Applikationen eine ganze Reihe von Berichten im Standard mit. Um diese Vielfalt in geordnete Bahnen zu lenken und die Erwartungen der Berichtsempfänger zu erfüllen, müssen Serviceberichte spezifiziert und mit ihren Empfängern abgestimmt werden. Die Aufgabe ist also, nicht über die Masse an Berichten und Kennzahlen die eigene Leistung darzustellen, sondern ein zielgerichtetes Reporting aufzubauen und zu standardisieren. Dieses muss die Ableitung von Maßnahmen unterstützen sowie kurz und knapp die Leser der Berichte in die Lage versetzen, eine Beurteilung der Servicequalität vornehmen zu können.

FitSM-6 fasst das in folgende Fähigkeitsgrade:

Fähigkeitsgrad	Beschreibung
1	Ein allgemeines Bewusstsein zu den Anforderungen (Empfänger, Inhalte, Intervalle) an ein Service Reporting besteht. Die meisten Berichte sind jedoch nicht entsprechend spezifiziert.
2	Die meisten Berichte sind spezifiziert und mit den Empfängern (auch Kunden) abgestimmt, jedoch eher auf informellem Weg. Die Verantwortlichkeit für die Erstellung ist nicht eindeutig dokumentiert.
3	Alle Berichte sind eindeutig spezifiziert und mit den Empfängern (auch Kunden) abgestimmt. Sie werden auf der Basis einer dokumentierten Verantwortung erstellt und verteilt.

PR3.2 – Inhalte der Servicespezifikationen

Um die Serviceberichte an den Erwartungen der Empfänger adäquat ausrichten zu können, müssen wichtige Elemente im Vorfeld der Erstellung allgemeingültig festgelegt werden. Dazu gehören eine eindeutige Bezeichnung des Berichts (laufende Nummerierung bzw. knapper, aussagekräftiger Name), sein Zweck (Warum wird dieser Bericht erstellt, welche Frage soll er beantworten?), sein Empfängerkreis (Management, Business, IT-intern etc.), seine Frequenz (z.B. wöchentlich, monatlich), seine Inhalte (betroffene Services, Komponenten oder Anwender), sein Format (Dashboard, Papier, beinhaltete Grafiken, Ergänzung in Textform etc.) sowie die Methode der Bereitstellung des Berichts (z.B. Versendung per E-Mail, Bereitstellung in einem Portal, Übergabe mit persönlicher Erläuterung).

Die Fähigkeitsgrade sehen wie folgt aus:

Fähigkeitsgrad	Beschreibung
1	Soweit Spezifikationen für Serviceberichte existieren, sind diese nicht konsistent und folgen keinem einheitlichen Ansatz wie beispielsweise einer definierten Vorlage für Spezifikationen.
2	Es existieren einige informelle Ansätze, wie Berichte spezifiziert sein sollten. Allgemeine Informationen wie Beschreibung, Ziel, Inhalte, Empfänger, Frequenz und Art der Verteilung sind teilweise vorhanden. Sie sind jedoch nicht eindeutig und strukturiert dokumentiert. Die Berichte werden zwar erstellt und verteilt, die Verantwortung ist jedoch nicht eindeutig geregelt.
3	Berichte sind systematisch spezifiziert und betrachten Zielsetzung, Zweck, Empfänger, Inhalt und die Methode der Verteilung für jeden Bericht. Jeder Bericht hat auch einen eindeutig benannten Verantwortlichen.

PR3.3 – Erstellung der Serviceberichte

Auf der Basis der beschriebenen Spezifikationen müssen die Serviceberichte erstellt und den Empfängern zugänglich gemacht werden. Dazu muss die Leistung im Vergleich zu vereinbarten Zielen aus den Vereinbarungen SLA, OLA und UA dargestellt werden. Weiterhin müssen Informationen über wichtige Ereignisse (beispielsweise Security- oder Major Incidents, weitreichende oder misslungene Changes) und ermittelte Fälle von Nichtkonformität (Prozessabweichungen) betrachtet werden.

In FitSM-6 sind dazu folgende Fähigkeitsgrade beschrieben:

Fähigkeitsgrad	Beschreibung
1	Kunden erhalten einige Berichte auf Anfrage, andere werden unregelmäßig oder unspezifiziert erstellt und verteilt. Die Berichte betrachten nicht alle notwendigen Informationen wie den Vergleich der Leistung gegen vereinbarte Ziele, Ereignisse, Arbeitslast und Nichtkonformitäten).
2	Berichte werden regelmäßig erstellt und verteilt. Einige SLA-Ziele werden betrachtet, ebenso wie die meisten Großstörungen und Nichtkonformitäten. Das Format der Berichte ist nicht einheitlich und weicht insbesondere zwischen Berichten für unterschiedliche Services oder Gruppen von Services ab.
3	Berichte werden regelmäßig und in einem einheitlichen Format erstellt und verteilt. Die Berichte enthalten Informationen zu allen vereinbarten Servicezielen, zu allen bedeutenden Ereignissen, zur Arbeitslast und erkannten Nichtkonformitäten.

8.1.4 Beispielfirma Bikes & more

Die Rollenverteilung

Die Erstellung aussagefähiger Berichte und die Ermittlung dafür notwendiger Daten kann sehr aufwendig werden. Daher hat der IT-Leiter in seiner Rolle als **Prozessverantwortlicher** Folgendes beschlossen: Bei jedem Bericht ist die Wirtschaftlichkeit zu prüfen. Es sollen nur solche Berichte generiert werden, die auch tatsächlich eine wichtige Grundlage für Entscheidungen bilden oder vom Kunden unbedingt gewünscht werden. Als **Prozessmanager** legt der stellvertretende IT-Leiter die Vorgehensweise der Berichterstellung fest.

Die Rolle des Verantwortlichen für einen Servicebericht wird von dem jeweiligen Serviceverantwortlichen übernommen. Bei den meisten Services handelt es sich hierbei um die Betreuer der Business-Anwendungen.

Ermittlung des Ist-Zustandes

Bisher wurden von den Kunden der IT-Abteilung keine Serviceberichte gefordert. Daher hat man bisher auch wenige erstellt. Einzig bei der Onlineplattform für Kunden von Bikes & more wurden Besucherdaten für den Vertrieb ausgewertet und einzelne Betreuer der Server und Applikationen haben die Standardauswertungen unregelmäßig angeschaut.

Zukünftige Berichtserstellung

Um den Aufwand möglichst gering zu halten, trotzdem jedoch aussagefähige Berichte zu bekommen, wird im ersten Schritt ein Standardbericht definiert. Dieser Standardbericht soll bei jedem Review eines SLA dazu dienen, die tatsächlich erbrachte Leistung aufzuzeigen. Bei einzelnen Services kann dann der Standardbericht bei Bedarf um einen weiteren servicespezifischen Bericht ergänzt werden. Auf diese Weise wird speziellen Kundenanforderungen im Einzelfall Rechnung getragen. Der Wunsch eines solchen Berichts soll dann mit den gewünschten Inhalten im SLA fixiert werden.

Aufbau und Frequenz der Serviceberichte

Für die Serviceberichte wird eine Dokumentvorlage erstellt. Folgende Aspekte werden Bestandteil eines jeden Berichts:

- **Zuordnung**
  Jeder Bericht erhält einen eindeutigen Namen, der sich aus dem betroffenen Service oder Prozess, einer laufenden Nummer und einem Kurztext zusammensetzt.
- **Empfängerkreis**
  Jeder Bericht wird einem Verantwortlichen der Fachabteilungen und der IT-Leitung zur Verfügung gestellt.
- **Zielsetzung des Berichts**
  In der Regel dienen die Berichte der Beurteilung des Service. Im Rahmen des Onlinevertriebs nutzt der Vertrieb den Bericht zur Nachverfolgung des Benutzerverhaltens.
- **Verantwortlicher**
  Name der für die Berichtserstellung verantwortliche Person

Ein Grundbestandteil des Standardberichts stellt die Verfügbarkeit des Service dar. Ob die häufig verwendete Angabe der Verfügbarkeit in Prozent pro Jahr dem Service gerecht wird, soll im Einzelfall geprüft werden. Darüber hinaus enthält jeder Bericht Informationen über Incidents, Probleme und Changes des jeweiligen Service, die ohne großen Aufwand per Abfrage aus dem Tickettool entnommen werden können.

Bei den SLA-Review-Meetings werden auch die Serviceberichte präsentiert. Dabei soll mit den Kunden evaluiert werden, inwieweit die vorhandenen Informationen relevant sind oder ob weitere Informationen hinzugefügt werden sollten.

8.2 PR14 – Continual Service Improvement Management

Der Prozess Continual Service Improvement hat die Aufgabe, Verbesserungsmöglichkeiten zu erkennen, diese zu priorisieren, eine Umsetzung zu planen und dann auch die Durchführung zu begleiten. Er ist damit die operative Verlängerung des Service-Management-Systems, liefert wertvolle Unterstützung für das Topmanagement (siehe Kap. 3) und sichert die kontinuierliche Verbesserung im Rahmen des SMS.

8.2.1 Prozessbeschreibung

Im Rahmen der Prozessaktivitäten wird einerseits das Service-Management-System betrachtet, d.h. die Umsetzung der Vorgaben aus dem Topmanagement in die ITSM-Prozesse. Andererseits stehen bei der kontinuierlichen Verbesserung die Services im Fokus, also die vom Service-Provider erbrachten Leistungen.

Mit Blick auf das Service-Management-System stehen die grundsätzliche Organisation sowie die einzelnen Prozesse und deren Aktivitäten im Vordergrund. Lenkt man den Fokus auf die Services, konzentriert man sich auf die einzelnen Services und deren Servicekomponenten. Da eine sehr enge Abhängigkeit zwischen Service- und Prozessqualität besteht, können beide Bereiche nicht komplett getrennt voneinander betrachtet werden.

Bei der Verbesserung des Service-Management-Systems wird das Niveau an Konformität, Effektivität oder Effizienz optimiert.

Im Rahmen einer **Konformitätsprüfung** wird untersucht, inwieweit das Service-Management-System die allgemeinen Anforderungen und die einzelnen Prozesse die prozessspezifischen Anforderungen aus FitSM-1 umsetzen. Hat eine Organisation im Service-Management-System weiter gehende Anforderungen an die Prozesse definiert, kann im Rahmen einer Konformitätsprüfung auch die Einhaltung dieser organisationsspezifischen Anforderungen geprüft werden. Auch eine Prüfung der Einhaltung externer Vorgaben, wie z.B. Anforderungen von Kunden oder aus Gesetzen, ist denkbar. In der Praxis spricht man auch von Compliance in Bezug auf die Einhaltung von solchen Vorgaben. Wird eine Abweichung festgestellt, bezeichnet man dies als Nichtkonformität (Nonconformity, Noncompliance).

Eine Prüfung der **Effektivität** ermittelt den Zielerreichungsgrad und untersucht, ob die durchgeführten Aktivitäten dazu geeignet sind, die gesteckten Ziele zu erreichen. Man spricht auch von der Wirksamkeit der Aktivitäten. Im Rahmen einer Effektivitätsprüfung des Problem Management können beispielsweise folgende Fragen gestellt werden:

1. Sind die einzelnen Aktivitäten zur Vermeidung wiederkehrender Incidents tatsächlich in der Lage, diese zu vermeiden?
2. Lässt sich seit Einführung dieser Aktivitäten eine Reduzierung der Incidents messen bzw. nachweisen?

Während eine Konformitätsprüfung also die Einhaltung von Vorgaben prüft, zeigt eine Prüfung der Effektivität auf, inwieweit diese Vorgaben geeignet sind, die Ziele zu erreichen.

Bei der **Effizienz** wird die Wirtschaftlichkeit betrachtet. Aufwand und Nutzen der durchgeführten Aktivitäten sollten in einem sinnvollen Verhältnis zueinander stehen. Es ist wichtig, Effektivität, also die Wirksamkeit von Aktivitäten, zu betrachten und gleichzeitig die Effizienz, also die Wirtschaftlichkeit, zu bewerten. So könnte zur Vermeidung wiederkehrender Incidents das Problem Management personell massiv aufgestockt werden. Aber ist dies auch effizient?

Die Verbesserung von Services optimiert die Qualität oder die Leistung eines gesamten Service oder auch nur einer einzelnen Servicekomponente. Die Qualitäts- und Leistungsziele werden in der Regel aus den Anforderungen der Kunden abgeleitet. Analog zu den Prozessen werden auch hier Effektivität und Effizienz überprüft.

Vor Beginn einer Verbesserung müssen die angestrebten Ziele identifiziert werden. Hierzu ist es sinnvoll, sich die Frage zu stellen, welche Faktoren kritisch für den Erfolg eines Prozesses oder eines Service sind. Zu diesen kritischen Erfolgsfaktoren gehören im Falle eines Service unter anderem die mit einem Kunden im SLA vereinbarten Ziele. Anschließend stellt sich die Frage, wie die Zielerreichung sinnvoll gemessen werden kann. Dazu werden Leistungsindikatoren (Key Performance Indicator, KPI) abgeleitet, die auch klar definieren, wie ein bestimmter Sachverhalt gemessen wird. Ein solcher kritischer Erfolgsfaktor des Change Management könnte die Stabilität der Infrastruktur darstellen, indem durchgeführte Changes ihren geplanten Nutzen erbringen und keine Störungen nach sich ziehen. Als Leistungsindikator könnte das Verhältnis zwischen nicht erfolgreichen Changes und der Gesamtzahl aller Changes dienen.

Identifiziertes Verbesserungspotenzial sollte erfasst und priorisiert werden. Es bietet sich an, einfache Änderungen mit hohem Nutzwert bei der Umsetzung zu bevorzugen (Quick Wins). Bei aufwendigen Veränderungen müssen nicht nur Nutzen und Aufwand, sondern auch die erwartete Belastung der Organisation genauer betrachtet werden. Erst nach positiver Bewertung wird ein Zeitplan erstellt und das Continual Service Improvement Management erteilt die Freigabe.

Ist zur Verbesserung eine Änderung an einem Configuration Item nötig, generiert das Continual Service Improvement Management einen Änderungsantrag (Request for Change) beim Change-Management-Prozess.

Im Rahmen der kontinuierlichen Verbesserung muss festgelegt werden, welche Objekte in welchen zeitlichen Abständen einer Prüfung unterzogen werden sollen und welche Aspekte geprüft werden.

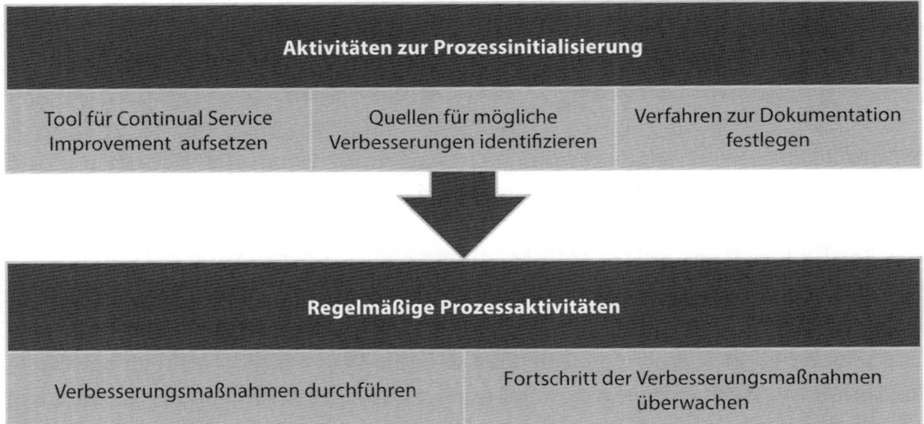

Abb. 8–3 *Aktivitäten im Prozess Continual Service Improvement*

8.2.2 Rollen im Prozess

Der **Prozessverantwortliche (Process Owner)** trägt die Gesamtverantwortung und stellt die nötigen Ressourcen bereit, während der **Prozessmanager** die operativen Aufgaben des Prozesses umsetzt. Dazu gehört insbesondere, regelmäßig den Status und Fortschritt der laufenden Verbesserungen zu prüfen. Durch die Beziehung des Prozesses zum Topmanagement und den daraus resultierenden Anforderungen treten eventuell Überschneidungen in der operativen Arbeit auf. Daher ist es sinnvoll, zu überlegen, ob das Topmanagement mindestens eine dieser beiden Rollen übernimmt.

Für jede identifizierte Verbesserung gibt es einen **Verbesserungsverantwortlichen (Improvement Owner)**, der die Aktivitäten zur Umsetzung einer Verbesserung koordiniert. Diese Aktivitäten können eher technischer Natur sein oder prozessuale Themen betreffen. Abhängig vom Umfang kann die Verbesserung eher aus kleineren Changes bestehen oder einen Projektcharakter haben, wenn sie langfristiger und umfangreicher ist.

8.2.3 Anforderungen

Für den Prozess der kontinuierlichen Verbesserung werden lediglich zwei konkrete Anforderungen formuliert:

- **PR14.1**
  Verbesserungspotenziale müssen auf konsistente Art und Weise identifiziert und erfasst werden.
- **PR14.2**
  Verbesserungspotenziale müssen auf konsistente Art und Weise bewertet und genehmigt werden.

Zusätzlich sind natürlich zahlreiche allgemeine Anforderungen beispielsweise aus dem PDCA-Zyklus auch mit der kontinuierliche Verbesserung betraut (siehe Kap. 3).

PR14.1 – Identifikation und Erfassung von Verbesserungspotenzialen

Diese Anforderung adressiert die organisatorische Verankerung zur Identifikation von Verbesserungspotenzialen. Es muss bei allen ITSM-Prozessbeteiligten das Bewusstsein geschaffen werden, erkannte Schwachstellen als Potenzial zu melden und dafür eine Regelung festzulegen.

Die Fähigkeitsgrade sind wie folgt beschrieben:

Fähigkeitsgrad	Beschreibung
1	Möglichkeiten zur Verbesserung werden weitgehend durch einzelne Mitarbeiter eher zufällig erkannt. Sie werden, wenn überhaupt, dann planlos erfasst.
2	Es existiert ein allgemeiner Ansatz, um Verbesserungsmöglichkeiten zu erkennen und zu erfassen. Die Verbesserungsmöglichkeiten werden jedoch nicht systematisch identifiziert und auch nicht alle erfasst. Verantwortlichkeit ist nicht dokumentiert.
3	Die Identifikation und Aufzeichnung von Verbesserungsmöglichkeiten folgt einem eindeutig definierten Ansatz, der laufend durchgeführt wird. Die Umsetzung der Verbesserungen mag noch nicht perfekt sein, Verantwortlichkeiten sind aber dokumentiert und werden befolgt.

PR14.2 – Bewertung und Genehmigung von Verbesserungspotenzialen

Die Akzeptanz einer kontinuierlichen Verbesserung basiert zum großen Teil darauf, dass die eingereichten Vorschläge transparent und zielstrebig behandelt werden. Jede Idee eines Mitarbeiters ist zu bewerten und auf Basis einer gewissenhaften Prüfung zu genehmigen bzw. nicht zu genehmigen.

In FitSM-6 werden dazu folgende Fähigkeitsgrade beschrieben:

Fähigkeitsgrad	Beschreibung
1	Wenn Verbesserungsmöglichkeiten auftauchen, ist eine Person oder eine Personengruppe dafür verantwortlich, zu entscheiden, wie weiter vorgegangen wird. Entscheidungen basieren eher auf den Meinungen oder dem Wissen der Entscheider als auf einem definierten Satz an Kriterien.
2	Es besteht ein prinzipiell anerkannter Ansatz zur Bewertung und Freigabe von Verbesserungsmöglichkeiten. Dieser basiert auf festgelegten Kriterien und wird weitgehend eingehalten, auch wenn nicht alle Rollen und Verantwortlichkeiten definiert sind. Auch werden Entscheidungen und Ergebnisse nicht immer aufgezeichnet.
3	Es existiert ein grundsätzlich akzeptierter Ansatz zur Bewertung und Freigabe von Verbesserungsmöglichkeiten. Dieser Ansatz wird bei jeder neuen Möglichkeit auf der Basis von definierten Rollen und Verantwortlichkeiten angewendet. Er basiert auf eindeutig identifizierten Kriterien, um die Effektivität des Service-Management-Systems und damit zusammenhängender Fähigkeiten zur Serviceerbringung zu maximieren. Der Fokus liegt auf Kundenanforderungen und vereinbarten SLAs. Die Entscheidungen bezüglich der Verbesserungsmöglichkeiten werden aufgezeichnet.

8.2.4 Beispielfirma Bikes & more

Die Rollenverteilung

Auch in diesem Prozess übernimmt der IT-Leiter die Rolle des **Prozessverantwortlichen** und sein Stellvertreter die Rolle des **Prozessmanagers**. Hierdurch entsteht ein gewisser Interessenkonflikt. Die beiden Personen prüfen die Arbeit, die sie selbst innerhalb der anderen Prozesse geleistet haben. Dieser Problematik ist man sich bewusst. Daher haben die beiden beschlossen, in größeren Abständen eine externe Unterstützung durch einen Coach in die Qualitätssicherung einzubinden. Dieser soll durch seine Sichtweise eine gewisse Objektivität wahren und neue Ideen einbringen. Konkret werden zweimonatlich Retrospektivtermine[1] mit diesem Coach durchgeführt, die einen halben Tag in Anspruch nehmen.

Für Verbesserungsmöglichkeiten an Prozessen übernimmt der Prozessverantwortliche die Rolle des Verbesserungsverantwortlichen, für Services übernimmt diese Rolle der Serviceverantwortliche.

Verbesserung des Service-Management-Systems

Alle 24 Monate wird ein Managementreview durchgeführt. Hierbei soll in erster Linie die Konformität mit den allgemeinen Anforderungen aus FitSM-1 geprüft werden.

Verbesserung der Prozesse und deren Aktivitäten

Der stellvertretende IT-Leiter prüft im Rahmen eines Prozessreviews innerhalb eines Zeitraumes von maximal 24 Monaten bei jedem Prozess folgende Punkte:

- Wurden die gesteckten Ziele des Prozesses erreicht?
  Falls nein, wie wird mit der Nichterreichung umgegangen?
- Lässt sich der Ressourceneinsatz optimieren?
- Haben sich die Anforderungen an den Prozess verändert?
- Welche Ziele sollen bis zum nächsten Review erreicht werden?
  Welche Verbesserungen sollen umgesetzt werden?
- Wie wird die Zielerreichung gemessen?

Das Ergebnis präsentiert der Prozessmanager des Continual Service Improvement Management dem Prozessverantwortlichen des geprüften Prozesses, wodurch der IT-Leiter regelmäßig über die aktuelle Prozessqualität auf dem Laufenden gehalten wird. Dieser priorisiert und genehmigt als Verbesserungsverantwortlicher nach Rücksprache mit den Prozess- oder Servicebeteiligten die Änderungen. Betrifft die Änderung die strategische Prozessausrichtung, so wird die Verantwor-

1. Retrospektivtermine dienen der Überprüfung der bisherigen Arbeitsweise, um sie in Zukunft effektiver und effizienter zu gestalten.

tung an den Prozessverantwortlichen übertragen. Geht es um Verbesserungen in der operativen Umsetzung, wird dies durch den Prozessmanager koordiniert.

Verbesserung der Services

Bei größeren Umstellungen an Services wird etwa ein bis zwei Monate später ein Service-Review durchgeführt. Sollte es keine großen Änderungen gegeben haben, findet ein Service-Review einmal alle sechs Monate statt.[2] Dieses Review durchläuft die gleichen Fragen wie das Prozessreview, nur bezogen auf den jeweiligen Service. Eine wichtige Grundlage dieser Prüfung stellen die Serviceberichte aus dem Prozess Service Reporting Management dar. Neben dem Prozessmanager des Continual Service Improvement Management ist der jeweilige Serviceverantwortliche an der Prüfung beteiligt, der als Verbesserungsverantwortlicher die Umsetzung der Verbesserungen übernimmt.

Kontrolle der Regelmäßigkeit

Alle Termine zur Prüfung des SMS, der Prozesse und der Services werden in den Reviewplan eingetragen, um sicherzustellen, dass sie nicht in Vergessenheit geraten.

---

2. Ein maximaler Zeitraum von sechs Monaten für Service-Reviews innerhalb von Bikes & more wurde im Rahmen des Prozesses Customer Relationship Management festgelegt (siehe Abschnitt 4.1.4).

9 Schützen und Absichern

Abb. 9–1 *FitSM-Prozess »Schützen und Absichern«*

Wo Informationen verarbeitet werden, spielt auch deren Sicherheit eine Rolle. Dabei geht es nicht nur um den Schutz vor böswilligen Angreifern und harten Wettbewerbern. In den letzten Jahren ist eine stetige Zunahme der gesetzlichen Vorgaben zu beobachten[1].

Durch die Identifikation von Risiken und deren angemessene Behandlung soll mit vertretbarem Aufwand ein adäquates Sicherheitsniveau geschaffen werden. Die hierzu notwendigen Schritte beschreibt FitSM im Prozess Information Security Management (ISM).

1. Beispiele gesetzlicher Vorgaben zur Informationssicherheit: Bundesdatenschutzgesetz (verschäft im Rahmen der EU-Datenschutz-Grundverordnung), IT-Sicherheitsgesetz, KonTraG, GoBD, Sarbanes-Oxley Act.

9.1 PR6 – Information Security Management

Im Rahmen des Information Security Management wird das notwendige Maß an Informationssicherheit, also an Vertraulichkeit, Integrität und Zugreifbarkeit von Informationen, identifiziert. Dieses Maß soll erreicht und über alle Aktivitäten der Serviceerbringung hinweg aufrechterhalten werden.

9.1.1 Prozessbeschreibung

Der erste Schritt auf dem Weg zu einem adäquaten Sicherheitsniveau ist die Feststellung, welcher Grad an Informationssicherheit benötigt wird, d.h., welche Daten und Informationen welchen Schutzbedarf aufweisen. Hierbei werden sogenannte Information Assets (Vermögenswerte) identifiziert. Somit repräsentieren die *Information Assets* die Informationen und informationsverarbeitenden Systeme, die für eine Organisation einen Wert darstellen. Der Begriff Wert sollte hierbei nicht zu eng gefasst werden. Bei allen vorhandenen Informationen, die nicht als Information Asset identifiziert werden, die also keinen Mehrwert für die Organisation darstellen, stellt sich die Frage, warum diese Informationen nicht vernichtet werden.

Bei der Feststellung des Schutzbedarfs hilft es, ein Klassifizierungsschema zu erstellen. Das Bundesamt für Sicherheit in der Informationstechnik (BSI) schlägt drei **Schutzbedarfskategorien** vor:

- **Normal**
  Die Schadensauswirkungen sind begrenzt und überschaubar.
- **Hoch**
  Die Schadensauswirkungen können beträchtlich sein.
- **Sehr hoch**
  Die Schadensauswirkungen können ein existenziell bedrohliches, katastrophales Ausmaß erreichen.

Bei der Identifikation, welche Konsequenzen ein Mangel an Informationssicherheit nach sich ziehen könnte, sind alle drei grundlegenden **Schutzziele** zu betrachten:

- **Vertraulichkeit von Informationen (Confidentiality of Information)**
  Nur berechtigte Personen dürfen in der Lage sein, Informationen einzusehen.
- **Integrität von Informationen (Integrity of Information)**
  Die Integrität von Informationen ist gewahrt, wenn diese nicht unberechtigt geändert, dupliziert oder gelöscht wurden.
- **Zugreifbarkeit von Informationen (Accessibility of Information)**
  Informationen sind für autorisierte Personen zugreifbar und nutzbar.

Informationssicherheit wird häufig erst einmal mit Vertraulichkeit assoziiert. Diese Sichtweise trifft aber nicht alle Aspekte. So weisen allgemein zugängliche

Daten einer Website eine geringe Vertraulichkeit auf. Es kann jedoch wichtig sein, sie gegen unberechtigte Modifikation zu schützen. Kundenanforderungen zur Informationssicherheit sollten bereits im SLA festgehalten werden.

Wurde das erforderliche Sicherheitsniveau identifiziert, gilt es, die Risiken zu identifizieren, die dieses Niveau gefährden könnten. Das kann der automatisierte Angriff aus dem Internet, die Phishing-E-Mail, die Ransomware, der Virus oder ein gezielter Angriff von außen oder innen sein. Jedoch ist auch versehentliches Löschen wichtiger Informationen durch Mitarbeiter denkbar. Es gilt, die Eintrittswahrscheinlichkeiten potenzieller Risiken zu senken und die Auswirkungen zu minimieren. Dabei kommt ein Mix aus verschiedenen Informationssicherheits-Maßnahmen (Information Security Controls) zum Einsatz, die den identifizierten Risiken entgegenwirken, indem sie deren Eintrittswahrscheinlichkeit und/oder Auswirkung reduzieren. Die Maßnahmen lassen sich grob in drei Bereiche unterteilen:

- Technische Maßnahmen, wie Virenscanner, Firewall oder technische Restriktionen zur Passwortlänge
- Organisatorische Maßnahmen, wie Richtlinie zum Umgang mit externen Datenträgern oder Vorgaben zum Sperren des Arbeitsplatzes beim Verlassen desselben
- Maßnahmen zur Steigerung der Awareness, um dem Mitarbeiter bewusst zu machen, welche Konsequenzen sein Handeln haben kann. Dieser Aspekt wird in der Praxis immer wieder unterschätzt, obwohl das Fehlverhalten von Mitarbeitern durch Unwissenheit und Unachtsamkeit mit zu den häufigsten Schadensursachen zählt.

Die Norm ISO/IEC 27001 beschreibt Vorgaben zum Aufbau eines Informationssicherheits-Managementsystems. Ziel ist es, den notwendigen Bedarf an Informationssicherheit zu ermitteln, diesen zu erreichen und aufrechtzuerhalten. Zu dieser Norm gehört ein Anhang, in dem Maßnahmen aufgeführt und übergreifenden Maßnahmenzielen zugeordnet werden. Diese Aufstellung bietet einen guten Überblick darüber, welche unterschiedlichen Aspekte bei der Definition von Maßnahmen zu beachten sind. Sie konkretisieren die Beschreibung aus FitSM sehr gut und werden daher an dieser Stelle herangezogen. Die Maßnahmenziele sind in Abschnitt 12.3 abgedruckt.

Richtlinien helfen dabei, das gewünschte Niveau zu erreichen und zu halten. Beispiele für derartige Richtlinien sind:

- Übergreifende Informationssicherheits-Richtlinie
- Spezifische Sicherheitsrichtlinien für bestimmte Systeme oder Bereiche
- Passwortrichtlinie
- E-Mail-Richtlinie
- Richtlinie zur Nutzung mobiler Geräte
- Richtlinie zur Zugriffskontrolle
- Richtlinie zur Entsorgung von Medien

Diese Aufstellung ist nicht vollständig, sondern gibt lediglich die wichtigsten, grundlegenden Dokumente wieder. Richtlinien sollten möglichst einfach und verständlich formuliert werden. Sie sollten die Zielgruppe bei ihrer Arbeit nur so weit wie unbedingt nötig einschränken. Werden mit neuen Richtlinien bisher praktizierte Vorgehensweisen für geschäftsrelevante Tätigkeiten untersagt, müssen gegebenenfalls Alternativen angeboten werden.

Die Bedrohungslage einer Organisation ändert sich stetig. Angreifer entwickeln neue Angriffsmethoden, neue Technologien bringen neues Bedrohungspotenzial, wirtschaftlicher Erfolg rückt ein Unternehmen in den Fokus von Konkurrenten. Daher sollten identifizierte Risiken in geplanten Abständen auf Aktualität geprüft werden. Je veränderlicher das Umfeld einer Organisation, desto enger sind die Zeitabstände einer Überprüfung anzulegen.

Neben der Aktualität der Risiken muss auch die Wirksamkeit der abgeleiteten Maßnahmen geprüft werden. Viele technische Maßnahmen lassen sich durch sogenannte Penetrationstests, also simulierte Angriffe, testen. Im Falle organisatorischer Maßnahmen kann es passieren, dass sich die Technik weiterentwickelt, die Richtlinien aber nicht angepasst werden. Formulierungen wie »Disketten sind wie folgt zu entsorgen …« sollten im Rahmen einer Überprüfung angepasst werden. Zur Überprüfung von Awareness-Maßnahmen gehört es, festzustellen, ob die Mitarbeiter die relevanten Richtlinien kennen und diese einhalten, denn Richtlinien, die nur auf dem Papier gut aussehen, steigern die Informationssicherheit nicht.

Ständig können Ereignisse eintreten, die möglicherweise die Informationssicherheit gefährden. Einige dieser Informationssicherheitsereignisse (Information Security Events) sind vorhersehbar, wie beispielsweise der Empfang einer Phishing-E-Mail durch einen Mitarbeiter, mit anderen hat man möglicherweise nicht gerechnet. Ist im Falle eines Informationssicherheitsereignisses die Wahrscheinlichkeit groß, dass sich die Situation negativ auf die Serviceerbringung oder auf die Geschäftsaktivität des Kunden auswirkt, so spricht man von einem Informationssicherheitsvorfall (Information Security Incident). Damit diese Ereignisse und Vorfälle im täglichen Betrieb nicht untergehen, müssen sie angemessen priorisiert und entsprechend ihrer Priorität abgearbeitet werden.

Damit Anwender arbeiten können, benötigen sie Zugang zu informationsverarbeitenden Systemen und Services, zu deren Nutzung sie berechtigt sind. Die Nutzung einzelner Funktionen oder Module sowie der Zugriff auf Informationen innerhalb der Systeme und Services werden dann über detailliertere Zugriffsrechte gesteuert. Wie berechtigte Anwender die benötigten Zugänge und Zugriffsrechte erhalten und gleichzeitig nicht berechtigte Anwender außen vor bleiben, wird durch das Information Security Management (ISM) festgelegt. Hierzu gehört auch die Regelung, wie dann die erteilten Rechte wieder entzogen werden. Das bedeutet nicht, dass die Durchführung jeder Zugriffsänderung eine Aktivität dieses Prozesses ist. Das ISM macht vielmehr die Sicherheitsvorgaben, an die sich die anderen Prozesse halten müssen. Die einzelnen Zugriffsanfragen der Anwender werden als Service-Requests im Prozess Incident & Service Request Management bearbeitet.

Abb. 9–2 *Aktivitäten im Prozess Information Security Management*

9.1.2 Rollen im Prozess

Der **Prozessverantwortliche** (**Process Owner**) trägt die Gesamtverantwortung und benennt den **Prozessmanager**, der im deutschsprachigen Raum häufig **IT-Sicherheitsbeauftragter** genannt wird. Das Bundesamt für Sicherheit in der Informationstechnik (BSI) bevorzugt seit 2015 die Bezeichnung **Informationssicherheitsbeauftragter**, da dies auch Informationen auf Papier und in den Köpfen der Beteiligten miteinschließt. Zu seinen operativen Aufgaben zählen folgende:

- Primärer Ansprechpartner für alle Belange zur Informationssicherheit
- Überwachung von Status und Fortschritt aller mit dem Prozess verbundenen Aktivitäten, insbesondere eines Verzeichnisses sensibler Informationen, Bewertung von Informationssicherheitsrisiken, der Umgang mit sicherheitsrelevanten Ereignissen und Vorfällen
- Sicherstellen, dass Informationssicherheitsvorfälle erkannt, so schnell wie möglich klassifiziert und behandelt werden, um den durch sie verursachten Schaden zu minimieren
- Sicherstellen, dass alle sicherheitsrelevanten Dokumente aktuell gehalten werden

Ein **Manager der Informationssicherheitsrisiken (Information Security Risk Manager)** kümmert sich um folgende Aufgaben:

- Die Vollständigkeit und Aktualität eines Verzeichnisses sensibler Informationen sicherstellen
- Sicherstellen, dass die Eigentümer der Daten Beschreibung und Klassifikation ihrer Daten pflegen und Informationen zur Verfügung stellen, die für die Identifizierung von Sicherheitsrisiken benötigt werden
- Regelmäßige Durchführung einer Risikobewertung auf Basis der verfügbaren Informationen über die zu schützenden Daten und der aktuellen Informationen zu Schwachstellen und Bedrohungen

Für die wichtigsten schützenswerten Informationen gibt es jeweils einen **Eigentümer der Daten (Asset Owner)**. Das bedeutet, dass er mit den Daten und den Anforderungen an die Daten vertraut ist. Er kennt gesetzliche Vorgaben sowie relevante Vereinbarungen, die beispielsweise mit Dritten getroffen wurden. Da er auch weiß, wie die Daten in Geschäftsprozesse eingebunden sind, ist er in der Lage, festzulegen, welche Personen oder auch Personengruppen lesend bzw. ändernd auf diese Daten zugreifen dürfen. Er kann nachvollziehen, welche Konsequenzen eine Verletzung eines Grundwertes der Informationssicherheit (Vertraulichkeit, Integrität, Zugreifbarkeit) in Bezug auf seinen Datenbestand hat, und legt dementsprechend den Schutzbedarf fest. Aus dem Schutzbedarf wiederum resultiert das benötigte Sicherheitsniveau, was sich wiederum in den Sicherheitsmaßnahmen widerspiegelt.

Seine Aufgaben sind:

- Pflege und Überprüfung der Beschreibung und Klassifizierung sensibler Daten in einem Verzeichnis
- Primärer Ansprechpartner für Fragen zu den zu schützenden Daten
- Unterstützung bei Ermittlung und Analyse von Informationssicherheitsrisiken bezüglich der zu schützenden Daten

Für jede Sicherheitsmaßnahme kennt FitSM-3 einen **Verantwortlichen der Informationssicherheitsmaßnahme (Information Security Control Owner)**. Er hat folgende Aufgaben:

- Verwaltung und Überprüfung der Spezifikation bzw. Dokumentation seiner Informationssicherheitsmaßnahme
- Primärer Ansprechpartner für Fragen zu seiner Sicherheitsmaßnahme

9.1.3 Anforderungen

Zur Erlangung der Informationssicherheit werden fünf Anforderungen an den Prozess Information Security Management gestellt:

- **PR6.1**
  Informationssicherheits-Richtlinien müssen definiert werden.
- **PR6.2**
  Physische, technische und organisatorische Informationssicherheits-Maßnahmen müssen umgesetzt werden, um die Eintrittswahrscheinlichkeit und Auswirkung identifizierter Informationssicherheitsrisiken zu reduzieren.
- **PR6.3**
  Informationssicherheits-Richtlinien und -Maßnahmen müssen in geplanten Abständen überprüft werden.
- **PR6.4**
  Informationssicherheitsereignisse und -vorfälle müssen angemessen priorisiert und entsprechend behandelt werden.
- **PR6.5**
  Zugangs- und Zugriffskontrolle für informationsverarbeitende Systeme und Services, einschließlich der Vergabe von Zugriffsrechten, muss auf konsistente Art und Weise durchgeführt werden.

PR6.1 – Richtlinien zur Informationssicherheit

Wie schon beschrieben wurde, helfen Richtlinien dabei, das gewünschte Sicherheitsniveau zu erreichen und zu erhalten.

FitSM-6 beschreibt dazu folgende Fähigkeitsgrade:

Fähigkeitsgrad	Beschreibung
1	Der Service-Provider ist sich bewusst, dass Richtlinien zur Informationssicherheit zur Erreichung eines notwendigen Grades an Bewusstsein notwendig sind. Einige Richtlinien existieren dazu, die meisten sind jedoch eher intuitiv erstellt, als dass sie formal dokumentiert und überprüft sind.
2	Richtlinien zur Informationssicherheit sind teilweise erstellt und es besteht ein eindeutiges Verständnis für die Verantwortlichkeit der einzelnen Bereiche. Die Richtlinien sind dokumentiert und formal freigegeben.
3	Richtlinien zur Informationssicherheit sind für alle notwendigen Themen erstellt und formal freigegeben. Die Richtlinien umfassen organisatorische Aspekte, das Management der Informationsgüter und Sicherheitsrisiken, physische Regelung von Sicherheit, Sicherheit im Betrieb, Sicherheit in der Kommunikation, Verantwortung der Benutzer, Entwicklung der Informationssicherheit sowie die Behandlung von Sicherheitsereignissen und -störungen. Die verantwortlichen Eigentümer aller Richtlinien sind dokumentiert und ihre Aufgaben festgelegt.

PR6.2 – Umsetzung von Maßnahmen zur Informationssicherheit

Auch für diese Anforderung wurden schon oben Inhalte beschrieben. Es sind verschiedene Informationssicherheits-Maßnahmen notwendig, um den identifizierten Risiken entgegenzuwirken.

Folgende Fähigkeitsgrade werden dazu konkret in FitSM-6 beschrieben:

Fähigkeitsgrad	Beschreibung
1	Der Service-Provider ist sich im Klaren darüber, dass Maßnahmen zum Aufbau und zur Erweiterung der Informationssicherheit notwendig sind. Einige Maßnahmen sind bereits entwickelt und umgesetzt, wobei das oftmals nicht dokumentiert ist. Eine strukturierte Bewertung der Risiken zur Informationssicherheit wurde noch nicht durchgeführt.
2	Maßnahmen und Messungen zur Informationssicherheit sind ebenso umgesetzt wie physische und organisatorische Maßnahmen. Es besteht ein eindeutiges Verständnis, wer für welche Steuerungsmaßnahmen verantwortlich ist. Die meisten Maßnahmen sind dokumentiert, auch wenn die Ansätze zur Dokumentation sich unterscheiden. Eine Liste oder ähnlich geartete Übersicht von Informationssicherheitsrisiken ist erstellt worden und die beschriebenen Maßnahmen sind diesen Risiken gegenübergestellt, um die Auswirkungen zu vermindern.
3	Für alle relevanten Informationssicherheitsrisiken sind Maßnahmen definiert und implementiert worden. Diese Maßnahmen umfassen Sicherheit im Betrieb und bei der Kommunikation, physische und organisatorische Sicherheit, Verantwortung der Benutzer und die Sicherheit in der Entwicklung von Systemen. Für alle Sicherheitsmaßnahmen sind Verantwortliche benannt und ihre Aufgaben dokumentiert worden. Formale Risikobewertungen werden regelmäßig durchgeführt, die Ergebnisse werden strukturiert und auf einheitliche Art und Weise aufgezeichnet. Risikobewertungen und Entscheidungen, wie mit ihnen umzugehen ist, werden auf der Basis von eindeutig festgelegten Kriterien getroffen. Alle Sicherheitsmaßnahmen sind mit Sicherheitsrisiken verknüpft.

PR6.3 – Überprüfung der Richtlinien und Maßnahmen

Wie schon beschrieben wurde, ändert sich die Bedrohungslage ständig. Daher ist auch eine entsprechende Überprüfung der verschiedenen Richtlinien und Maßnahmen notwendig.

Folgende Fähigkeitsgrade sind hierzu formuliert:

Fähigkeitsgrad	Beschreibung
1	Es existiert ein grundsätzliches Verständnis, dass Informationssicherheits-Richtlinien und -Maßnahmen in geplanten Abständen überprüft werden müssen.
2	Informationssicherheits-Richtlinien und -Maßnahmen werden von ihren Verantwortlichen von Zeit zu Zeit überprüft. Dazu existiert jedoch kein definiertes Verfahren bzw. Ansatz. Kriterien zur Überprüfung und Vollständigkeit sowie die Form der Dokumentation variieren je nach Einzelperson bei der Überprüfung.
3	Informationssicherheits-Richtlinien und -Maßnahmen werden regelmäßig überprüft. Ein eindeutiges und abgestimmtes Verfahren wird angewendet, um ein konsistentes und strukturiertes Ergebnis sicherzustellen. Die Aufzeichnung der Prüfungsergebnisse folgt einer gut definierten Vorgehensweise, was zu einer strukturierten und sinnvollen Dokumentation der Bewertungen von Richtlinien und Kontrollen führt.

PR6.4 – Behandlung von Ereignissen und Vorfällen

Diese Anforderung stellt die Verbindung zum Incident Management her. Sicherheitsrelevante Ereignisse und Vorfälle sind als Incidents zu erfassen und zu bearbeiten. Wenn dazu in den SLA entsprechende Regelungen vorhanden sind, müssen diese umgesetzt werden. Sollte das nicht der Fall sein, muss sich der Service-Provider trotzdem der Relevanz dieser Vorfälle bewusst sein.

Die Fähigkeitsgrade sehen folgendermaßen aus:

Fähigkeitsgrad	Beschreibung
1	Der Service-Provider ist sich im Klaren darüber, dass Sicherheitsvorfälle einen bedeutenden Einfluss auf die Kunden und die Fähigkeiten des Service-Providers zur Lieferung vereinbarter Services haben können. Es herrscht Verständnis darüber, dass eine effektive Reaktion auf Sicherheitsvorfälle grundlegende Bedeutung hat. Sobald ein Sicherheitsvorfall identifiziert wurde, wird er nach bestem Wissen behandelt, jedoch ohne einen strukturierten und definierten Ansatz.
2	Sicherheitsrelevante Ereignisse werden regelmäßig überwacht, um mögliche Sicherheitsvorfälle zu erkennen. Sobald ein Sicherheitsvorfall erkannt wurde, erfolgt die Reaktion darauf mit einem durchgängigen und wohlverstandenen Ablauf von Aktivitäten. Dieser Ansatz und die beteiligten Rollen sind jedoch nicht oder nur teilweise definiert und dokumentiert.
3	Ein formaler Ansatz zur Überwachung von sicherheitsrelevanten Ereignissen und zur Behandlung von Sicherheitsvorfällen ist etabliert. Rollen und Verantwortlichkeiten sind dokumentiert. Der Ansatz betrachtet wohldefinierte Kriterien zur Klassifikation von Ereignissen oder Situationen als Sicherheitsvorfälle, Aktivitäten zur Analyse der Sicherheitsvorfälle und zur Reduzierung der Auswirkungen sowie zur Kommunikation und Dokumentation.

PR6.5 – Zugangs- und Zugriffskontrolle

Ausgehend vom Schutzbedarf der vorhandenen Information Assets (Informationen und informationsverarbeitende Systeme) ist ein durchgängiges Konzept zur Regelung der Zugangsberechtigungen und einer Zugriffskontrolle zu erarbeiten.

FitSM-6 formuliert dazu die folgenden Fähigkeitsgrade:

Fähigkeitsgrad	Beschreibung
1	Die Gewährung von Zugriffsrechten für informationsverarbeitende Systeme erfolgt auf einer individuellen Basis ohne das Vorhandensein eindeutiger Kontrollrichtlinien.
2	Die Gewährung von Zugriffsrechten folgt einer Kombination von intuitiven Regeln und einigen Richtlinien, was einen weitgehenden konsistenten Ansatz für Zugriffskontrolle unterstützt. Von Zeit zu Zeit werden die Zugriffsrechte überprüft.
3	Zugriffskontrolle, Gewährung von Zugriffsrechten, Überprüfung und Entzug von Zugriffsrechten folgen einem strukturierten und definierten Ansatz mit eindeutigen Richtlinien und Prozeduren.

9.1.4 Beispielfirma Bikes & more

Die Rollenverteilung

Die letztendliche Entscheidung darüber, welche Risiken für Bikes & more akzeptabel sind, fällt die Geschäftsleitung. Dies gilt auch für Risiken im Bereich der Informationssicherheit. Der IT-Leiter gibt in seiner Rolle als **Prozessverantwortlicher** vor, dass der Prozess Information Security Management für ein adäquates Niveau der Informationssicherheit sorgen soll. Sicherheitsrisiken sollen regelmäßig identifiziert und soweit sinnvoll reduziert werden. Das Restrisiko soll in einem jährlichen Bericht an die Geschäftsleitung kommuniziert werden, die dann darüber entscheidet, ob weitere finanzielle Mittel zur Reduktion oder Auslagerung der Risiken zur Verfügung gestellt werden sollen oder ob das Restrisiko akzeptiert wird.

Der stellvertretende IT-Leiter übernimmt zwei Rollen: Als **Prozessmanager** koordiniert er die operativen Aufgaben im Prozess, als **Manager der Informationssicherheitsrisiken** identifiziert er unter anderem die wichtigsten Daten/Datenbestände und die zugehörigen Eigentümer der Daten.

Für die Daten der bereichsinternen Verfahren wird der jeweilige Abteilungsleiter der Eigentümer der Daten, für bereichsübergreifende Datenbestände die Geschäftsleitung, die die Aufgabe auch delegieren kann. Die Zuweisung der Eigentümer der Daten ist identisch mit der Zuweisung der Rolle des Kunden im Prozess Service Level Management. Auf diese Weise können Anforderungen an die Informationssicherheit recht einfach direkt in das SLA mit übernommen werden.

Dass der stellvertretende IT-Leiter die Koordination über die Sicherheitsmaßnahmen übernimmt, heißt nicht, dass er sie selbst durchführt. Hierzu wird für jede identifizierte Maßnahme ein Verantwortlicher benannt. Für die Verwaltung der Netzsicherheit wird dies beispielsweise der Netzwerkadministrator.

Erstellung einer Leitlinie

Der stellvertretende IT-Leiter bereitet für die Geschäftsleitung eine einseitige Leitlinie vor. Aus ihr geht hervor, warum Informationssicherheit sowie die Einhaltung von Vorgaben für Bikes & more wichtig sind.

Identifikation und Umsetzung von Maßnahmen (Controls)

Zur Identifikation relevanter Maßnahmen nimmt sich der stellvertretende IT-Leiter den Anhang A der Norm ISO/IEC 27001 zur Hand (siehe Abschnitt 12.3.1) und prüft die aufgelisteten Aspekte auf Relevanz. Hierbei wird beispielsweise das Thema Telearbeit gestrichen, da bei Bikes & more keine Telearbeit praktiziert wird.

Die relevanten Maßnahmen werden nun technisch, z.B. durch eine Firewall, und/oder organisatorisch, durch Vorgaben für Personen, umgesetzt. Jeder Maßnahme wird ein Verantwortlicher zugeordnet. So wird der Personalleiter dafür verantwortlich, dass neue Mitarbeiter eine Vertraulichkeitserklärung unterschreiben, bevor sie ihre Arbeit aufnehmen. Die in die Jahre gekommene bisherige Erklärung wurde dazu aktualisiert.

Erstellung von Richtlinien

Die organisatorischen Vorgaben für Personen schlagen sich in mehreren Richtlinien nieder. Der stellvertretende IT-Leiter beschließt, die Richtlinien an den Zielgruppen auszurichten und die Anzahl auf drei zu begrenzen: Eine Richtlinie für alle internen Mitarbeiter, eine für externe Mitarbeiter und eine mit speziellen Regelungen für die Mitarbeiter der IT-Abteilung. Einige Vorgaben müssen nicht in die Richtlinien aufgenommen werden, da sie bereits an anderer Stelle behandelt werden. So ist das Thema Zutritt zum Gebäude bereits in der Hausordnung geregelt.

Awareness

Im Rahmen einer Sensibilisierungskampagne sollen die neuen Richtlinien an die Mitarbeiter kommuniziert werden. Durch die Erläuterung der Gefahrenlage und potenzieller Konsequenzen soll den Mitarbeitern die Relevanz eines funktionierenden Systems zur Informationssicherheit aufgezeigt und für Verständnis für Restriktionen bei der täglichen Arbeit geworben werden. Darüber hinaus werden typische Gefahren am Arbeitsplatz aufgezeigt und vermittelt, dass ein ausreichendes Sicherheitsniveau nur mit einer gewissen Eigenverantwortung jedes Einzelnen realisiert werden kann (öffnen von E-Mail-Anhängen, sensible Dokumente auf dem Schreibtisch beim Empfang von Besuch uvm.).

Damit bei den Anwendern das Bewusstsein über ihre wichtige Rolle bei der Aufrechterhaltung der Informationssicherheit nicht abflacht, werden regelmäßige Maßnahmen geplant. So wird zukünftig mindestens einmal im Jahr über die aktuelle Bedrohungslage von Bikes & more berichtet. Dabei werden den Anwendern auch Tipps an die Hand gegeben, um typische Angriffe zu erkennen. Im Falle akuter Bedrohungen, wie gegenwärtige Angriffe per Phishing oder Ransomware, wird unverzüglich informiert.

Verwaltung von Zugriffsrechten

Wie die Zugriffsrechte zu vergeben und zu entziehen sind, entscheidet der Eigentümer der zu verarbeitenden Daten. Dies wird direkt im SLA festgehalten. Bei sensiblen Daten kann der Eigentümer auch festlegen, dass bei jeder Erteilung eines Zugriffsrechts seine Zustimmung eingeholt werden muss.

Umgang mit sicherheitsrelevanten Ereignissen und Vorfällen

In der Benutzerrichtlinie werden die Mitarbeiter aufgefordert, sicherheitsrelevante Ereignisse, wie der Verdacht auf einen Virenbefall, unverzüglich zu melden. Der Servicedesk erfasst bei jedem sicherheitsrelevanten Ereignis ein Incident-Ticket, weist dies einer Person mit dem notwendigen fachlichen Wissen zu und spricht diese direkt persönlich an. Diese Ereignisse sind bevorzugt zu behandeln. Bei einem relevanten Schadenspotenzial ist umgehend der IT-Leiter oder sein Stellvertreter zu informieren, die gegebenenfalls die Situation koordinieren.

Darüber hinaus wird die Ticketbeschreibung mit dem Vermerk »Sicherheitsereignis« versehen. Auf diese Weise können die entsprechenden Tickets im Nachhinein gefunden und ausgewertet werden.

Regelmäßige Überprüfung

Im Rahmen des zweijährigen Reviews des Prozesses soll nicht nur geprüft werden, inwieweit die Maßnahmen noch der aktuellen Sicherheitslage entsprechen, sondern auch, ob die in den Richtlinien formulierten Vorgaben tatsächlich eingehalten werden.

10 Die praktische Umsetzung

In der Theorie erscheinen die Prozesse mit ihren Aktivitäten logisch und der Nutzen ist schnell erkennbar. Doch der schwierigste Teil ist nicht das Verstehen der Prozesse in der Theorie, sondern deren praktische und nachhaltige Umsetzung in der jeweiligen Organisation.

In der Praxis wird häufig davon gesprochen, ein IT-Service-Management einzuführen bzw. eingeführt zu haben. Gerade in Bezug auf ITIL® ist diese Aussage aus Sicht der Autoren sehr kritisch zu sehen. Wann ist ein System »eingeführt« und wie soll man diese Aussage validieren? Prinzipiell würde es dann sogar bedeuten, dass der Prozess der kontinuierlichen Verbesserung »abgeschlossen« ist.

In diesem Kapitel wird daher zunächst erläutert, welcher typische Nutzen von der Einführung eines IT-Service-Managements zu erwarten ist, aber auch welche Risiken mit einhergehen. Anschließend werden Vorgehensweisen aufgezeigt, die den Aufwand und die Risiken einer Einführung reduzieren können und dabei unterstützen, den praktischen Nutzen zu maximieren. Darauffolgend wird aufgezeigt, welche Antworten FitSM auf die Frage hat, wie man die Einführung nachhaltig gestalten und überprüfbar machen kann.

10.1 Der Nutzen von IT-Service-Management

IT-Service-Management beschreibt mit seinen Prozessen die Ablauforganisation zur Erbringung der Serviceleistung. Dies führt zu mehr Transparenz und steigert die Effektivität sowie die Effizienz. Insbesondere sind nachfolgende Vorteile realisierbar:

Gleichbleibende Erzielung gewünschter Ergebnisse (Output)

Laut einer Studie waren im Jahr 2014 menschliche Fehler für 43,5 Prozent aller IT-Ausfälle oder Datenverluste in Unternehmen/Organisationen weltweit verantwortlich.[1] Eine hohe Wiederholbarkeit der Tätigkeiten bringt eine geringere Fehlerquote mit sich, was wiederum zu gleichbleibenden Ergebnissen führt. Je komplexer eine Infrastruktur wird, desto schwieriger ist es, ohne standardisierte Prozesse die gewünschten Ergebnisse zu erzielen. Insofern hilft IT-Service-Management die Lieferung von IT-Services zu standardisieren und damit auch zu industrialisieren.

Optimierung der Zielerreichung (Effektivität)

In einem Team, in dem die Aktivitäten nicht zentral gesteuert werden, entscheidet jedes Teammitglied selbst über die Prioritäten der einzelnen Aktivitäten, über die Reihenfolge der Abarbeitung, über die Dokumentationstiefe und darüber, welche Informationen für andere wichtig sind und wie diese weitergegeben werden. Ein funktionierendes IT-Service-Management ermöglicht die Steuerung der Servicequalität durch Ausrichtung aller Aktivitäten an Kundenzielen. Die Prozesse und Schnittstellen innerhalb dieser Abläufe werden beschrieben und damit transparent. Die Priorisierung von Aufgaben orientiert sich ebenfalls an diesen Vorgaben, d.h., eine Ausrichtung der Arbeit in der IT an den Unternehmens- und internen Zielen führt zu einer klareren Struktur bei den Aufgaben in der IT.

Optimierung des Mitteleinsatzes (Effizienz)

Standardisierte Aufgaben können besser automatisiert werden. Dies führt dazu, dass IT-Mitarbeiter sich auf wesentliche Dinge konzentrieren können, wie die nachhaltige Stabilisierung der Infrastruktur, anstatt jeweils reaktiv Incidents zu beseitigen. Darüber hinaus wird die Notwendigkeit von Rückfragen durch unvollständige Informationen reduziert. IT-Service-Management hilft also, die Arbeit in der IT effizienter zu gestalten.

Klare Abgrenzung von Verantwortlichkeiten

Nicht selten wird bei Zwischenfällen oder Unstimmigkeiten im IT-Bereich erst einmal der Verantwortliche gesucht, bevor man sich an die Beseitigung eines Missstandes macht. Durch die Strukturierung der Aufgaben und Etablierung von Rollen wird der Blick auf die Verantwortlichkeit gesteigert. Das führt in der Folge auch dazu, dass das Verständnis für angrenzende Aufgaben bzw. Tätigkeitsfelder zunimmt.

1. Quelle: statista – Das Statistik-Portal: Hauptursachen von IT-Ausfällen oder Datenverlust in Unternehmen/Organisationen weltweit im Jahr 2014, *http://de.statista.com/statistik/daten/studie/412753/umfrage/ursachen-von-it-ausfaellen-oder-datenverlust*.

Verbesserung der Zusammenarbeit

Die Zusammenarbeit einzelner IT-Mitarbeiter oder Teams lässt sich durch eine Koordination intensivieren. Auch die Qualität der Zusammenarbeit kann hierdurch gesteigert werden. Optimierte Werkzeuge unterstützen Schnittstellen zwischen Personen, was zu weniger Reibungsverlusten führt. So kann ein Ticket zur Unterstützung an einen Kollegen weitergeleitet werden, ohne ihn aus seiner aktuellen Tätigkeit herauszureißen.

Einheitliche Begrifflichkeiten

Begrifflichkeiten aus dem IT-Service-Management durchdringen mittlerweile das Tagesgeschäft im IT-Bereich mit zunehmender Intensität.

- Externe Dienstleister bieten an, bestimmte Aspekte in ein SLA aufzunehmen.
- Softwarehersteller verpflichten sich, Lösungen von Incidents innerhalb einer bestimmten Zeitdauer zur Verfügung zu stellen. Die Lieferung eines Workarounds bei einem Problem darf jedoch deutlich länger dauern.
- Hardwarehersteller bieten Lösungen zur Steigerung von »Availability und Continuity«.

Die Kenntnis der Begrifflichkeiten und deren Einordnung in die IT-Prozesse erhöht das Verständnis dessen, was mit solchen Formulierungen gemeint ist.

Gelebte Informationssicherheit

IT-Service-Management integriert die Informationssicherheit in alle Phasen des Lebenszyklus eines Service und in alle hierzu notwendigen ITSM-Prozesse. Nur so wird eine ganzheitliche Betrachtung der Informationssicherheit erst möglich.

Eine Studie[2] des BSI zeigte, dass die frühzeitige Einbeziehung des Sicherheitsmanagements bei einer Implementierung von IT-Service-Management-Prozessen sowohl in ökonomischer als auch sicherheitstechnischer Hinsicht wichtig ist. Umgekehrt kann Informationssicherheit nur dann wirksam implementiert werden, wenn sich alle Sicherheitsmaßnahmen auf klar definierte Prozesse und Serviceanforderungen beziehen.

Prozesse passen zu Werkzeugen

Die Hersteller von Software im Bereich IT-Service-Management richten diese immer mehr an den ITSM-Prozessen und der praktischen Umsetzung aus. Das hat gleich mehrere Vorteile:

---

2. Bundesamt für Sicherheit in der Informationstechnik: IT Infrastructure Library (ITIL) und Informationssicherheit – Möglichkeiten und Chancen des Zusammenwirkens von IT-Sicherheit und IT-Service-Management.

- Die verwendeten Fachbegriffe sind einheitlich definiert. Wenn also ein Werkzeug den Prozess Change Management unterstützt, dann gibt es häufig einen Change Manager, ein CAB sowie das PIR als letzte Instanz im Lebenszyklus eines Change.
- Die Werkzeuge werden besser miteinander vergleichbar. Je mehr sich die Produkte einem Prozessverständnis für ITSM nähern, desto mehr können Aspekte wie Schnittstellen, Benutzerfreundlichkeit und Spezialfunktionen betrachtet werden.
- Die Einführung von Werkzeugen gestaltet sich viel einfacher, wenn die Mitarbeiter mit den grundlegenden Abläufen der Prozesse bereits vertraut sind.

Transparenz gegenüber dem Controlling

Die Durchdringung der Geschäftsprozesse mit Informationstechnik wird größer, während die eingesetzten Komponenten komplexer werden. Daraus resultieren steigende Anforderungen an interne IT-Abteilungen und externe IT-Dienstleister. Dies schlägt sich unter anderem in einem gewissen Personalbedarf nieder. ITSM-Prozesse bringen Transparenz in die Organisation. Das kann beispielsweise durch einen Servicekatalog erfolgen, in dem die zur Serviceerbringung relevanten Teile der Infrastruktur mit den Servicekomponenten verknüpft werden.

Klare Absprachen mit Kunden

Die inhaltliche Pflege von Business-Anwendungen ist Aufgabe des Kunden. Der Betrieb der für die Business-Anwendungen benötigten Systeme ist Aufgabe des IT-Dienstleisters. Durch die Prozessorganisation und die Vereinbarung von Rechten und Pflichten wird ein Rahmen geschaffen, der sowohl der Kundenseite als auch dem Service-Provider eine Orientierung gibt.

Insourcing/Outsourcing

Leistungen, die von externen Dienstleistern vermeintlich einfacher, schneller, hochwertiger und/oder kostengünstiger erbracht werden können, werden gerne ausgelagert. So hat die Organisation die Möglichkeit, sich auf die jeweiligen Kernaufgaben zu konzentrieren. Um eine im Tagesgeschäft funktionierende Einbindung dieser externen Dienstleister herzustellen, ist es wichtig, deren Aufgaben in den jeweiligen Prozessen klar zu definieren sowie einen transparenten Workflow zu implementieren. Übernehmen Hersteller eingesetzter Software z.B. den Third-Level-Support im Prozess Incident & Service Request Management, sollte klar sein, in welchen Zeiträumen eine erste qualifizierte Rückmeldung erfolgt und wie lange eine Lösung dauern darf.

Bessere Reputation

Eine höhere Einbindung von Kunden und das Treffen klarer Absprachen ermöglicht die Ausrichtung der IT-Services an den tatsächlichen Anforderungen von Kunden. IT-Dienstleister können sich auf die wesentlichen Dinge konzentrieren und die klar abgesprochenen Leistungen erbringen. Besteht für den Kunden und Anwender im Störungsfalle noch eine hohe Transparenz, wirkt sich dies alles positiv auf die Kundenzufriedenheit aus.

10.2 Potenzielle Risiken

Die Einführung eines IT-Service-Managements bringt auch einige Risiken mit sich.

Zu viel Bürokratie

Ein gewisses Maß an Verwaltung und Dokumentation ist notwendig. Ein zu hohes Maß erschwert die operative Arbeit. Den betroffenen Mitarbeitern fehlt das Verständnis für die Vorteile. Das führt zur Ablehnung der Vorgaben.

Mangelnde Werkzeugnutzung aufgrund hoher Komplexität

Viele IT-Mitarbeiter neigen dazu, Aufgaben mit komplexen Tools mit hohem Funktionsumfang zu begegnen. Aufgrund des vielfältigen Angebots im Bereich IT-Service-Management ist das auch problemlos möglich. Doch häufig ist eine simple (aber erweiterbare) Lösung nicht die schlechteste. Da die IT-Mitarbeiter viel Zeit mit den Werkzeugen verbringen, sollten diese einfach zu bedienen sein. Dies gilt insbesondere für den Servicedesk, da sich die Mitarbeiter hier auf anrufende Anwender und gleichzeitig auf ein ITSM-Werkzeug konzentrieren müssen. Je höher die Abneigung der IT-Mitarbeiter für ein Werkzeug, desto dürftiger die Nutzung. Viele IT-Mitarbeiter, vor allem Administratoren, können ihre originären Aufgaben auch ohne ITSM-Werkzeuge erledigen. Die ITSM-Werkzeuge benötigen sie zur Unterstützung der ITSM-Prozesse. Bei aufwendigen Prozessen und schwer zu bedienenden Werkzeugen ist die Motivation, prozesskonform zu arbeiten, eher gering.

Zu viele verschiedene Werkzeuge

Fast jeder Prozess lässt sich durch eigene Werkzeuge unterstützen. Viele verschiedene Prozessmanager können für ihren Prozess jeweils ein eigenes Werkzeug verwenden. Die meisten Prozesse haben Schnittstellen zu mehreren anderen Prozessen. ITSM-Werkzeuge besitzen deshalb häufig Kommunikationsmechanismen zur Anbindung anderer Werkzeuge. Diese Schnittstellen sind aber meist nicht geschaffen für Echtzeitkommunikation und redundanzlose Datenhaltung, was den reibungslosen Ablauf massiv behindert. Müssen die IT-Mitarbeiter darüber hinaus viele einzelne Programme pflegen, so erhöhen sich Aufwand und Unzufriedenheit immens. Abhilfe schaffen integrierte Werkzeuge, die viele verschiedene Prozesse unterstützen. Auch wenn man möglicherweise in einzelnen Prozessen Abstriche in Kauf nehmen muss.

Diese integrierten Werkzeuge sollten dann von den IT-Mitarbeitern auch genutzt werden. Ein geringes Vertrauen in die neuen Werkzeuge kann dazu führen, dass lieber die alten Listen und Tools weiterverwendet werden und die Daten in den neuen Werkzeugen nie aktuell sind.

Zu viele Prozesse werden zeitgleich eingeführt

Bei der Prozessdefinition stößt man immer wieder auf Schnittstellen zu anderen Prozessen. Häufig wäre es aus theoretischer Sicht gut, wenn diese Prozesse auch bereits ausgearbeitet wären. Kleine Gruppen aus eng zusammenhängenden Prozessen gemeinsam einzuführen ist durchaus sinnvoll.

Häufig sind Einzelpersonen in viele Prozesse involviert. Dies intensiviert sich noch, je mehr Rollen in Personalunion realisiert werden. Die zeitgleiche Einführung zu vieler Prozesse birgt die Gefahr, dass der einzelne Beteiligte die große Zahl an Änderungen aus den verschiedenen Prozessen nicht verinnerlicht oder aus Zeitmangel Aufgaben vernachlässigt. Dass bei einer Neueinführung oder größeren Umgestaltung eines Prozesses in der Einführung nicht alles ganz reibungslos läuft, ist normal. Die Tätigkeiten müssen von den Mitarbeitern erst verstanden und in den Arbeitsalltag integriert werden. Auch Schulungen und Awareness-Maßnahmen sind hierbei zu berücksichtigen. Nur wer mit dem notwendigen Wissen ausgestattet ist, kann die ihm zugedachten Aufgaben adäquat wahrnehmen. Am besten werden die Beteiligten von Anfang an in den Veränderungsprozess mit einbezogen.

Mangelnde Qualitätssicherung

Auch wenn Prozesse auf dem Papier sehr gut aussehen, heißt das noch lange nicht, dass sie in der Praxis auch gut funktionieren. Daher ist gerade in der Einführungsphase eine häufigere Qualitätssicherung wichtig. Wenn etwas nicht funktioniert, werden seitens der Prozessbeteiligten schnell Umgehungslösungen gefunden, die dann allerdings in der Regel nicht mehr prozesskonform sind.

IT-Mitarbeiter sträuben sich gegen Veränderungen

IT-Mitarbeiter können häufig nicht nachvollziehen, wenn Anwender sich gegen die Neueinführung von Systemen sträuben. Nicht selten lässt sich bei der Einführung von ITSM-Werkzeugen in IT-Abteilungen eine ähnliche Verhaltensweise seitens der IT-Mitarbeiter erkennen.

Da kommt etwas auf die Mitarbeiter zu, was ihre Arbeitsweise verändern möchte. Eine derartige Umgestaltung ist häufig mit gewissen Ängsten verbunden. Möchte man, dass die Beteiligten für und nicht gegen den Prozess arbeiten, muss man deren Ängste und Weigerungsgründe verstehen und diesen begegnen. Die Ängste können vielfältig sein:

- Da kommt jemand und möchte mir sagen, wie ich meine Arbeit besser machen kann? Mache ich sie denn im Moment nicht gut?
- Wenn ich nicht verstehe, was von mir verlangt wird, bin ich bloßgestellt.
- Solche Änderungen führen nur zu mehr Dokumentation und wir kommen nicht mehr zu unserer eigentlichen Arbeit.
- Für so etwas steht Geld zur Verfügung und wenn ich dann neue Hardware brauche, ist kein Budget mehr da.
- Wenn die Arbeit transparenter wird, dann werde ich überwachbar.

Schafft man es nicht, diesen Ängsten zu begegnen, steht man bei der Einführung großen Widerständen gegenüber.

Prozesse sind zu detailliert

Das Pareto-Prinzip besagt, dass 80 Prozent der Ergebnisse mit 20 Prozent des Gesamtaufwandes erreicht werden. Die verbleibenden 20 Prozent der Ergebnisse benötigen die meiste Arbeit.

Werden beim Entwurf von Prozessen zu viele Eventualitäten berücksichtigt, die laut Pareto in die verbleibenden 20 Prozent fallen, führt dies zu einer zu feingranularen Beschreibung der Aktivitäten. Das Ergebnis können unübersichtliche und nicht mehr steuerbare Prozesse sein, die die Betroffenen nicht mehr lesen und verstehen können.

Prozesse sollten den Standardablauf definieren und den Mitarbeitern Entscheidungsräume für Ausnahmesituationen belassen.

Prozesse und deren Aktivitäten wurden nicht verstanden

Die Prozesse und deren Aktivitäten müssen den Prozessmitarbeitern kommuniziert werden. Die Person, die die Kommunikation übernimmt, hat sich meist schon länger mit der Thematik beschäftigt. Einige zukünftige Prozessmitarbeiter hören vielleicht zum ersten Mal davon. Außerdem sind sie möglicherweise nicht gewohnt, mit grafischen Prozessdarstellungen umzugehen. Viele Aktivitäten mit einzelnen Verfahrensanweisungen werden kommuniziert. Aber kommen sie auf der anderen Seite auch an? Auch wenn ein Mitarbeiter den Prozess aktiv unterstützen möchte, muss er doch zuvor seine Rolle und seine Aufgaben verstanden haben.

Prozesse und deren Aktivitäten werden bewusst umgangen

Das bewusste Umgehen von Prozessen und Aktivitäten kann verschiedene Ursachen haben. Häufig wurden im Vorfeld Widerstände nicht ernst genommen und Ängste nicht ausgeräumt. Aber auch bestehende Kontakte zu einigen Fachanwendern können dazu führen, dass diese weiterhin direkt die Spezialisten anrufen. Im Rahmen einer Qualitätssicherung sollen derartige Situationen erkannt und ihnen begegnet werden. Für einen Prozessmanager ist in solchen Fällen die Intention desjenigen wichtig, der den Prozess umgeht. Möglicherweise handelt es sich um geplante Prozessaktivitäten, die in der Praxis so nicht umsetzbar sind.

Management bekennt sich nicht zum IT-Service-Management

Ein engagierter IT-Mitarbeiter der nicht zur IT-Leitung gehört, möchte ein IT-Service-Management einführen, die IT-Leitung steht jedoch nicht hinter dem Vorschlag. So etwas kann geschehen, wenn z.B. der Teamleiter des Servicedesks einen Bedarf erkennt, die IT-Leitung jedoch nicht. Prozessmitarbeiter lassen sich nur schwer überzeugen, wenn die Leitung nicht überzeugt ist. Noch schwieriger wird es, wenn andere Teamleiter mit eingebunden werden müssen, was bei teamübergreifenden Prozessen zwangsläufig der Fall ist. Und wir haben es im IT-Service-Management fast ausschließlich mit übergreifenden Prozessen zu tun.

Zu viele neue Begrifflichkeiten

Gerade da, wo mit anderen Organisationen, die Begrifflichkeiten aus dem IT-Service-Management verwenden, zusammengearbeitet wird, ist es wichtig, eine gemeinsame Sprache zu sprechen. Sollten sich aber einige Begriffe über die Jahre hinweg innerhalb der Organisation etabliert haben und jeder weiß, was damit gemeint ist, kann eine Änderung dieser Begrifflichkeiten auf unnötige Widerstände treffen.

Trau keiner Statistik ...

Zur Qualitätssicherung im IT-Service-Management sollen kritische Erfolgsfaktoren eines Prozesses oder eines Service identifiziert und Key-Performance-Indikatoren abgeleitet werden. Somit erhält man klare Zahlen, die aufzeigen, ob das Ziel erreicht wurde oder eben nicht. In der Theorie klingt das gut und einfach. Doch in der Praxis ist es nicht immer leicht, den Menschen als Einflussfaktor mit einzubeziehen.

Muss der Teamleiter des Servicedesks die Anzahl seiner Mitarbeiter aufgrund der Anzahl der bearbeiteten Tickets begründen, so kann dieser seine Mitarbeiter anweisen, beim Umzug eines einzelnen Arbeitsplatzes für Rechner, Monitor und jegliche sonstige IT-Geräte jeweils ein separates Ticket zu erfassen.

Es wird versucht eine sehr fehleranfällige Software durch Updates zu stabilisieren. Um den Zielerreichungsgrad zu messen, wird die Anzahl der eingegangenen Incidents pro Woche analysiert. Nach dem dritten Update nimmt die Anzahl deutlich ab. Hängt das nun an der stabilen Software? Oder vielmehr daran, dass die Anwender Möglichkeiten gefunden haben, die Software nicht mehr so häufig nutzen zu müssen, oder auch an einer gewissen Resignation der Anwender?

Messen ist wichtig – vor allem zur Feststellung der Zielerreichung. Aber bei der Interpretation der Ergebnisse sollte immer mit einbezogen werden, ob diese auch die gewünschten Rückschlüsse zulassen.

10.3 Vorgehensweise bei der Einführung

Anwendungsbereich definieren und Verantwortlichkeiten zuweisen

Zu Beginn stellen sich drei Fragen:

- Warum soll etwas geändert werden?
- Was soll optimiert werden?
- Wer soll sich federführend um die Umsetzung kümmern?

In Abschnitt 10.1 wurden viele potenzielle, positive Effekte der Einführung eines ITSM formuliert. Doch welcher konkrete Nutzen wird für die eigene Organisation erwartet? Die Einführung eines ITSM bringt für die Beteiligten Veränderung und häufig auch einen Mehraufwand mit sich, wodurch sich die Frage nach dem Warum sehr schnell ergibt. Die Antwort sollte allen kommuniziert und in die Service-Management-Richtlinie aufgenommen werden.

Die zweite Frage zielt auf den Geltungsbereich (Scope). Diesen gilt es sinnvoll zu wählen. Bei einem zu kleinen Geltungsbereich wird Potenzial vergeudet, bei einem zu großen besteht die Gefahr, dass man sich übernimmt.

Die Antwort auf die dritte Frage erhält man durch Zuweisung der Rollen SMS-Verantwortlicher und SMS-Manager. Der SMS-Verantwortliche sollte durch eine Führungskraft besetzt werden, die in der Hierarchie des IT-Dienstleisters möglichst weit oben angesiedelt ist. Er muss sich um die Managementunterstützung kümmern und dem SMS-Manager ausreichend Ressourcen, vor allem Zeit, zur Verfügung stellen.

Im Rahmen einer Service-Management-Richtlinie sollte nicht nur der Geltungsbereich festgehalten, sondern die grundsätzliche Frage beantwortet werden, warum man ein IT-Service-Management einrichten möchte, d.h., welche Ziele man damit verfolgt. Hinter dieser Richtlinie muss das Management des IT-Dienstleisters stehen und sie unterstützen.

Auch wenn es sich bei FitSM um einen leichtgewichtigen Ansatz handelt, ist es unerlässlich, sich mit dem Thema intensiv auseinanderzusetzen, z.B. über entsprechende Schulungen, um Definitionen, Vorgehensweisen, Anforderungen und Hintergründe zu verstehen.

Allen Beteiligten sollte klar sein, dass die Einführung eines IT-Service-Managements keine einmalige Aktion darstellt, sondern laufende Tätigkeiten zur

Qualitätssicherung mit sich bringt. Jedoch ist in der Regel der Aufwand zur laufenden Qualitätssicherung deutlich geringer als der Aufwand im Rahmen der Einführung.

Rahmen für Dokumente und Gestaltung festlegen

Bei der Einführung eines IT-Service-Managements werden viele Dokumente erstellt. Um einen Wildwuchs unterschiedlicher Dokumente zu vermeiden, der im Nachhinein wieder vereinheitlicht werden muss, sollten frühzeitig die Anforderungen an die Dokumente selbst sowie an die Dokumentenlenkung festgelegt werden. Es bietet sich an, Dokumentvorlagen zu erstellen.

Bei der späteren Prozessmodellierung müssen Abläufe beschrieben werden. Hierbei unterstützen grafische Gestaltungen den schnellen Überblick über den Gesamtprozess sowie das Verständnis detaillierter Teilbereiche. In vielen Organisationen gibt es bereits etablierte Notationen zur grafischen Darstellung von Prozessen. In solch einem Fall ist es meist sinnvoll, daran anzuknüpfen, da die Art der grafischen Darstellung den Beteiligten bereits bekannt ist.

Die zwei am weitesten verbreiteten Notationen zur Prozessmodellierung sind die ereignisgesteuerte Prozesskette (EPK) und die Business Process Modeling Notation (BPMN). Die EPK wird häufig genutzt, jedoch liegt ihr kein offizieller Standard zugrunde, wodurch manchmal von unterschiedlichen Werkzeugen verschiedene grafische Darstellungen resultieren. Die BPMN hingegen ist ein Standard der Object Management Group (OMG), der sich in der Praxis stetig wachsender Beliebtheit erfreut. Beide Notationen werden durch viele bekannte Werkzeuge wie Microsoft Visio oder auch ARIS Express unterstützt.[3] Letzteres ist ein Werkzeug, das aus der ARIS-Plattform hervorging, einem Marktführer im Bereich Geschäftsprozessmodellierung, und gemäß den Lizenzbedingungen zum Zeitpunkt der Drucklegung dieses Buches auch im kommerziellen Bereich kostenlos eingesetzt werden darf.

IT-Mitarbeiter einbeziehen

Viele der in Abschnitt 10.2 geschilderten Stolpersteine betreffen die Prozessmitarbeiter. Ein Prozess kann noch so gut entworfen sein, wenn die innerhalb des Prozesses beteiligten Personen sich nicht an die definierten Abläufe halten oder diese sogar aktiv sabotieren, dann ist der Prozess zum Scheitern verurteilt.

Kurzfristige Veränderungen erzeugen Unsicherheit. Daher ist es wichtig, bereits frühzeitig den Beteiligten zu kommunizieren, dass sich Änderungen in den Arbeitsabläufen ergeben werden. Eine gute Möglichkeit hierzu bieten Situatio-

3. Es gibt noch eine Vielzahl weiterer Werkzeuge zur Prozessmodellierung auf dem Markt. Die Autoren haben sich dafür entschieden, ein Beispiel für eines der bekanntesten Werkzeuge und einen weitverbreiteten Vertreter der kostenlosen Werkzeuge zu nennen. Diese Nennung stellt keine Wertung dar.

nen, die Mängel in den aktuellen Abläufen aufzeigen. Auf diese Weise wird den Beteiligten die Notwendigkeit einer Reorganisation eher bewusst als durch eine bunte Folienpräsentation. Auch eine potenzielle Zunahme der Kundenanforderungen und die Feststellung, dass die aktuellen Prozesse diesen Anforderungen nicht gewachsen sind, bietet die Möglichkeit, eine Umgestaltung zu begründen. Im Falle einer frühzeitigen Kommunikation können sich die Mitarbeiter über das Thema austauschen. Anregungen, Ideen, aber auch Bedenken können formell, aber auch informell beim Mittagessen oder in der Kaffeeküche geäußert und diskutiert werden. Man kann sich mit dem Thema auseinandersetzen.

Ein Prozessdesigner schaut aus der Vogelperspektive auf die Geschäftsprozesse. Die Servicedesk-Mitarbeiter, Administratoren, Softwareentwickler, Techniker, also die Mitarbeiter im operativen Bereich, kennen dagegen die Schwierigkeiten, die an der Basis auftauchen. Diese Erfahrungen stellen einen wertvollen Input für das Prozessdesign dar. Die Berücksichtigung der bereits genannten Anregungen, Ideen und Bedenken zeigt den Einzelnen, dass sie ernst genommen werden. Nicht ein Dritter macht sich Gedanken darüber, wie ich als Spezialist in meinem Bereich meine Arbeit besser machen kann, sondern gemeinsam wird versucht, die Leistungsfähigkeit des gesamten IT-Dienstleisters auf ein neues Niveau zu heben.

Änderungen führen häufig zu Ängsten. Ängste, den Anforderungen nicht gewachsen zu sein, eine Insel der Selbstständigkeit, die man sich eingerichtet hat, zu verlieren, Aufgaben abgeben zu müssen, durch Standardisierung nur noch monotone Arbeiten zu erledigen und viele mehr. Gerade in einer Umgebung mit einem hohen maskulinen Mitarbeiteranteil, wie er im IT-Bereich häufig zu finden ist, könnte eine Kultur vorherrschen, die derartige Ängste nicht ausspricht. Sie sind jedoch zu finden in Zurückhaltung, negativen Kommentaren, Bedenken oder Kritik. Gelingt es, diese Personen zur Kommunikation zu bewegen und diese Kommunikation auf ein sachliches Niveau zu bringen, werden Ängste greifbar und ihnen kann begegnet werden.

Bei der Neugestaltung von Prozessen kommen häufig neue Aufgaben auf Prozessmitarbeiter zu oder bestehende werden komplexer. Die Person, die diese Aufgaben ausführen muss, stellt sich dabei mit Recht die Frage nach dem Sinn. Tätigkeiten, die der Einzelne nicht zielführend oder gar als störend empfindet, werden gerne ignoriert, umgangen oder einfach nur nicht mit der nötigen Sorgfalt ausgeführt. Daher ist es wichtig, den Nutzen dieser Tätigkeiten so zu kommunizieren, dass die betreffende Person den Nutzen auch nachvollziehen kann. Besonders schwierig kann sich dies gestalten, wenn der Nutzen in einem anderen Team und nicht bei der Person realisiert wird, die den erhöhten Aufwand bewerkstelligen muss.

Werden Prozessmitarbeiter in kurzer Zeit mit vielen Änderungen konfrontiert, könnte dies zu einer Überforderung führen. Insbesondere, wenn verschiedene Prozessmanager jeweils ein überschaubares Maß an Änderungen ihrer Prozesse durchsetzen möchten, kann sich dies zu einem immensen Pensum aggregieren. Im Tagesgeschäft hat der Prozessmitarbeiter häufig nicht die Zeit, jeden Prozessschritt, sobald dieser an der Reihe ist, noch einmal in Ruhe nachzulesen. Im Zweifel wird der Schritt so erledigt, wie man der Meinung ist, dass es passen könnte, oder man fragt einen Kollegen, der mit dem Ablauf auch noch nicht vertraut ist.

Prozesse müssen verständlich kommuniziert werden. Denn nur wenn der Prozessmitarbeiter seine Rolle und die damit zusammenhängenden Aufgaben verstanden hat, kann er sie prozesskonform durchführen. Die Kommunikation ist also zielgruppengerecht zu gestalten. Viel wichtiger als die Frage »Was sage ich?« ist die Frage »Was kommt bei meinem Gegenüber an?«. Die Person bzw. das Team, das den Prozess entworfen hat, hat sich intensiv mit dem Gesamtprozess, den Auswirkungen auf andere Prozesse sowie mit den Anforderungen und Fachbegriffen auseinandergesetzt. Viele dieser Aspekte sind für die Prozessmitarbeiter neu. Zuzugeben, den Prozess nicht verstanden zu haben, könnte bedeuten, sich vor Kollegen oder gar einem Vorgesetzen bloßzustellen. Das Verständnis kann dadurch erhöht werden, dass die wichtigsten Begriffe und Zusammenhänge frühzeitig vermittelt werden, z.B. im Rahmen einer eintägigen FitSM-Foundation-Schulung. Der Einzelne kann seine Rolle im Gesamtkonstrukt eher nachvollziehen, wenn er diese einordnen kann.

Kurz zusammengefasst lassen sich die IT-Mitarbeiter folgendermaßen einbeziehen:

- Prozessmitarbeiter abholen, sie frühzeitig involvieren
- Aktuelle Mängel kommunizieren
- Die Beteiligten in die Neugestaltung mit einbeziehen
- Bedenken ausräumen, Ängste ernst nehmen
- Nutzen kommunizieren
- Änderungen in überschaubaren Portionen aufteilen, Prozessmitarbeiter nicht überfordern
- Prozesse verständlich kommunizieren

Identifikation der IT-Services

Welche Services werden aktuell durch den IT-Dienstleister erbracht? Diese Services gilt es zu identifizieren und die die Anforderungen an die Services zu dokumentieren.

Bei der Identifikation der IT-Services stellt sich schnell die Frage, was ein eigenständiger Service und was nur ein Bestandteil eines Service ist. Im Falle interner IT-Abteilungen, die die komplette IT eines Kunden, einschließlich der Arbeitsplätze, verwalten, bietet es sich meist an, mit den Services »Arbeitsplatzrechner« und »Benutzer« zu beginnen. In diese Services kann alles subsumiert werden, was grundsätzlich zu jedem Arbeitsplatz oder zu jedem Benutzerkonto gehört. So kann ein E-Mail-Postfach dem Service »Benutzer« zugeordnet werden.

Dies reduziert die Anzahl der Services und somit auch die Komplexität. Sobald eine Leistung nur einem bestimmten Benutzerkreis zur Verfügung steht, ist es sinnvoll, einen eigenen Service zu kreieren. Vor allem, wenn durch den Service zusätzliche Kosten entstehen, z.B. durch Lizenzen, oder ein zusätzlicher administrativer Aufwand resultiert.

Weg von Produkten, hin zu Dienstleistungen bzw. Nutzungsmöglichkeiten! Bei der Beschreibung der Servicebestandteile sollten möglichst wenig Hersteller und Produktversionen auftauchen. So wird dem Kunden also eher ein E-Mail-Postfach mit einer bestimmten Größe angeboten als ein »Microsoft Exchange Server 2016«-Postfach. Dies bietet einem IT-Dienstleister die größtmögliche Flexibilität bei der Auswahl der Produkte. Ein Internet Service Provider beschreibt auch eher das Ergebnis (Bandbreite, Verfügbarkeit) als die Einzelkomponenten, die er zur Realisierung verwendet. In einigen Fällen kann es für Kunden aber wichtig sein, dass ein bestimmtes Produkt in einer festgelegten Version eingesetzt wird, z.B. weil sein Kunde wiederum ihm diese Nutzung vorschreibt. In solch einem Fall ist die genaue Spezifikation des eingesetzten Produktes im Service durchaus angebracht.

Bei der Beschreibung eines Service sollte darüber hinaus beachtet werden, dass zum Service nur das gehört, was ein Kunde benötigt, ihm also einen Nutzen erbringt, nicht was das aktuell eingesetzte Werkzeug alles mitbringt.

Für jeden Service sollte gleich ein Serviceverantwortlicher festgelegt werden, der im Folgenden für alle Fragen zum Service zur Verfügung steht.

Ist-Aufnahme gelebter Abläufe

Die Grundlage der nachfolgenden Identifikation der einzuführenden Prozesse bildet eine Ist-Aufnahme. Hierbei wird erfasst, welche Abläufe es derzeit gibt. Dabei spielt weniger eine Rolle, welche Prozesse dokumentiert sind, sondern eher, welche Abläufe gelebt werden. In der Regel werden bereits IT-Dienstleistungen einem Kunden erbracht. Und wenn auch ein Optimierungsbedarf erkannt wurde, scheint einiges zu funktionieren.

Identifikation der einzuführenden Prozesse

Die oben identifizierten, gelebten Abläufe bilden eine gute Basis für einzuführende bzw. zu optimierende Prozesse. Darüber hinaus sollten die restlichen FitSM-Prozesse daraufhin geprüft werden, inwieweit deren Einführung der eigenen Organisation einen Mehrwert erbringt. Daraus ergeben sich die einzuführenden ITSM-Prozesse.

Im Service-Management-Plan wird die Vorgehensweise der Implementierung festgelegt. Die einzuführenden Prozesse werden festgehalten, sie werden sinnvoll gruppiert und es wird ein Zeitplan für die Einführung erstellt.

Prozesse mit intensiven Schnittstellen zueinander sollten tendenziell gemeinsam eingeführt werden. Typische Cluster bilden hierbei:

- Incident & Service Request Management
  Problem Management
- Configuration Management
  Change Management
  Release & Deployment Management
- Service Availability & Continuity Management
  Capacity Management
- Service Portfolio Management
  Service Level Management
  Customer Relationship Management

Letztendlich muss jede Organisation jedoch für sich selbst entscheiden, wie Prozesse bei der Einführung gruppiert werden.

Es bietet sich an, mit Prozessen zu beginnen, die im ersten Schritt einen möglichst geringen Aufwand verursachen, aber trotzdem einen schnellen sichtbaren Nutzen bringen (Quick Wins). Auf diese Weise können alle Beteiligten Erfahrungen mit IT-Service-Management sammeln. Es ist deutlich einfacher, mit späteren Schwierigkeiten umzugehen, wenn man bereits Erfolge verbuchen konnte. Bei der parallelen Einführung von Prozessen gilt es, zu beachten, dass nicht Einzelpersonen, die in vielen Prozessen die Rolle des Prozessmanagers übernehmen, überlastet werden. Ähnliches gilt auch für die Prozessmitarbeiter, die die operativen Aufgaben innerhalb der Prozesse ausführen. So kann es passieren, dass viele Prozessmanager nur den eigenen Prozess im Blick haben und die Prozessmitarbeiter häufig instruieren. Ist ein Prozessmitarbeiter in viele verschiedene Prozesse eingebunden, bündeln sich dort diese stetigen Instruktionen und es entsteht ein kontraproduktiver Stresslevel. Der Zeitplan für die Einführung sollte realistisch sein. Haben die an der Einführung beteiligten Personen noch weitere Aufgaben, ist zu berücksichtigen, dass das Tagesgeschäft ausreichend Ressourcen für die Planung und Einführung des Service-Managements lässt. Wenn Einzelpersonen die Prozessmanager-Rolle in vielen Prozessen übernehmen, ist zudem zu beachten, dass nach der Einführung eines Prozesses nicht die kompletten Ressourcen für die Einführung eines neuen Prozesses genutzt werden können, denn sonst leidet die Qualitätssicherung des eingeführten Prozesses und gerade kurz nach der Einführung ist die Qualitätssicherung ein wichtiger Schritt zur Sicherung des Erfolges.

Die Rollen Prozessverantwortlicher und Prozessmanager zuweisen

Die Rollen des SMS-Verantwortlichen und des SMS-Managers wurden bereits bei der Festlegung des Rahmens des gesamten SMS verteilt. Bevor nun einzelne Prozesse ausgearbeitet werden, muss der SMS-Manager jeweils einen Prozessverantwortlichen bestimmen. Die Aktivitäten der Prozesse reichen in der Regel über mehrere Bereiche oder auch Teams hinweg. Häufig findet jedoch ein zentraler Teil eines Prozesses in einem bestimmten Bereich statt. Wird der Prozessverantwortliche so gewählt, dass es sich hierbei um einen Vorgesetzten des entsprechenden Bereiches handelt, kann sich dies positiv auf die spätere Implementierung des Prozesses auswirken. Der Prozessverantwortliche ist dann in geringerem Maße auf die Zuarbeit anderer Bereiche angewiesen.

Die Prozessverantwortlichen definieren Ziele und Schnittstellen ihres Prozesses und kommunizieren mit den Verantwortlichen angrenzender Prozesse, um sicherzustellen, dass die Schnittstellen selbst sowie die Anforderungen in Bezug auf Datenumfang und -qualität allen Beteiligten bekannt sind. Hierzu ist es sinnvoll, den Ablauf des eigenen Prozesses bereits grob zu dokumentieren. Zur praktischen Umsetzung wählt der Prozessverantwortliche einen oder mehrere Prozessmanager aus. Mehrere Prozessmanager sind vor allem dann sinnvoll, wenn der Prozess zwei komplexe, aber weitestgehend separierbare Bereiche betrifft. So könnte es im Prozess Incident & Service Request Management einen Prozessmanager für Incidents und einen für Service-Requests geben. Eine frühe Identifikation und Einbeziehung der Prozessmanager hat den Vorteil, dass diese nicht nur die Ergebnisse, sondern auch den Abstimmungsprozess der Prozessverantwortlichen mit verfolgen können. Dies unterstützt das Verständnis dafür, worauf es bei der Umsetzung des Prozesses maßgeblich ankommt.

Die Vielzahl unterschiedlicher Rollen wirkt gerade auf kleinere IT-Dienstleister oft sehr erdrückend. Bei genauerer Betrachtung relativiert sich dies jedoch sehr schnell. Meist bietet es sich an, mehrere Rollen einer einzelnen Person zuzuweisen. FitSM-3 erwähnt explizit, dass es gerade in kleinen Organisationen sinnvoll sein kann, die Rollen des SMS-Verantwortlichen und aller Prozessverantwortlichen auf eine Person zu konzentrieren. Diese Person legt Ziele, Rahmenbedingungen und die grundsätzliche Vorgehensweise für das SMS sowie für alle Prozesse fest. Auch viele Manager-Rollen lassen sich sinnvoll kombinieren. Eine Bündelung mehrerer Rollen bei einer Person kann auch in größeren Organisationen hilfreich sein. Vor allem dann, wenn zwischen zwei Prozessen viele Schnittstellen und somit ein intensiver Abstimmungsbedarf besteht. Typische Kombinationen bilden hierbei die oben aufgeführten Cluster.

Die Konzentration mehrerer Rollen auf Einzelpersonen birgt jedoch auch Gefahren, da möglicherweise gegenseitige Kontrollen oder auch Abstimmungsprozesse außer Kraft gesetzt werden.

Zur Vereinfachung könnte bei der Implementierung die Anzahl der Rollen auch verringert werden, indem eigene, vereinfachte Rollendefinitionen erstellt werden. Doch Vorsicht:

- Die Erstellung von Rollendefinitionen, die stark von dem in FitSM-3 definierten Rollenmodell abweichen, bringt einen zusätzlichen, nicht zu unterschätzenden Aufwand mit sich.
- Personen, die mit den etablierten Rahmenwerken zum IT-Service-Management vertraut sind, kennen die dort definierten Rollen. Eine starke Abweichung kann zu Verwirrung führen.
- Die Aufgaben und vor allem die Verantwortlichkeiten, die in FitSM-3 bestimmten Rollen zugewiesen wurden, müssten auch durch ein individuelles Rollenkonzept abgedeckt werden, um Lücken zu vermeiden. Derartige Lücken können sich sonst störend auf die Prozessimplementierung sowie auf den täglichen Prozessablauf auswirken.

Um- bzw. Neugestaltung der einzelnen Prozesse

Prozessverantwortlicher und Prozessmanager analysieren auf Basis der aktuell gelebten Abläufe, welche Bestandteile derzeit sehr gut funktionieren und wo Optimierungspotenzial besteht. Zur Unterstützung kann geprüft werden, inwieweit die aktuellen Abläufe die Anforderungen aus FitSM-1 erfüllen. Aber auch idealtypische Abläufe, wie sie die verschiedenen ITSM-Rahmenwerke beschreiben, oder die Darstellung zum jeweiligen Prozess in diesem Buch können zurate gezogen werden.

Nun wird der Prozess so um- oder auch neugestaltet, dass die Erreichung der gesteckten Ziele möglichst gut unterstützt wird. Dabei gilt es, zu identifizieren, welche Aktivitäten auf welchem Niveau ausgeführt werden müssen. Alle notwendigen Schritte müssen enthalten sein. Jedoch sollte der Prozess keinen unnötigen Ballast beinhalten (siehe Ausführungen unter »Zu viel Bürokratie« in Abschnitt 10.2). Gerade bei der Festlegung der zu erfassenden Aspekte eines bestimmten Geschäftsvorfalls oder Dokumentes (z.B. Incident, Problem, Change, SLA) muss der Aufwand zur Erfassung und Pflege gegen den zu erwartenden Nutzen abgewogen werden. Wichtig ist dabei der wirklich zu erwartende Nutzen, also was tatsächlich realisiert werden soll. Oft wird vonseiten der Prozessdesigner mit dem potenziellen Nutzen argumentiert. Dies führt dazu, dass im täglichen Betrieb viele Details erfasst werden müssen, mit denen theoretisch eine Vielzahl interessanter Auswertungen möglich ist. Doch diese Auswertungen werden hinterher nicht erstellt oder sie haben keine praktischen Konsequenzen. Es ergibt sich also kein tatsächlicher Nutzen, der erhöhte Dokumentationsaufwand ist jedoch real.

Mit in die Gestaltung einzubeziehen sind die Schnittstellen zu anderen Prozessen sowie die prozessspezifischen Rollen. Prozessverantwortlicher und -manager wurden ja bereits definiert, darüber hinaus kennen die meisten Prozesse aber noch weitere Rollen (siehe FitSM-3).

Sind die Aufgaben innerhalb eines Prozesses identifiziert, müssen diese so beschrieben werden, dass die Prozessbeteiligten sie verstehen. Das gilt nicht nur für die aktuell beteiligten Personen, sondern auch für Mitarbeiter, die zukünftig den Bereich wechseln oder neu eingestellt werden. Die Dokumentation des Prozesses kann sehr detailliert oder auch auf einem geringen Detailniveau stattfinden.

Für einen geringeren Detailgrad spricht:

- Eine einfachere Gestaltung der Dokumentation
- Ein geringerer Pflegeaufwand
- Die Dokumentation kann von allen Beteiligten schnell erfasst werden.
- Die Dokumentation wird eher gelesen.

Für einen hohen Detailgrad spricht, dass die definierten Abläufe einen geringeren Interpretationsspielraum für den Einzelnen zulassen, was zu einheitlicheren Abarbeitungen und somit zu einheitlicheren Ergebnissen führt.

Werkzeug auswählen

Nach der Identifikation der IT-Services und der einzuführenden Prozesse zeichnet sich ein Bild der geplanten Abläufe und deren Komplexität ab. Daraus können Anforderungen an das Werkzeug abgeleitet werden, das zukünftig die Prozesse unterstützen soll.

Zuerst werden die funktionalen Anforderungen definiert, die beschreiben, WAS ein System leisten muss. Diese resultieren aus den zu unterstützenden Prozessen und individuellen Anwendungsfällen. Zu den funktionalen Anforderungen gehört unter anderem die Unterstützung folgender Punkte:

- Die Abbildung der definierten Prozesse und deren Teilaufgaben
- Die Abbildung vorgesehener Rollen
- Selbstständige Durchführung automatisierbarer Aufgaben
- Die Umsetzung der Anforderungen an die Dokumentation, was besonders wichtig ist, wenn Pflichtfelder eingerichtet werden sollen (z.B. bei einem Incident oder Change)
- Die Erstellung vorgesehener Berichte und Auswertungsmöglichkeiten
- Die Unterstützung notwendiger Schnittstellen zur Datenübergabe angrenzender Systeme

Darüber hinaus gibt es nicht funktionale Anforderungen, die beschreiben, WIE GUT ein System die funktionalen Anforderungen erfüllen muss:

- **Kapazität**
  Welche Datenmengen müssen bewerkstelligt werden? Dies ist vor allem dann relevant, wenn Lizenzmodelle eine leistungsbezogene Lizenzierung (z.B. pro Prozessorkern) vorsehen.

- **Performance**
  Wie schnell müssen bestimmte Aufgaben erledigt werden? Hierbei spielt unter anderem die Geschwindigkeit im Dialogbetrieb eine Rolle. Besonders hohe Anforderungen ergeben sich häufig aus dem Servicedesk, wo eine schnelle Werkzeugunterstützung ein wichtiger Faktor darstellt.
- **Benutzerfreundlichkeit**
  Bei der Aufnahme eines Incidents darf das Werkzeug nicht die gesamte Aufmerksamkeit des IT-Mitarbeiters benötigen, wenn dieser zeitgleich mit einem Anwender telefonieren soll.
- **Skalierbarkeit**
  Wie viele IT-Mitarbeiter, Anwender oder auch Infrastrukturkomponenten müssen maximal unterstützt werden?
- **Anpassungsfähigkeit/Erweiterbarkeit**
  Inwieweit lässt sich das Werkzeug mit vertretbarem Aufwand an zukünftige Gegebenheiten anpassen bzw. in der Funktionalität erweitern?
- **Portabilität (Plattformunabhängigkeit)**
  Müssen einzelne Systemkomponenten auf verschiedene Plattformen portierbar sein? Zum Beispiel die Datenbank auf einen bestehenden Datenbankserver, die Einbindung eines Web-Frontends in ein bestehendes Intranet oder die Nutzung einer Clientkomponente auf verschiedenen Smartphones.
- **IT-Sicherheit**
  Je nachdem, welche Konsequenzen eine Gefährdung der Vertraulichkeit, Verfügbarkeit und auch der Integrität der gespeicherten Daten hätte, können erhöhte Anforderungen an die Sicherheit des Gesamtsystems bestehen oder auch nur einzelner Teile, wie z.B. einer Clientkomponente auf Smartphones.
- **Verfügbarkeit**
  Welche Anforderungen an die Verfügbarkeit gibt es? Muss das Werkzeug möglicherweise eine fehlertolerante Installation unterstützen, durch die einzelne Hardwareausfälle abgefangen werden können?
- **Kontinuitätskriterien**
  In großen Organisationen können IT-Service-Management-Werkzeuge sehr komplex werden. Sollen in einem Katastrophenfall Aktivitäten über diese Werkzeuge gesteuert werden, müssen die entsprechenden Systemkomponenten im Katastrophenfall auch verfügbar sein.

Neben den funktionalen und nicht funktionalen Anforderungen an das IT-Service-Management-Werkzeug spielt auch der entstehende Aufwand eine wichtige Rolle. Hierbei darf nicht nur der rein monetäre Aufwand berücksichtigt werden, sondern auch der, der durch ständige administrative Tätigkeiten, Anpassungen und Schulung der eigenen Mitarbeiter entsteht.

Es muss nicht zwingend ein einzelnes Werkzeug eingeführt werden. Auch ein Konstrukt aus mehreren einzelnen Werkzeugen mit entsprechenden Schnittstellen ist möglich. Dies kann sich dort anbieten, wo nur geringe Anforderungen an die Schnittstellen zwischen Prozessen oder einzelnen Aktivitäten bestehen. So kann ein SLA durchaus mit einem separaten Textverarbeitungsprogramm erstellt und in einem Dokumentenmanagementsystem abgelegt werden. Die Nutzung unterschiedlicher zentraler Werkzeuge in Prozesse, die einen sehr hohen Grad an Interaktion aufweisen und daher hohe Anforderungen an die Schnittstelle stellen, ist eher schwierig. Dies ist z.B. zwischen den Prozessen Incident & Service Request Management sowie Problem Management der Fall.

Auf Basis der oben festgelegten Kriterien kann nun eine Bewertungsmatrix erstellt werden. Die einzelnen Kriterien werden priorisiert und in drei Bereiche eingeteilt:

- **K.-o.-Kriterien**
  Diese Kriterien müssen zwingend erfüllt werden. Eine Nichterfüllung sorgt zum sofortigen Ausschluss des Produktes.
- **Wichtige Anforderungen**
  Eine Nichterfüllung dieser Kriterien wird mit einer niedrigen Punktzahl bestraft, führt aber nicht direkt zum Ausschluss.
- **Nice to have**
  Hierbei handelt es sich um Eigenschaften, bei denen es schön wäre, wenn das Produkt sie mitbringt.

Die Bewertungsmatrix stellt eine standardisierte Checkliste dar, die eine objektivere Gewichtung der Kriterien ermöglicht.

Bevor man sich für einen Anbieter entscheidet, sollte eine Referenzinstallation begutachtet und mit Personen gesprochen werden, die das entsprechende System nutzen.

Schulung

Im Rahmen des Prozessdesigns wurde den dort relevanten IT-Mitarbeitern bereits das notwendige theoretische Wissen aus dem IT-Service-Management vermittelt. Gibt es noch weitere IT-Mitarbeiter, die noch nicht mit der Thematik vertraut sind, sollte auch diesen das notwendige Know-how nahegebracht werden. Zwingend notwendig ist das Verständnis von Begrifflichkeiten, die im eigenen IT-Service-Management-Kontext oder auch gemäß einer eigenen Definition verwendet werden sollen. Darüber hinaus muss jeder IT-Mitarbeiter die Prozesse kennen, an denen er selbst maßgeblich beteiligt ist. Auch Kenntnisse über angrenzende Prozesse sind hilfreich, gerade dann, wenn das Arbeitsergebnis einer Person in einem anderen Prozess weiterverwendet werden soll. Auf diese Weise können Beteiligte eher abschätzen, worauf es bei ihrer Dokumentation ankommt. Als Grundlage einer solchen Schulung kann ein FitSM-Foundation-Seminar dienen, das gegebenenfalls an die eigenen Erfordernisse angepasst wird.

Darüber hinaus muss auch der Umgang mit den IT-Service-Management-Werkzeugen geschult werden. Dies lässt sich separat gestalten oder in die oben erwähnte Schulung mit integrieren. Bei dem Verständnis der eigenen Rolle, den Anforderungen an die Aufgabenerledigung sowie die notwendigen Kenntnisse der Programmbedienung handelt es sich um kritische Erfolgsfaktoren der Implementierung eines IT-Service-Managements. Denn nur wenn jeder Beteiligte eines Prozesses verstanden hat, was von ihm erwartet wird und wie er diese Aufgaben ordnungsgemäß erfüllt, kann der Prozess erfolgreich umgesetzt werden.

Sollte im Rahmen eines Prozesses von Stakeholdern, also beispielsweise Kunden, Anwendern oder Lieferanten, ein anderes Verhalten als das bisherige verlangt werden, muss dies verständlich kommuniziert werden. Gerade in Bezug auf die Anwender ist auf eine möglichst einfache und allgemeinverständliche Sprache zu achten, da bei deren Fertigkeiten nicht von einem erhöhten IT-Hintergrund ausgegangen werden kann.

Implementierung der einzelnen Prozesse

Die zuvor kommunizierten, geschulten sowie durch Werkzeuge unterstützten Abläufe werden nun in die Tat umgesetzt. Dabei ist ein erhöhtes Augenmerk darauf zu legen, dass sich tatsächlich alle Beteiligten an die Vorgaben halten. Dies ist eine elementare Grundlage für die Prozessevaluation. Denn nur wenn der Prozess wie geplant ausgeführt wird, können auftretende Schwierigkeiten im Ablauf oder Unstimmigkeiten im Ergebnis auf das Prozessdesign oder die Werkzeugunterstützung zurückgeführt werden. In der Praxis hat man es bei der Prozesseinführung immer wieder mit Personen zu tun, die vehement an der Meinung festhalten, dass ein Prozess so nicht funktionieren kann und man damit nur seine Zeit verschwendet. Derartige Diskussionen dürfen nicht auf einem emotionalen Niveau geführt werden. Ein Prozessmanager sollte sich die Zeit nehmen, Argumente anzuhören und diese zu diskutieren. Manchmal hilft es, diesen Personen klarzumachen, dass ihre Kritik ernst genommen wird, aber nur dadurch bewiesen werden kann, dass sich alle an den geplanten Prozessablauf halten. Bei einer sehr hohen Anzahl an Prozessmitarbeitern kann diese Vorgehensweise jedoch die zur Verfügung stehenden Ressourcen des Prozessmanagers übersteigen.

Nach der Umsetzung eines Prozesses treten meist die ersten Unstimmigkeiten auf. Gründe dafür, dass ein Ablauf in der Theorie stimmig ausgesehen hat, in der Praxis jedoch zu Schwierigkeiten führt, gibt es viele:

- Es treten in der Praxis Fälle auf, die im theoretischen Ablauf nicht berücksichtigt wurden.
- Ein Werkzeug reagiert anders als geplant.
- Eine Schnittstelle funktioniert nicht oder nicht in der angenommenen Geschwindigkeit.
- Die Qualität eines Datenbestandes hat nicht das erwartete Niveau.
- Ein Ablauf gestaltet sich in der praktischen Umsetzung als sehr kompliziert.
- Nicht alle Prozessmitarbeiter haben verstanden, welche Rolle sie spielen und welche Aufgaben in welchem Detailgrad sie zu erledigen haben.
- In der Praxis tritt an einzelnen Stellen ein Arbeitspensum auf, das die Erledigung aller anfallenden Aufgaben bei gleichzeitiger Erhöhung des Dokumentationslevels durch den neuen Prozess unmöglich macht.

Durch regelmäßige Evaluationsrunden kann die Prozessqualität überprüft und gegebenenfalls nachgesteuert werden. Je höher die Prozessqualität, desto länger können diese Runden werden. Eine erste Runde kann sich bereits nach den ersten Tagen der praktischen Umsetzung anbieten. So kann sehr schnell auf Mängel reagiert und den Prozessmitarbeitern gezeigt werden, dass ihre Anmerkungen ernst genommen werden. Je nach Prozessqualität können weitere Runden beispielsweise nach einer Woche, einem Monat, einem Jahr durchgeführt werden. Bei größerem Optimierungsbedarf sollten die Runden eher etwas näher beisammen liegen.

Bei sehr komplexen Prozessen oder Prozessgruppen kann es sinnvoll sein, eine Einführung in mehreren Schritten durchzuführen. Im Rahmen der Evaluationsrunden kann dann geprüft werden, ob die Qualität eines Kernprozesses ausreichend ist, bevor der Komplexitätsgrad weiter erhöht wird. Dies vereinfacht nicht nur die Evaluation, sondern verhindert zeitgleich eine Überforderung der Prozessmitarbeiter.

Langfristige Qualitätssicherung

Hat sich der Prozess im täglichen Betrieb bewährt, gehen die Evaluationsrunden über in eine langfristige, regelmäßige Qualitätssicherung durch den Prozess Continual Service Improvement Management. Ob die Qualität des Prozesses alle sechs Monate oder eher alle zwei Jahre überprüft wird, hängt von vielen Faktoren ab. Für eine kürzere Zeitdauer spricht Folgendes:

- Häufige Änderungen im Geschäft des Kunden, insbesondere in den Geschäftszielen
- Sehr anspruchsvolle Vorgaben
- Viele Prozessbeteiligte
- Viele Prozessschnittstellen
- Komplizierte Prozesse

Im Falle einer IT-Abteilung in einem kleinen oder mittelständischen Unternehmen mit stabilen Geschäftsprozessen und einfachen ITSM-Prozessen können eher längere Abstände bei der Qualitätssicherung gewählt werden.

10.4 Föderierte IT-Infrastrukturen

Traditionelle IT-Service-Management-Modelle gehen davon aus, dass es einen einzelnen IT-Dienstleister (Service-Provider) gibt, der die alleinige, zentrale Kontrolle über seine IT-Service-Management-Prozesse ausübt. In der Praxis ist diese traditionelle Form die am häufigsten auftretende Variante. In vielen Situationen kommt es aber auch vor, dass IT-Services von mehreren Dienstleistern gemeinsam erbracht werden – also im Rahmen einer Föderation. Dann müssen IT-Service-Management-Prozesse über Organisationsgrenzen hinweg, also übergreifend, implementiert bzw. koordiniert werden.

Das Umfeld, aus dem heraus FitSM ursprünglich entstanden ist, setzt sich aus einer Vielzahl an Organisationen zusammen, die Rechenzentren und andere technische wie nicht technische Standorte in ganz Europa betreiben, und die auf Basis einer föderierten Infrastruktur gemeinsam verschiedene IT-Services für ihre (ebenfalls verteilten) Kunden erbringen. In solchen Föderationen verteilen sich Verantwortlichkeiten und Zuständigkeiten für Prozesse also auf mehrere Organisationen. Rollen in Prozessen werden von Personen aus unterschiedlichen Organisationen übernommen. Beim Design von FitSM wurde darauf geachtet, keine Annahmen zu treffen, die die Anwendung in solch einem Umfeld verhindern oder erschweren würde. Das gilt insbesondere für die Anforderungen aus FitSM-1, die auch für kollaborative Modelle in der Serviceerbringung geeignet sind.

Aus Sicht des IT-Service-Managements in föderierten Umgebungen ist es wichtig, zu verstehen, welche Art der Föderation im konkreten Fall vorliegt und welche Anforderungen sich daraus für die Ausgestaltung des Service-Management-Systems, seiner Prozesse und Rollen ergeben. Der FitSM-Standard liefert keine bestimmte Taxonomie zur Einordnung unterschiedlicher Föderationstypen. Es gibt allerdings gewisse »Extremfälle«, zwischen denen sich eine Föderation bewegen kann:

- **Unsichtbare Koordination**
  Dieser Fall ist dadurch gekennzeichnet, dass die Kunden der Services die einzelnen Föderationsmitglieder als solche deutlich wahrnehmen und von ihnen direkt ihre Services beziehen. Bezieht ein Kunde mehrere Services von unterschiedlichen Service-Providern in der Föderation, so schließt er auch mehrere SLAs mit diesen Providern ab. Die Föderation entsteht lediglich dadurch, dass es zwischen den Providern eine Form von Koordination oder Zusammenarbeit in der Serviceerbringung gibt, die für den Kunden nicht oder kaum wahrgenommen wird. Im Ergebnis etabliert jeder Service-Provider wahrscheinlich seine eigenen IT-Service-Management-Prozesse, und eher punktuell werden Prozesse oder Teile davon föderationsweit ausgeprägt.
- **Vollständige Serviceintegration**
  Am anderen Ende der Skala nehmen Kunden die gesamte Föderation als einen einzigen (logischen) Service-Provider wahr. Die einzelnen Föderationsmitglieder bleiben für sie verborgen. Hier besteht ein hoher Bedarf übergreifender, föderationsweiter IT-Service-Management-Prozesse, wie beispielsweise ein gemeinsames Service Level Management, das etwa einheitliche SLAs mit allen Kunden über alle Services des gemeinsamen Servicekataloges sicherstellt.

Zwischen diesen Modellen sind in der Praxis verschiedene Zwischenstufen denkbar. Letzten Endes ist entscheidend, dass verstanden wird, wie die Provider in einem kollaborativen Modell zusammenarbeiten, an welchen Stellen sich daraus Services für Kunden ergeben und wie die Prozesse zum Management dieser Services ausgestaltet und zwischen den Mitgliedern der Föderation koordiniert werden sollen. Als Grundlage hierfür muss die organisatorische Struktur, die der Serviceerbringung zugrunde liegt, identifiziert werden, einschließlich einer möglichen Föderationsstruktur sowie der Kontaktpunkte und Ansprechpartner für alle involvierten Parteien. Genau das ist auch eine Anforderung in FitSM-1 (PR1.4).

ITSM-Perspektive

In lockeren Föderationen:
Individuelle Föderationsmitglieder sind größtenteils selbst dafür verantwortlich, Services für ihre Kunden zu erbringen.
→ Wenige föderationsweite ITSM-Prozesse (wenn überhaupt)

In engeren Föderationen:
Serviceerbringung für Kunden erfordert gemeinsame Aktivitäten mehrerer Föderationsmitglieder.
→ Viele föderationsweite ITSM-Prozesse

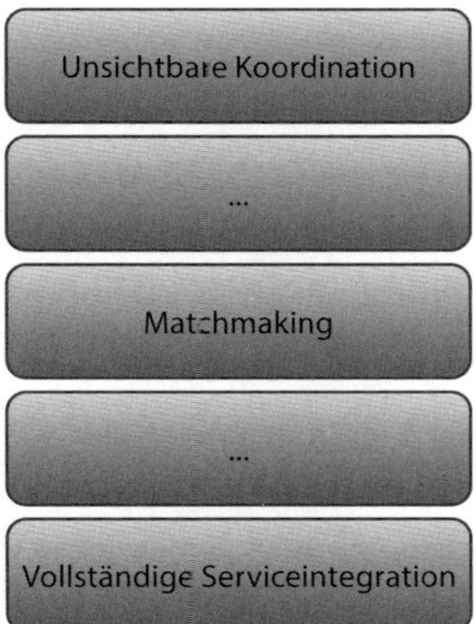

Abb. 10–1 *Mögliche Strukturen in Föderationen*

11 Kontinuierliche Verbesserung und Auditierung

FitSM legt mit den allgemeinen Anforderungen und vor allem mit dem Fokus auf dem PDCA-Zyklus die Basis für eine kontinuierliche Verbesserung des Service-Management-Systems. Im vorherigen Kapitel haben wir schon ausgeführt, dass man ein IT-Service-Management nicht »einführen« kann.

FitSM liefert mit den Anforderungen (FitSM-1) und den Reife- bzw. Fähigkeitsgraden (FitSM-6), die in diesem Buch in den Kapiteln der jeweiligen Prozesse und den allgemeinen Anforderungen ausführlich dargestellt wurden, eine einfache und umfassende Sicht. FitSM-6 erlaubt die gewünschte Effektivität als Ziel zu definieren und die Erreichung dieses Ziel mit einfachen Mitteln zu evaluieren. Es kann also unter Nutzung von FitSM-6 gleich zu Beginn festgestellt werden, wie »reif« eine IT-Organisation ist und wohin sich die Organisation entwickeln kann.

Die kontinuierliche Verbesserung kann als Zielsetzung eine Steigerung der Qualität, aber auch eine gleichbleibende Qualität mit geringerem Aufwand verfolgen. Dabei ist diese Zielsetzung immer mit Nachhaltigkeit sowie kontinuierlicher Verbesserung verbunden und hat nicht die mögliche Zertifizierung durch Externe zum Ziel. Die Möglichkeiten dieser internen, selbstgesteuerten Vorgehensweise wurden im Rahmen der Kapitel zu den Prozessen und den allgemeinen Anforderungen dargestellt.

Zur Festlegung der eigenen Ziele definiert FitSM vier Fähigkeitsgrade (Capability Level):

- **Level 0**
  Der Prozess wird nicht benötigt. Die Aufgabe, die durch den Prozess erledigt werden soll, gibt es nicht.
- **Level 1**
  Die wesentlichen Aufgaben, die durch den Prozess erledigt werden sollen, werden ungesteuert, ad hoc, also aus dem Stegreif ausgeführt.
- **Level 2**
  Die Aufgaben des Prozesses sind wiederholbar, jedoch nicht formal definiert. Die Ergebnisse sind nicht immer vollständig.

- Level 3
  Die Aufgaben sind gut definiert und die Ergebnisse vollständig. Verantwortlichkeiten für Aufgaben und Ergebnisse sind zugewiesen und dokumentiert.

Je höher der Fähigkeitsgrad, desto koordinierter laufen die Prozesse. Der Anteil an Improvisation sinkt. Allerdings nehmen mit steigendem Fähigkeitsgrad auch die Verwaltung und Dokumentation zu.

Neben den Prozessen sind auch die Managementaspekte des SMS zu betrachten (GR1 bis GR7). Für jeden Managementaspekt ist die Frage zu beantworten, ob er berücksichtigt werden soll und, wenn ja, bis zu welchem Fähigkeitsgrad er ausgebaut wird.

Auf diese Weise lassen sich verschiedene Meilensteine definieren, die den Weg zum gewünschten Zielniveau des gesamten SMS mit all seinen Prozessen flankieren. Die Definition dieses Zielniveaus sollte sich an den in GR1 definierten Zielen des SMS orientieren.

In diesem Kapitel gehen wir nun zunächst darauf ein, wie man FitSM für ein internes Audit nutzen kann, um die Effektivität des Service-Management-Systems zu messen und zu überprüfen. Danach stellen wir den Unterschied zu einem externen Audit dar und erläutern die Möglichkeit, ein solches Audit auch mit einem Zertifikat für die Organisation abzuschließen.

11.1 Internes Audit – Ermittlung des Reifegrades

Die Ziele sind definiert und entsprechende Aktivitäten umgesetzt. Gemäß GR6.2 gilt es nun, in Form eines Audits festzustellen, ob die Ziele tatsächlich erreicht wurden.

Ein internes Audit wird von der auditierten Organisation beauftragt und kann von einem internen, aber auch von einem externen Auditor durchgeführt werden. Dadurch, dass Auftraggeber und auditierte Organisation identisch sind, wird auch von einem First-Party-Audit gesprochen. Ein Audit sollte möglichst von einem erfahrenen Auditor durchgeführt werden. Der interne Auditor kann durchaus in die tägliche IT-Arbeit involviert sein. Allerdings leidet darunter womöglich seine Objektivität. Es sollte vermieden werden, dass ein Auditor seine eigenen Arbeitsergebnisse oder seinen eigenen Verantwortungsbereich prüft. Für viele Organisationen ist es schwierig, interne Mitarbeiter als Auditoren zu finden, die nicht in die zu auditierenden Bereiche involviert sind, jedoch trotzdem den entsprechenden Sachverstand zur Auditierung von IT-Service-Management-Systemen mitbringen. Hier bietet es sich an, einen externen Auditor zu beauftragen. Im Falle eines internen Audits darf ein externer Auditor auch Verbesserungsvorschläge machen und gegebenenfalls bei der Optimierung unterstützen.

Neben der einmaligen und/oder regelmäßigen Bestimmung der Zielerreichung können interne Audits auch zur Standortbestimmung genutzt werden. In der Praxis ist dies häufig anzutreffen, wenn ein neuer IT-Leiter oder ein CIO die Führung eines IT-Bereiches übernimmt. Das Auditergebnis bringt hierbei Aufschluss darüber, welche IT-Prozesse es gibt, wie sie gelebt werden und welchen Reifegrad die IT-Organisation aufweist. Es zeigt somit auf, wie die IT-Organisation funktioniert. Eine derartige Standortbestimmung kann auch als Grundlage zum Einstieg ins IT-Service-Management genutzt werden.

Das Audit wird unterstützt durch das dritte Tabellenblatt der Excel-Datei FitSM-6. Alle Prozesse und Managementaspekte, die zuvor auf dem zweiten Tabellenblatt als »zu diesem Zeitpunkt nicht relevant« gekennzeichnet wurden, werden hier deaktiviert. Dies ist dadurch zu erkennen, dass die entsprechenden Bereiche ausgegraut sind. Für alle anderen werden die Anforderungen aus FitSM-1 aufgeführt. Im Rahmen einer Bewertung (Assessment) muss nun vom Auditor der aktuelle Umsetzungsgrad einer jeden Anforderung ermittelt werden. Zur Unterstützung wird bei jeder Anforderung beschrieben, was genau umgesetzt sein muss, um einen Fähigkeitsgrad von 1, 2 oder 3 zu erreichen. Zum Zeitpunkt der Drucklegung dieses Buches ist FitSM-6 nur in englischer Sprache verfügbar. Die Beschreibungen zu den Fähigkeitsgraden wurden durch die Autoren übersetzt, ergänzt und in die entsprechenden Kapitel zu den Prozessen bzw. zu den allgemeinen Anforderungen integriert.[1]

Der ermittelte Fähigkeitsgrad einer jeden Anforderung wird in der Tabelle erfasst. In einer weiteren Zelle sollte die Bewertung begründet werden. Auf diese Weise ist auch ein Dritter in der Lage, das Ergebnis nachzuvollziehen. Die Entscheidung für einen bestimmten Fähigkeitsgrad wird aufgrund sogenannter Auditnachweise getroffen. Hierbei handelt es sich meist um Dokumente oder Aufzeichnungen. Es können auch Beobachtungen oder Interviews herangezogen werden. Welche Nachweise als Grundlage für die Bewertung herangezogen wurden, ist in einer weiteren Zelle zu erfassen.

Auf dem vierten Tabellenblatt ist das grafisch aufbereitete Ergebnis dargestellt. Für jeden Prozess und jeden Managementaspekt ist das gewählte Ziel der Leistungsfähigkeit sowie der Umsetzungsgrad aller zugehörigen Anforderungen angegeben. Es wird klar ersichtlich, wo die Ziele erreicht wurden und wo nicht. Das Gesamtergebnis wird als Reifegrad des SMS bezeichnet. Der Reifegrad zeigt somit die erreichte übergreifende Effektivität eines Service-Management-Systems, basierend auf den Fähigkeitsgraden seiner Prozesse und allgemeinen Managementaspekten.

11.2 Externes Audit

Während ein internes Audit durch die eigene Organisation beauftragt und realisiert wird, erfolgt die Durchführung beim externen Audit von einer anderen Organisation. Dies ist z.B. dann der Fall, wenn ein Hersteller einen Lieferanten auditieren möchte, um zu evaluieren, ob dieser den geforderten Qualitätsansprü-

---

1. Die Übersetzungen in diesem Buch wurden der Arbeitsgruppe zu FitSM zur Verfügung gestellt und fließen somit auch in die offizielle deutsche Übersetzung ein.

chen genügt und somit weiterhin als Lieferant infrage kommt. Dieses Verfahren wird auch als Second-Party-Audit bezeichnet, da hier zwei Parteien involviert sind: der Auftraggeber und der Auditierte. Es kann auch sein, dass eine Organisation ein externes Audit durchführt, um eine Zertifizierung (beispielsweise ISO/IEC 20000, ISO/IEC 27001 oder ISO 9001) zu erhalten oder weiterhin tragen zu dürfen. Auf Zertifizierungsaudits sowie auf die Möglichkeit, sich einen erreichten FitSM-Reifegrad bescheinigen zu lassen, wird in Abschnitt 11.3 näher eingegangen.

Als Auditor kann das Controlling, die Revision oder ein Qualitätsmanagementbeauftragter des Auftraggebers zu Einsatz kommen. Vermehrt werden hierzu jedoch erfahrene, externe Auditoren beauftragt.

Zu beachten ist, dass die Auditergebnisse dem Auftraggeber gehören. Ein Auditor ist nicht verpflichtet, dem Auditierten Auskunft über die Ergebnisse zu erteilen. Je nach vertraglicher Vereinbarung wird ihm dies durch den Auftraggeber sogar untersagt.

Manche Lieferanten verzichten auf ein externes Audit, wenn ein internes Audit durch einen qualifizierten, externen Auditor durchgeführt wurde und die Ergebnisse übersichtlich dargestellt sind.

11.3 Zertifizierung durch ein externes Audit

Die Durchdringung der Geschäftsprozesse mit Informationstechnik schreitet stetig voran. Daraus resultiert eine immer größer werdende Abhängigkeit des Geschäftsbetriebes von funktionierenden IT-Services. Schon kleinere IT-Störungen können Geschäftsprozesse unterbrechen, was einen Mehraufwand für die Fachbereiche und entsprechende Kosten nach sich ziehen kann.

Die kontinuierliche Verbesserung versucht auf Basis von FitSM, diese Herausforderungen aufzudecken, zu bewerten und Gegenmaßnahmen zu etablieren. Das ist eine Arbeit, die IT-intern bewältigt werden kann. Darauf aufsetzend kann ein externes Audit erfolgen, das ohne rechtliche oder andere juristisch geprägte Anforderungen durchgeführt werden kann. Sobald jedoch Ansprüche Dritter zu befriedigen sind, ist meist ein Zertifikat einer offiziell anerkannten Stelle vonnöten.

Gründe für IT-Dienstleister, sich zertifizieren zu lassen, gibt es daher viele:

- Bei der Auswahl externer IT-Dienstleister kann mit einer Zertifizierung eine gewisse Qualität der dort implementierten IT-Prozesse dargelegt werden. Eine Zertifizierung kann also die Attraktivität eines IT-Dienstleisters steigern.
- Ist ein IT-Dienstleister selbst zertifiziert und greift zur Leistungserbringung auf Dritte zurück, so muss darauf geachtet werden, die Zertifizierungskette einzuhalten. IT-Prozesse, in die ein Dritter involviert ist, müssen die geforderte Qualität aufweisen. Daher greifen zertifizierte Dienstleister gerne auf zertifizierte Dritte zurück.

- Versicherungen, die Geschäftsrisiken versichern, und Banken, die Kredite vergeben, achten immer mehr auf einen ordnungsgemäßen IT-Betrieb. Verringert sich das Risiko einer Versicherung, kann dies niedrigere Prämien mit sich bringen. Durch massive Ausfälle im IT-Betrieb können hohe Kosten entstehen, die zu einer finanziellen Schieflage oder gar zu einer Insolvenz führen könnten. Wird dem vorgebeugt, reduziert sich das Risiko für potenzielle Kreditgeber, was sich in niedrigeren Zinsen auswirken kann.
- Es gibt immer mehr gesetzliche Vorgaben an Unternehmen und deren IT-Betrieb. Angefangen von Vorschiften der Bundesanstalt für Finanzdienstleistungsaufsicht über das Bundesdatenschutzgesetz bis hin zu dem 2015 in Kraft getretenen IT-Sicherheitsgesetz, das auch kleinere Unternehmen in die Pflicht nimmt. Der Nachweis eines ordnungsgemäßen IT-Betriebes lässt sich am einfachsten durch eine Zertifizierung erbringen.
- Bei größeren IT-Ausfällen und nachfolgender Haftung wird häufig geprüft, ob höhere Gewalt im Spiel war oder ob durch einen ordnungsgemäßen IT-Betrieb der Ausfall hätte vermieden werden können. Dies kann sich massiv auf daraus resultierende Schadenersatzansprüche auswirken. Im Falle grober Fahrlässigkeit kann daraus sogar eine persönliche Haftung der Geschäftsleitung resultieren.

Wirft man einen Blick auf die aktuellen IT-Service-Management-Rahmenwerke lässt sich erkennen, dass nur die ISO/IEC 20000 von Haus aus die Möglichkeit mitbringt, einen IT-Dienstleister zu zertifizieren. Alle anderen Rahmenwerke bieten nur Personenzertifizierungen, die Einzelpersonen ein gewisses Know-how bescheinigen. Dies gilt auch für FitSM. Mit FitSM-6 bietet das Rahmenwerk zwar eine relativ einfache Möglichkeit zur Bewertung der Prozessqualität, vorgesehen ist dabei jedoch nur ein Self-Assessment, also keine unabhängige Prüfung, sondern eine Bewertung durch den IT-Dienstleister selbst.

Der Bundesfachverband der IT-Sachverständigen und -Gutachter e.V. (BISG) hat sich dieser Thematik angenommen.[2] Durch zertifizierte IT-Gutachter kann die Konformität des IT-Dienstleisters mit FitSM-1 bescheinigt werden. Im Vergleich zu einer ISO/IEC-20000-Zertifizierung ist der Aufwand deutlich geringer, was sich in signifikant geringeren Kosten niederschlägt.

Ein Zertifizierungsaudit wird auch als Third-Party-Audit bezeichnet, da es ausschließlich von unabhängigen Dritten mit externen Auditoren durchgeführt wird. Die zertifizierende Organisation muss dabei sicherstellen, dass die zum Einsatz kommenden Auditoren für das zugrunde liegende Regelwerk zugelassen sind. Sie müssen fachliche Fähigkeiten mitbringen und in der Lage sein, ein Audit ordnungsgemäß durchzuführen.[3]

---

2. Siehe Sachverständigen-Gutachten und BISG-Zertifikat, *http://www.bisg-ev.de/fachbereiche/it-service-management*.
3. Siehe Abschnitt 12.4.4.

Um den Anforderungen an ein Zertifizierungsaudit gerecht zu werden, gewährleistet der Bundesfachverband der IT-Sachverständigen und -Gutachter e.V., dass als Auditoren nur Gutachter zum Einsatz kommen, die folgenden Anforderungen genügen:

- Der Gutachter muss durch eine entsprechende Ausbildung nachweisen, dass er in der Lage ist, gerichtsverwertbare Gutachten zu schreiben.
- Der Gutachter darf nicht in einem abhängigen Verhältnis zu der Organisation stehen, die er begutachtet.
- Der Gutachter darf nicht seine eigene Arbeit prüfen. Er darf also nicht zuvor als Berater in den zu prüfenden Bereichen tätig gewesen sein.
- Der Gutachter darf während der Begutachtung nicht beraten. Er kann im Nachhinein beratend unterstützen, darf dann aber keine weitere offizielle Begutachtung vornehmen.
- Der Gutachter benötigt eine zur Prüfung ausreichende Fachkompetenz. Im Falle von FitSM wird dies durch eine FitSM-Expert-Zertifizierung und eine mehrjährige praktische Berufserfahrung im Umfeld von IT-Service-Management nachgewiesen.

Der eigentliche Auditierungsprozess orientiert sich an der Norm EN ISO 19011, die einen Leitfaden zur Auditierung von Managementsystemen darstellt. Ziel ist es, eine Möglichkeit zur Auditierung zur Verfügung zu stellen, die einem ISO-Zertifizierungsprozess in nichts nachsteht, jedoch zu signifikant geringeren Kosten durchführbar ist.

Somit kann die Qualität von IT-Service-Management-Systemen durch FitSM und durch ISO/IEC 20000 nachgewiesen werden. Um jedoch ISO/IEC-20000-konform zu sein, müssen zwingend alle dort aufgeführten Prozesse und das Managementsystem den Anforderungen der Norm entsprechen.

Bei einem Zertifizierungsaudit durch FitSM ist es möglich, die zu prüfenden Prozesse einzugrenzen. Ist der Bank die Realisierung einer Notfallabsicherung wichtig, kann die Erfüllung der Anforderungen an den Prozess Service Availability & Continuity Management auditiert werden. Liegt dem Kunden die nachhaltige Stabilisierung der Infrastruktur besonders am Herzen, kann die Umsetzung der Anforderungen an die Prozesse des Bereiches Beseitigen und Vorbeugen geprüft werden (Incident & Service Request Management, Problem Management). Eine koordinierte, serviceorientierte Vorgehensweise der IT-Leitung lässt sich durch die Prüfung der allgemeinen Anforderungen (General Requirements, GR) nachweisen. Dies ermöglicht eine bedarfsorientierte Zertifizierung der IT-Prozesse.

12 Verwandte Standards und Rahmenwerke

FitSM basiert auf einer Reihe von Rahmenwerken zum IT-Service-Management. Es wurde aus diesen unter der Prämisse abgeleitet, ein einfaches, verständliches und praktisch zu nutzendes Rahmenwerk zu schaffen. Kenntnisse dieser Rahmenwerke aus dem IT-Service-Management sowie angrenzender Bereiche bieten die Möglichkeit, sich im Einzelfall gezielt dort weiterführend zu informieren.

Die einzelnen Rahmenwerke werden nachfolgend kurz skizziert.

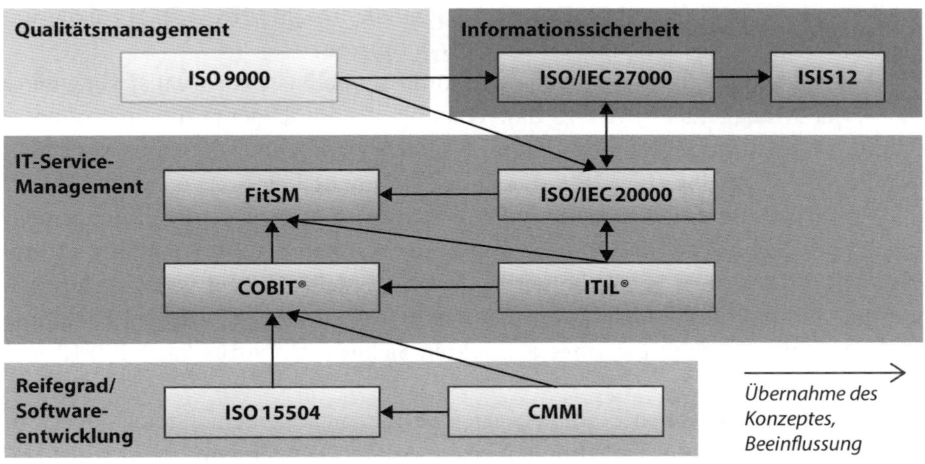

Abb. 12–1 *Verwandte Standards und Rahmenwerke im IT-Service-Management*

12.1 Überblick ausgewählter Standards und Rahmenwerke

Inhaltlich hat sich FitSM dreier Rahmenwerke bedient. Die grundlegende Ausrichtung und der Aufbau sowie das Managementsystem sind angelehnt an die ISO/IEC 20000. COBIT bringt mit dem Schwerpunkt IT-Governance einen intensiven Fokus auf die Geschäftsstrategie des Kunden mit und aus ITIL® wurden viele fachliche Inhalte ergänzt.

Im Qualitätsmanagement hat sich die ISO 9000 durchgesetzt, deren kontinuierlicher Verbesserungsprozess Einzug in ITIL, die ISO/IEC 20000 und darüber auch in FitSM gehalten hat.

Der FitSM-Prozess Information Security Management ist an den gleich lautenden Prozess in der ISO/IEC 20000 angelehnt. Diese verweist zur Realisierung des Prozesses Information Security Management auf die ISO/IEC 27000, die Anforderungen an ein funktionierendes, ganzheitliches Managementsystem zur Informationssicherheit beschreibt.

Bei jedem zu implementierenden Prozess stellt sich die Frage, welchen Reifegrad dieser erreichen soll. Stellt man dieses Ziel dem aktuellen Reifegrad gegenüber, kann man erkennen, wo noch Optimierungsbedarf herrscht. Das wohl bekannteste Reifegradmodell beschreibt CMMI (Capability Maturity Model Integration). In der ISO/IEC 15504 wird dieses Reifegradmodell unter anderem auf den Bereich IT-Service-Management angewendet. CMMI sowie die ISO/IEC 15504 haben COBIT beeinflusst, was wiederum eine Grundlage für FitSM-6 darstellt. Dort ist eine einfache Vorgehensweise zur Reifegradbewertung des Managementsystems und der Prozesse von FitSM beschrieben.

Neben den direkt oder indirekt mit FitSM zusammenhängenden Rahmenwerken gibt es noch die EN ISO 19011 sowie die EN ISO/IEC 17021, die Kriterien zum Audit eines Managementsystems definieren.

FitSM stellt somit eine einfache und umfassende Basis zur Realisierung eines IT-Service-Management-Systems dar. Wird bei der Implementierung ein höheres Maß an Organisation benötigt, kann es lohnenswert sein, sich den entsprechenden Prozess in der ISO/IEC 20000 oder in ITIL anzusehen.

FitSM fordert beispielsweise im Prozess Information Security Management physische, technische und organisatorische Maßnahmen. Im Anhang A der ISO/IEC 27001 ist in einem hohen Detailgrad ersichtlich, um welche Maßnahmen es sich hierbei handeln kann. Bei der Erstellung der geforderten Richtlinie und der Aufrechterhaltung eines definierten Sicherheitsniveaus kann ISIS12 helfen.

Viele Organisationen betreiben ein Qualitätsmanagementsystem, angelehnt an ISO 9001. In diesem Falle können einige Anforderungen von FitSM recht einfach erfüllt werden, indem bereits vorhandene Vorgehensweisen und Systeme verwendet werden.

Wer mehr über eine Reifegradbewertung erfahren möchte oder gar einer internen Revision standhalten muss, kann sich über FitSM-6 hinaus der Rahmenwerke COBIT, ISO/IEC 15504 oder CMMI bedienen.

12.2 IT-Service-Management

12.2.1 ISO/IEC 20000

Die internationale Norm ISO/IEC 20000 beschreibt Mindestanforderungen zur Umsetzung des IT-Service-Managements in einer Organisation. Im Gegensatz zu ITIL bietet die ISO/IEC 20000 zusätzlich zu Personenzertifizierungen auch Organisationszertifizierungen, durch die ein IT-Service-Provider die Implementierung eines IT-Service-Management-Systems entsprechend den Normanforderungen nachweisen kann. Durch die vielen Gemeinsamkeiten zwischen ITIL und ISO/IEC 20000 ist es möglich, die IT-Prozesse nach ITIL auszurichten und sich die Umsetzung eines effektiven IT-Service-Managements durch die ISO/IEC 20000 zertifizieren zu lassen. Gleiches gilt auch für FitSM.

Die Norm beschreibt Anforderungen an ein Managementsystem sowie dessen Planung und Implementierung und orientiert sich dabei an einem kontinuierlichen Verbesserungsprozess in Anlehnung an den Qualitätszirkel nach Deming (PDCA-Zyklus, Plan-Do-Check-Act). Darüber hinaus werden 13 Prozesse in fünf Gruppen beschrieben:

- **Service-Delivery-Prozesse**
  - Service Level Management
  - Service Reporting
  - Availability und Service Continuity Management
  - Budgeting und Accounting für IT-Services
  - Capacity Management
  - Information Security Management
- **Relationship-Prozesse**
  - Business Relationship Management
  - Supplier Relationship Management
- **Resolution-Prozesse**
  - Incident Management
  - Problem Management
- **Control-Prozesse**
  - Configuration Management
  - Change Management
- **Release-Prozess**
  - Release Management

Durch ein Scope-Statement wird der Anwendungsbereich spezifiziert. Es ist durchaus legitim, eine Zertifizierung auf bestimmte Organisationsbereiche, Lokationen oder IT-Services einzugrenzen. Jedoch können keine verpflichtenden Anforderungen, Prozesse oder Prozessbestandteile ausgeklammert werden.

Die erste Version der Norm wurde 2005 veröffentlicht, basiert jedoch auf dem bereits länger bestehenden British Standard (BS) 15000. Durch die gemeinsamen Wurzeln des BS 15000 und ITIL sind zwischen beiden Rahmenwerken große Ähnlichkeiten zu erkennen, die sich in der ISO/IEC 20000 fortsetzen.

Die ISO/IEC 20000 besteht aus fünf Teilen:

- **ISO/IEC 20000 Teil 1**
  »Service Management System Requirements«
  Der erste Teil wurde im Jahr 2011 überarbeitet und enthält die normativen, also verpflichtenden Vorgaben des Standards. Im Falle einer Organisationszertifizierung wird durch einen Auditor die Umsetzung dieser Vorgaben geprüft.
- **ISO/IEC 20000 Teil 2**
  »Guidance on the Application of Service Management Systems (SMS)«
  Der zweite Teil ergänzt den ersten, um Hinweise zur Umsetzung und um zusätzliche Anforderungen. Im Gegensatz zum ersten Teil handelt es sich hier nur um informative Angaben. Sie sollen die praktische Umsetzung vereinfachen, werden im Falle eines Audits jedoch nicht geprüft. Zur besseren Orientierung ist der Aufbau von Teil 1 und Teil 2 ist identisch.
  Bis zur Überarbeitung im Jahr 2012 hieß dieser Teil noch »Code of Practice«.
- **ISO/IEC 20000 Teil 3**
  »Guidance on Scope Definition and Applicability of ISO/IEC 20000-1«
  Auch der dritte Teil ist nur informativ. Er unterstützt als sogenannter Technischer Bericht die Festlegung des Scope, also des Anwendungsbereiches. Darüber hinaus wird die Anwendbarkeit der Norm auf den definierten Bereich betrachtet.
- **ISO/IEC 20000 Teil 4**
  »Process Reference Model«
  Der vierte Teil ist ein informativer Technischer Report mit Empfehlungen und Hilfestellungen zu dem der Norm zugrunde liegenden Prozessmodell.
- **ISO/IEC 20000 Teil 5**
  »Exemplar Implementation Plan for ISO/IEC 20000-1«
  Teil fünf enthält in Form eines informativen Technischen Berichts eine beispielhafte Implementierung der Norm, also eine Hilfestellung zur praktischen Umsetzung.

12.2.2 ITIL®

ITIL® ist die Kurzform von IT Infrastructure Library. Es handelt sich um ein zentrales Rahmenwerk im Bereich IT-Service-Management. Über fünf Bücher hinweg werden 34 Prozesse beschrieben, die für IT-Service-Provider als Best Practice für den IT-Betrieb gelten. Die Bücher orientieren sich am Lebenszyklus eines IT-Service, wobei jedes Buch eine der fünf Phasen des Lebenszyklus abbildet.

Die Entwicklung von ITIL begann in den 80er-Jahren durch eine britische Regierungsbehörde. Veröffentlicht wurden die Bücher durch das British Cabinet Office. Im Jahre 2013 gründete die britische Regierung gemeinsam mit dem privatwirtschaftlichen Unternehmen Capita PLC das neue Unternehmen AXELOS, woran Capita PLC zu 51 Prozent und die britische Regierung in Form des British Cabinet Office zu 49 Prozent beteiligt sind. AXELOS vermarktet nicht nur die Rechte an ITIL, sondern auch die einiger anderer Rahmenwerke, wie beispielsweise die Projektmanagementmethode PRINCE2.

Durch die weite Verbreitung war ITIL in der Lage, für viele Begriffe eine einheitliche Definition zu liefern, was die allgemeine Kommunikation vereinfacht. Die beschriebenen Prozesse weisen einen hohen Komplexitätsgrad auf. Es wird beschrieben, was benötigt wird, jedoch nicht, wie es einzuführen und im täglichen Betrieb umzusetzen ist. Dies macht ITIL anwendbar für mittlere, aber auch für sehr große IT-Dienstleister mit komplexen Infrastrukturen.

ITIL bietet Personenzertifizierungen, anhand derer einzelne Personen einen definierten Kenntnisstand nachweisen können. Organisationszertifizierungen bietet ITIL nicht.

12.2.3 COBIT

COBIT ist ein weltweit anerkanntes Rahmenwerk zur IT-Governance und stellt damit Management und Steuerung der Informationstechnik einer Organisation in den Mittelpunkt. Ähnlich wie ITIL definiert auch COBIT die Ergebnisse und gibt wenig Aussagen zum Weg dahin. Allerdings verfolgt COBIT hierbei einen etwas anderen Ansatz. Bei genauerer Betrachtung zeigt sich, dass sich beide Ansätze nicht ausschließen, sondern eher ergänzen.

Entwickelt wurde COBIT im Jahre 1996 vom internationalen Verband der IT-Prüfer (Information Systems Audit and Control Association, ISACA). Dieser verfolgte das Ziel, einheitliche und möglichst objektive Kriterien zur Prüfung der Qualität von Informationstechnik und dem damit zusammenhängenden Management zur Verfügung zu stellen. Es gilt heute als eines der wichtigsten Werkzeuge für IT-Prüfer, ob extern oder im Rahmen einer unternehmensinternen Revision. COBIT kommt beispielsweise auch bei IT-Prüfungen der deutschen Bundesbehörden durch den Bundesrechnungshof zum Einsatz und wird laut Angaben der ISACA von 95 Prozent aller Großunternehmen genutzt. Das Rahmenwerk hat sich in den letzten Jahren weiterentwickelt. In der zur Drucklegung dieses Buches aktuellen Version 5 gilt es auch als Werkzeug zur Steuerung der IT aus Sicht des Unternehmens bzw. der Behörde. Dabei steht unter anderem Compliance, also die Einhaltung eigener, gesetzlicher und vertraglicher Vorgaben, im Fokus.

COBIT verfolgt einen Top-down-Ansatz. Startpunkt sind die Ziele des Unternehmens bzw. der Behörde. Von diesen werden IT-Ziele abgeleitet, die dann die IT-Architektur beeinflussen. Mit insgesamt 37 IT-Prozessen werden Informationen verarbeitet, IT-Ressourcen (Personal, Technologie, Daten, Anwendungen) verwaltet und IT-Services erbracht. Der Grundgedanke hinter COBIT besagt, dass Geschäftsprozesse nur dann die an sie gestellten Anforderungen erfüllen können, wenn Informationen, Anwendungen, Infrastruktur und Menschen richtig organisiert werden.

Den Prozessen werden sogenannte Control Objectives zugeordnet. Diese dienen als Steuerungsvorgaben, im Falle einer IT-Prüfung auch als Kontrollziele. Die Zielerreichung der Control Objectives wird im Bottom-up-Verfahren gemessen und in regelmäßigen Steuerungszyklen durchgeführt.

COBIT unterscheidet zwischen Governance und Management. Während Governance die Unternehmensziele definiert und priorisiert sowie Richtlinien daraus ableitet, bezieht sich Management auf die Planung, Implementierung, Durchführung und Überwachung der hierzu notwendigen Aktivitäten. Zur Erreichung der Unternehmensziele kennt COBIT sieben Enabler, hinter denen Anspruchsgruppen wie Kunden, Lieferanten oder auch der Gesetzgeber stehen.

12.3 Information Security Management

12.3.1 ISO/IEC 27000 ff.

Die Normenreihe ISO/IEC 27000 ff. stellt eine der weltweit wichtigsten Vorgaben zur Realisierung eines Managementsystems für Informationssicherheit (Informationssicherheits-Managementsystem, ISMS) dar.

Den Kernbereich der Normenreihe bilden folgende Normen:

- **ISO/IEC 27000**
  »ISMS – Overview and vocabulary«
  Zum einheitlichen Verständnis werden die in der Normenreihe verwendeten Begrifflichkeiten definiert.
- **ISO/IEC 27001**
  »ISMS – Requirements«
  Hier werden die Mindestanforderungen an ein ISMS festgelegt. ISO/IEC 27001 ist der einzige normative, also verpflichtende Bestandteil der Normenreihe und ist somit für ein Audit relevant.

- **ISO/IEC 27002**
  »Code of practice for information security controls«
  In diesem Leitfaden werden Empfehlungen für verschiedene Kontrollmechanismen der Informationssicherheit formuliert. Sie sollen die Angreifbarkeit einer Organisation senken.
- **ISO/IEC 27003**
  »ISMS – Implementation Guidelines«
  Dieser Leitfaden beinhaltet Hilfestellungen zur Einführung und Umsetzung des ISMS.
- **ISO/IEC 27004**
  »Information security management measurements«
  Ein Leitfaden zur Bewertung der Effektivität des ISMS.
- **ISO/IEC 27005**
  »Information security risk management«
  Die ISO/IEC 27005 unterstützt die Einführung eines systematischen und prozessorientierten Risikomanagements.

Darüber hinaus gibt es noch die Normen ISO/IEC 27006 bis 27008, die die Auditierung sowie verschiedene branchenspezifische Normen regeln.

Laut ISO gab es bis einschließlich 2014 weltweit etwa 24.000 Organisationen mit zertifiziertem ISMS. Was auf den ersten Blick recht überschaubar wirkt, relativiert sich, wenn man bedenkt, dass ein Großteil der Organisationen, die sich ganz oder teilweise nach ISO/IEC 27001 ausrichten, sich nicht zertifizieren lässt. Ziel ist in solchen Fällen die Optimierung der eigenen Informationssicherheit, ohne die Kosten und den Aufwand einer Zertifizierung auf sich zu nehmen.

Aufbauend auf die ISO/IEC 27001 hat das Bundesamt für Sicherheit in der Informationstechnik den IT-Grundschutz entwickelt und bietet über diesen Weg das Zertifikat »ISO 27001 Zertifizierung auf Basis von IT-Grundschutz« an. Der IT-Grundschutz ist weniger allgemein und gibt konkrete Handlungsanweisungen, was die Umsetzung einfacher machen soll. Zur Drucklegung des Buches befindet sich der IT-Grundschutz in einer längeren Modernisierungsphase.

Anhang der ISO/IEC 27001

Neben den eigentlichen Anforderungen an ein ISMS enthält die ISO/IEC 27001 noch einen Anhang, der konkrete Maßnahmen auflistet, die durch ein ISMS umgesetzt werden müssen. Die einzelnen Maßnahmen werden hierbei zu Maßnahmenzielen zusammengefasst. Dieser Anhang bietet einen Überblick über Bereiche, die im Rahmen der Informationssicherheit bedacht werden sollten. Daher wird er in der Praxis auch oft dann zurate gezogen, wenn eine Ausrichtung gemäß ISO/IEC 27001 gar nicht angestrebt wird.

Nachfolgend sind die 14 Abschnitte des Anhangs und die zugehörigen Maßnahmenziele aufgelistet[1]. Die Nummerierung der Abschnitte im Anhang beginnt mit fünf, da sie aus einer anderen Norm abgeleitet und die ursprüngliche Nummerierung beibehalten wurde.

A.5 Informationssicherheitsrichtlinien

- A.5.1 Vorgaben der Leitung für Informationssicherheit

A.6 Organisation der Informationssicherheit

- A.6.1 Interne Organisation
- A.6.2 Mobilgeräte und Telearbeit

A.7 Personalsicherheit

- A.7.1 Vor der Beschäftigung
- A.7.2 Während der Beschäftigung
- A.7.3 Beendigung und Änderung der Beschäftigung

A.8 Verwaltung der Werte

- A.8.1 Verantwortlichkeit für Werte
- A.8.2 Informationsklassifizierung
- A.8.3 Handhabung von Datenträgern

A.9 Zugangssteuerung

- A.9.1 Geschäftsanforderungen an die Zugangssteuerung
- A.9.2 Benutzerzugangsverwaltung
- A.9.3 Benutzerverantwortlichkeiten
- A.9.4 Zugangssteuerung für Systeme und Anwendungen

A.10 Kryptographie

- A.10.1 Kryptographische Maßnahmen

A.11 Physische und umgebungsbezogene Sicherheit

- A.11.1 Sicherheitsbereiche
- A.11.2 Geräte und Betriebsmittel

A.12 Betriebssicherheit

- A.12.1 Betriebsabläufe und -verantwortlichkeiten
- A.12.2 Schutz vor Schadsoftware
- A.12.3 Datensicherung
- A.12.4 Protokollierung und Überwachung
- A.12.5 Steuerung von Software im Betrieb
- A.12.6 Handhabung technischer Schwachstellen
- A.12.7 Audit von Informationssystemen

---

1. Wiedergegeben mit Erlaubnis von DIN Deutsches Institut für Normung e.V. Maßgebend für das Anwenden der DIN-Norm ist deren Fassung mit dem neuesten Ausgabedatum, die bei der Beuth Verlag GmbH, Am DIN-Platz, Burggrafenstraße 6, 10787 Berlin, erhältlich ist.

A.13 Kommunikationssicherheit

A.13.1 Netzwerksicherheitsmanagement
A.13.2 Informationsübertragung

A.14 Anschaffung, Entwicklung und Instandhalten von Systemen

A.14.1 Sicherheitsanforderungen an Informationssysteme
A.14.2 Sicherheit in Entwicklungs- und Unterstützungsprozessen
A.14.3 Testdaten

A.15 Lieferantenbeziehungen

A.15.1 Informationssicherheit in Lieferantenbeziehungen
A.15.2 Steuerung der Dienstleistungserbringung von Lieferanten

A.16 Handhabung von Informationssicherheitsvorfällen

A.16.1 Handhabung von Informationssicherheitsvorfällen und Verbesserungen

A.17 Informationssicherheitsaspekte beim Business Continuity Management

A.17.1 Aufrechterhalten der Informationssicherheit
A.17.2 Redundanzen

A.18 Compliance

A.18.1 Einhaltung gesetzlicher und vertraglicher Anforderungen
A.18.2 Überprüfungen der Informationssicherheit

12.3.2 ISIS12

ISIS12 steht für Informations-Sicherheitsmanagement System in 12 Schritten und bietet einen einfachen Einstieg in den Aufbau eines Informationssicherheits-Managementsystems (ISMS) in mittelgroßen Organisationen. Es enthält eine relevante Teilmenge der ISO/IEC 27001 und des IT-Grundschutzes (BSI) und stellt somit ein einfaches und schlankes ISMS dar. Dies macht ISIS12 vor allem interessant für Unternehmen und Behörden, die über einen ganzheitlichen Ansatz ein definiertes Sicherheitsniveau erreichen möchten, jedoch vor dem Organisationsaufwand zurückschrecken, den eine Ausrichtung an den beiden großen Rahmenwerken ISO/IEC 27001 oder IT-Grundschutz mit sich bringen würde. Durch die einfache Teilmenge aus den beiden großen Rahmenwerken kann ISIS12 auch als Einstieg und wichtiger zertifizierbarer Zwischenschritt auf dem Weg zu einer ISO/IEC-27001- oder IT-Grundschutz-Zertifizierung dienen.

Die 12 Schritte verteilen sich auf drei Phasen:

- **Initialisierungsphase**
  Schritt 1: Leitlinie erstellen
  Schritt 2: Mitarbeiter sensibilisieren
- **Festlegung der Aufbau- und Ablauforganisation**
  Schritt 3: Informationssicherheitsteam aufbauen
  Schritt 4: IT-Dokumentationsstruktur festlegen
  Schritt 5: IT-Service-Management-Prozess einführen
- **Entwicklung und Umsetzung der IS-Konzeption**
  Schritt 6: Kritische Applikationen identifizieren
  Schritt 7: IT-Struktur analysieren
  Schritt 8: Sicherheitsmaßnahmen modellieren
  Schritt 9: Ist-Soll vergleichen
  Schritt 10: Umsetzung planen
  Schritt 11: Umsetzen
  Schritt 12: Revision

Ein ISMS kann nicht gänzlich ohne IT-Service-Management-Prozesse umgesetzt werden. Diesem Umstand trägt ISIS12 Rechnung, indem in Schritt 5 klar definiert wird, dass die Themen Störungsbeseitigung, Änderung und Wartung durch entsprechende Prozesse zu realisieren sind. Umgekehrt kann ein IT-Service-Management-System nicht realisiert werden, ohne Aspekte der Informationssicherheit zu berücksichtigen. FitSM definiert hierfür den Prozess Information Security Management, dessen Anforderungen über ISIS12 realisiert werden können. Auf diese Weise ergänzen sich beide Rahmenwerke und stellen eine Möglichkeit dar, funktionierende IT-Prozesse und ein definiertes Maß an Informationssicherheit mit einem überschaubaren Aufwand zu implementieren.

12.4 Qualitätssicherung

12.4.1 ISO 9000 ff.

Die Normenreihe ISO 9000 ff. beschreibt Maßnahmen für den Aufbau eines Qualitätsmanagementsystems. Sie beschreibt nicht die Qualität des Endproduktes, sondern das System zur Verwaltung dieser Qualität. Durch diesen eher generischen Charakter ist sie völlig unabhängig von der Branche und vom Produkt. Auch Dienstleistungen können auf diese Weise qualitätsgesichert werden. Die internationale Norm ISO 9000 ff. wurde in Europa als europäische Norm EN ISO 9000 ff. übernommen und wird in Deutschland mit einer deutschen Übersetzung als DIN EN ISO 9000 ff. geführt. Mit über 1,1 Millionen vergebenen Zertifikaten in mehr als 170 Ländern handelt es sich um eine der meistverbreiteten Normen im Bereich Qualitätsmanagement weltweit.

Die einzelnen Normen der Normenreihe im Überblick:

DIN EN ISO 9000
»Qualitätsmanagementsysteme – Grundlagen und Begriffe«

Die erste Norm enthält deutsche und englische Definitionen der verwendeten Begriffe. Dabei wird unter anderem der Begriff Qualität definiert. Auf diese Definition wird auch in anderen Zusammenhängen häufig zurückgegriffen, wenn erklärt werden soll, was man unter Qualität versteht. Die Grundlage einer kontinuierlichen Optimierung der Qualität bildet der Demingkreis, der mit den Phasen Plan-Do-Check-Act einen kontinuierlichen Verbesserungsprozess darstellt.

Darüber hinaus werden die acht Grundsätze des Qualitätsmanagements aufgeführt:

1. Kundenorientierung
2. Verantwortlichkeit der Führung
3. Einbeziehung der beteiligten Personen
4. Prozessorientierter Ansatz
5. Systemorientierter Managementansatz
6. Kontinuierliche Verbesserung
7. Sachbezogener Entscheidungsfindungsansatz
8. Lieferantenbeziehungen zum gegenseitigen Nutzen

DIN EN ISO 9001
»Qualitätsmanagementsysteme – Anforderungen«

Hier werden die Mindestanforderungen an ein Qualitätsmanagementsystem festgelegt. Ziel dieser Anforderungen ist die Bereitstellung von Produkten und Dienstleistungen, die die Erwartungen der Kunden sowie gesetzliche und behördliche Vorgaben erfüllen. Während alle anderen Normen der Normenreihe informativen Charakter haben, ist die DIN EN ISO 9001 normativ, also verpflichtend. Im Falle einer Zertifizierung wird ein Auditor die Umsetzung der hier beschriebenen Mindestanforderungen prüfen. Dabei wird nur beschrieben, was realisiert werden muss. Wie die konkrete Umsetzung abläuft, bleibt jeder Organisation selbst überlassen.

Im Jahre 2015 gab es eine Überarbeitung der Norm, die eine eindeutigere Verwendung von Begrifflichkeiten und eine Neustrukturierung der Kapitel mit sich brachte.

Die ersten drei Kapitel enthalten allgemeine Informationen. Die Kapitel 4 bis 10 spiegeln den PDCA-Zyklus wider:

- **Plan**
  Kapitel 4 – Kontext der Organisation
  Kapitel 5 – Führung
  Kapitel 6 – Planung für das Qualitätsmanagementsystem
  Kapitel 7 – Unterstützung
- **Do**
  Kapitel 8 – Betrieb
- **Check**
  Kapitel 9 – Bewertung der Leistung
- **Act**
  Kapitel 10 – Verbesserung

DIN EN ISO 9004
»Leiten und Lenken für den nachhaltigen Erfolg einer Organisation – Ein Qualitätsmanagementansatz«

Während DIN EN ISO 9001 eher die Effektivität, also die Wirksamkeit, eines Qualitätsmanagementsystems im Fokus hat, kommt hier die Effizienz, also der Mitteleinsatz bzw. die Wirtschaftlichkeit, zum Tragen. Die Norm stellt einen Leitfaden von Managementprinzipien und Aspekten der Unternehmensführung dar. Durch ihre informative Ausrichtung ist sie nicht zertifizierungsrelevant, sondern unterstützt bei der Umsetzung.

12.4.2 CMMI

Das Capability Maturity Model Integration (CMMI) vereint mehrere Referenzmodelle unter einem Dach. Ziel der Modelle ist die kontinuierliche Verbesserung der Prozesse einer Organisation. Dabei wird ein besonderes Augenmerk darauf gelegt, dass Prozesse tatsächlich gelebt werden. Zur Drucklegung des Buches enthält CMMI drei Referenzmodelle:

- **»CMMI for Development«** (CMMI-DEV)
  unterstützt die Produktentwicklung.
- **»CMMI for Acquisition«** (CMMI-ACQ)
  unterstützt die Produktbeschaffung.
- **»CMMI for Services«** (CMMI-SVC)
  unterstützt die Etablierung und Lieferung von Services.

Durch eine gemeinsame Basis und eine gemeinsame Struktur lassen sich die Modelle recht einfach miteinander kombinieren. Dies ist gerade für Organisationen interessant, die ein Produkt entwickeln und entsprechende Dienstleistungen, z.B. Wartung, dafür anbieten.

Entwickelt wurde CMMI durch das Software Engineering Institute (SEI) an der Carnegie Mellon University in Pittsburgh im Auftrag des US-Verteidigungsministeriums.

Bekannt geworden ist CMMI unter anderem dadurch, dass eine Methode zur Verfügung gestellt wird, um den Reifegrad (Maturity Level) von Prozessen bzw. Prozessgruppen zu beschreiben. Folgende Reifegrade kommen zum Einsatz:

1 – **Initial (initial)**
Für diesen Level gibt es keine Anforderungen, wodurch Reifegrad 1 automatisch immer erfüllt ist. Arbeitsabläufe werden gewöhnlich ad hoc, manchmal auch chaotisch durchgeführt.

2 – **Managed (geführt)**
Projekte/Aufgaben werden geführt. Es ist sichergestellt, dass die Arbeitsabläufe entsprechend den Leitlinien geplant und ausgeführt werden. Eine ähnliche Aufgabenstellung kann wiederholt erfolgreich durchgeführt werden.

3 – **Defined (definiert)**
Arbeitsabläufe sind in Form von Normen, Verfahren, Hilfsmitteln und Methoden beschrieben. Sie sind weiter standardisiert als bei Reifegrad 2. Darüber hinaus werden Prozesse kontinuierlich verbessert.

4 – **Quantitatively Managed (quantitativ geführt)**
Es wurden quantitative Messwerte für die Qualität und für die Leistung der Prozesse etabliert.

5 – **Optimizing (optimiert)**
Die Geschäftsziele wurden quantifiziert und die Prozesse werden kontinuierlich auf die Geschäftsziele hin optimiert.

Die hier definierten Reifegrade kommen auch häufig außerhalb von CMMI zum Einsatz und bildeten die Grundlage für einige andere Reifegradmodelle.

12.4.3 ISO/IEC 15504

Die Norm ISO/IEC 15504 ist auch bekannt unter dem Namen SPICE (Software Process Improvement and Capability Determination). Sie wurde 1995 erstmals mit dem Ziel veröffentlicht, die Beurteilung von Prozessen in der Softwareentwicklung international zu standardisieren. Im Jahre 2012 wurde die Norm mit dem Teil acht um die Bewertung von IT-Service-Management-Prozessen gemäß ISO/IEC 20000 erweitert. Dieser Teil liegt zur Drucklegung dieses Buches als Technische Spezifikation (TS) vor, was als Vorstufe zur Norm angesehen werden kann.

Die ISO/IEC 15504 sieht vor, die zu bewertenden Prozesse zu identifizieren und diese anschließend gemäß vorgegebenen Kriterien einem Reifegrad von 0 bis 5 zuzuordnen. Die Reifegrade erinnern hierbei stark an CMMI.

Als die Norm ISO/IEC 15504 veröffentlicht wurde, war CMMI bereits länger etabliert. Dies brachte der Norm die Kritik ein, ein verbreitetes Rahmenwerk, dessen Inhalte frei verfügbar sind, durch eine Norm ersetzen zu wollen. Aktuell verzeichnet CMMI einen deutlich größeren Beliebtheitsgrad. Jedoch haben einige Industriezweige die ISO/IEC 15504 für sich entdeckt. So beispielsweise die Automobilindustrie, die unter dem Namen Automotive SPICE die Umsetzung der Norm verfolgt.

12.4.4 Auditierung (EN ISO 19011, EN ISO/IEC 17021)

Wer sich an einem Rahmenwerk ausrichtet, sollte auch prüfen, ob die Implementierung dem Rahmenwerk entspricht und ob die eigenen Vorgaben eingehalten werden.

Die Norm EN ISO 19011, die in deutscher Sprache unter der Bezeichnung DIN EN ISO 19011 erschienen ist, regelt die Vorgehensweise bei internen Audits und bei externen, sogenannten Lieferantenaudits. Sie kommt zum Einsatz, wenn die Einhaltung der Anforderungen an Managementsystemen geprüft werden soll, wie sie beispielsweise in der ISO 9001, ISO/IEC 20000 Teil 1 oder ISO/IEC 27001 beschrieben sind.

Zum einen werden Anforderungen an Auditoren definiert, insbesondere:

- Persönliche Eigenschaften
- Kenntnisse und Fähigkeiten
- Bewertungsverfahren für Auditoren

Zum anderen sind Anforderungen an die Durchführung eines Audits beschrieben, wie:

- Unabhängigkeit des Auditprozesses
- Erstellung eines Auditprogramms
- Vorbereitung und Durchführung der Audittätigkeiten
- Erstellung des Auditberichts
- Auditfolgemaßnahmen

Ein Grund, sich an einem bestimmten Rahmenwerk auszurichten, kann darin bestehen, ein Zertifikat zu erwerben. Häufig soll Kunden aufgezeigt werden, dass man funktionierende Prozesse zur Qualitätssicherung, zum IT-Service-Management oder zur Aufrechterhaltung der Informationssicherheit implementiert hat.

Für Zertifizierungsaudits, also Audits zur Erlangung eines Zertifikats, reicht die Vorgehensweise nach EN ISO 19011 nicht aus. Die Organisation, die das Audit durchführt, muss durch die Deutsche Akkreditierungsstelle (DAkkS) als Zertifizierer gemäß EN ISO/IEC 17021 akkreditiert sein. Hier wird unter anderem geregelt, dass sich Beratungsleistungen, die eine Organisation auf ein Audit vorbereiten, und die Durchführung des anschließenden Zertifizierungsaudits ausschließen.

13 FitSM-Personenzertifizierungen

FitSM bietet die Möglichkeit, über ein Personenzertifikat bestimmte Kenntnisse nachzuweisen. Es gibt insgesamt vier Prüfungen, die auf drei Ebenen aufeinander aufbauen.

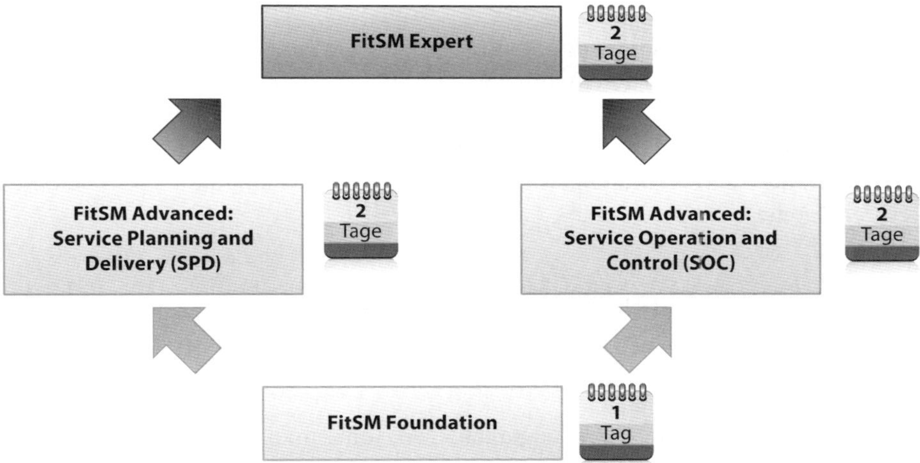

Abb. 13–1 *Qualifizierungsschema von FitSM*

Die **Foundation-Ebene** wird repräsentiert durch die Prüfung »Foundation in IT Service Management«. Sie bescheinigt grundlegende Kenntnisse in IT-Service-Management und ist interessant für alle Personen, die direkt mit den Prozessen in Berührung kommen. Das muss sich nicht auf IT-Mitarbeiter beschränken, sondern kann auch für Kunden, Facility Management oder Einkauf interessant sein. Ein auf diese Prüfung vorbereitendes Seminar dauert einen Tag. Um diese Prüfung abzulegen, muss nicht zwingend ein Seminar besucht werden, es unterstützt jedoch beim Verständnis des relevanten Stoffes.

Auf der **Advanced-Ebene** gibt es zwei mögliche Prüfungen, die sich in erster Linie an Personen richten, die Prozesse entwerfen und implementieren oder verantwortliche Rollen innerhalb eines Prozesses übernehmen sollen. Für jede der beiden Prüfungen gibt es zweitägige Vorbereitungsseminare. Ein bestandenes Foundation-Zertifikat ist Voraussetzung für die Teilnehme an einer Advanced-Prüfung.

Die Prüfung »Service Planning and Delivery« betrachtet insbesondere die Prozesse, die der Bereitstellung von Services auf Basis der Kundenanforderungen dienen. Die Prüfung »Service Operation and Control« fokussiert Prozesse, die dem Betrieb von Services und der damit zusammenhängenden Unterstützung und Steuerung dienen. Eine genaue Abgrenzung beider Advanced-Prüfungen ist in Abschnitt 13.2 zu finden.

Auf der **Expert-Ebene** schließt die FitSM-Personenzertifizierung mit der Prüfung »Expert in IT Service Management« ab. Sie beinhaltet die Implementierung eines Service-Management-Systems sowie die laufende Qualitätssicherung und richtet sich an die IT-Leitung, an Personen mit dem Auftrag, ein Service-Management-System zu implementieren, und an Personen, die im Bereich FitSM beratend tätig werden möchten. Voraussetzung für die Zulassung zu dieser Prüfung sind beide Advanced-Zertifikate.

Die Aufgabe, Prüfungen durchzuführen und Trainingszentren zu akkreditieren, delegiert der FitSM-Rechteinhaber ITEMO an zugelassene Zertifizierungsstellen. Die von einer Zertifizierungsstelle akkreditierten Trainingszentren bieten Seminare und Prüfungen nach den ITEMO-Regularien an. Diese Vorgaben von ITEMO sollen die Behandlung aller relevanten Themen innerhalb eines Seminares sicherstellen.

13.1 Die FitSM-Foundation-Prüfung

13.1.1 Prüfungsanforderungen und -ablauf

Um die FitSM-Foundation-Prüfung abzulegen, sollte man mit folgenden Themen vertraut sein:

- Den grundlegenden Konzepten und Begriffen des IT-Service-Managements (siehe Kap. 2)
- Ziel und Struktur der FitSM-Standards und ihre Beziehung zu anderen Normen und Rahmenwerken (siehe Kap. 12)
- Den allgemeinen Anforderungen aus FitSM-1 (siehe Kap. 3)
- Den prozessspezifischen Anforderungen aus FitSM-1 (siehe Kap. 4 bis 10, jeweils Unterpunkt x.y.3 »Anforderungen«)

Bei den Anforderungen aus FitSM-1 ist es nicht notwendig, die Beschreibung der Reifegrade zu kennen. Man sollte jedoch wissen, dass es sich bei »PR7.1 – Die Kunden der Services müssen identifiziert werden« um eine prozessspezifische Anforderung aus dem Customer Relationship Management handelt und nicht aus dem Service Level Management. Nach Angaben von ITEMO beziehen sich

70 Prozent der Fragen direkt auf die Prozesse und 30 Prozent verteilen sich auf die anderen Themen.

Es schadet nichts, einen kurzen Blick in den Abschnitt 10.4 zu werfen, was jedoch in der Foundation-Prüfung eine untergeordnete Rolle spielt. Laut ITEMO wird in jeder Prüfung genau eine Frage zu föderierten Infrastrukturen gestellt.

Im Rahmen der Prüfung müssen innerhalb von 30 Minuten 20 Multiple-Choice-Fragen beantwortet werden. Hilfsmittel sind dabei keine zugelassen. Pro Frage gibt es vier Antwortmöglichkeiten, wovon genau eine korrekt ist. Werden 13 Fragen (65 Prozent) oder mehr richtig beantwortet, gilt die Prüfung als bestanden.

13.1.2 Musterprüfung Foundation

Die nachfolgende FitSM-Foundation-Musterprüfung dient der Prüfungsvorbereitung und lehnt sich bezüglich Umfang und Niveau an die Originalprüfung an.

1. **Welche Aussage zum Prozess Capacity Management gemäß FitSM ist korrekt?**
    a) Der Bedarf an Kapazität sollte für den Kunden geschätzt werden, da dieser nicht in der Lage ist, den Kapazitätsbedarf zu spezifizieren.
    b) Es sollte immer mehr als der vereinbarte Kapazitätsbedarf zur Verfügung stehen, um weitere Aufträge abdecken zu können.
    c) Die Kapazitätsplanung richtet sich nach dem verfügbaren Budget der IT-Abteilung.
    d) Es sollten ausreichende Kapazitäten zur Erfüllung des vereinbarten Bedarfs zur Verfügung stehen.

2. **Welche der folgenden Aussagen ist falsch?**
    Gemäß FitSM-1 muss der Prozess Supplier Relationship Management …
    a) Verbesserungspotenziale auf konsistente Art und Weise identifizieren und erfassen.
    b) die Leistung der Zulieferer überwachen.
    c) Zulieferer identifizieren.
    d) Mechanismen zur Kommunikation mit Zulieferern etablieren.

3. **Welches Ziel verfolgt der Deming-Kreislauf?**
    a) Incidents möglichst komplett zu vermeiden
    b) Rollen so zu wählen, dass Aufgaben und Kompetenzen einer Person möglichst übereinstimmen
    c) Eine kontinuierlichen Verbesserung
    d) Einen Service an die Wünsche des Kunden anzupassen

4. **Welche der folgenden Aufgaben gehört zum Prozess Release & Deployment Management?**
   a) Änderungen an einem oder mehreren Configuration Items (CIs) zu Releases bündeln
   b) Potenzielle Probleme mit der Infrastruktur zu erkennen und zu beseitigen, bevor daraus Incidents entstehen.
   c) Änderungen (Changes) auf konsistente Art und Weise zu bewerten und zu genehmigen
   d) Einspielen aller von Anwendern gewünschter Software

5. **Welche Aussage zu Services ist korrekt?**
   a) Zusammenhänge zwischen Services und Configuration Items sind nicht geplant, sondern rein zufällig.
   b) Services bestehen aus einem oder mehreren Servicekomponenten. Servicekomponenten bestehen aus Configuration Items.
   c) Das Serviceportfolio zeigt die Beziehungen zwischen Servicekomponenten und Configuration Items.
   d) Ein Service hat das Ziel, einem Kunden ein oder mehrere Configuration Items zur Verfügung zu stellen.

6. **Welche der folgenden Aussagen ist korrekt?**
   a) Im Servicekatalog werden die Anforderungen aller einen Service betreffenden SLAs so zusammengefasst, dass die IT-Mitarbeiter daraus ableiten können, was tatsächlich zu erbringen ist.
   b) Das Serviceportfolio dient dem Kunden dazu, zu erkennen, welche Services aktuell in Betrieb sind und ihm somit zur Verfügung stehen.
   c) Ein Service-Provider muss sich entscheiden, ob er zur Darstellung von Services einen Servicekatalog oder ein Serviceportfolio verwendet.
   d) Das Serviceportfolio wird von einem Service-Provider verwendet, um seine Services zu planen und zu strukturieren. Der Servicekatalog hingegen ist eine Liste aller derzeit für Anwender/Kunden angebotenen Services.

7. **Welche der folgenden Aussagen beschreibt das Ziel des Prozesses Service Availability & Continuity Management?**
   a) Sicherstellen, dass es für jedes Configuration Item einen Kontinuitätsplan gibt
   b) Sicherstellen der Verfügbarkeit von Service Level Agreements (SLAs) zur Serviceerbringung
   c) Sicherstellen der Zugreifbarkeit von Informationen für berechtigte Anwender

d) Sicherstellung ausreichender Serviceverfügbarkeit zur Erfüllung vereinbarter Anforderungen sowie eines angemessenen Niveaus an Servicekontinuität

8. **Neben FitSM-1 gibt es weitere Standards/Normen, die Anforderungen an ein Service-Management-System definieren. Bei welchem der folgenden Antworten handelt es sich um einen solchen Standard/eine solche Norm?**

   a) ISO 9001
   b) ISO/IEC 27001
   c) ISO/IEC 20000-1
   d) ISO 17021

9. **Was genau wird in der Configuration Management Database (CMDB) gespeichert?**

   a) Serviceberichte und ihre Spezifikation
   b) Informationen über Konfigurationselemente (Configuration Items, CIs), wie etwa ihre Attribute und Beziehungen zwischen ihnen
   c) Prozessdefinitionen und Verfahren (Procedures)
   d) Informationssicherheitsereignisse und -vorfälle

10. **Welche Anforderungen stellt FitSM-1 im Rahmen von PR12 Change Management?**

   a) Pflege der Configuration Management Database (CMDB) auf konsistente Art und Weise
   b) Die Vorbereitung für die Produktivsetzung von Releases muss Schritte beinhalten, die im Falle des Fehlschlagens der Produktivsetzung unternommen werden, um Auswirkungen auf Services und Kunden zu reduzieren.
   c) Analyse von Trends bei Incidents, um Störungen durch proaktiven Austausch von Komponenten vorbeugen zu können
   d) Erfassung, Klassifizierung, Beurteilung und Genehmigung von Changes sowie Umgang mit Notfall-Changes (Emergency Changes) auf konsistente Art und Weise

11. **Welche der folgenden Aussagen ist korrekt?**

   Ein Prozess im Sinne des IT-Service-Managements …

   a) wird eingeleitet durch eine Anklageschrift.
   b) ist ein strukturierter Satz von Aktivitäten, der Eingaben (Inputs) in Ergebnisse (Outputs) umwandelt.
   c) ist eine dokumentierte Vereinbarung zwischen einem Service-Provider und seinem Lieferanten.
   d) beschreibt eine einmalige Vorgehensweise zur Durchführung von Aktivitäten durch Stakeholder.

12. **Warum verlangt FitSM-1, dass es für jeden Kunden einen festgelegten Kontakt/Ansprechpartner geben muss, der verantwortlich für das Management der Kundenbeziehung ist?**
   a) Möchte ein Kunde Kontakt mit dem Service-Provider aufnehmen, so steht ihm ein eindeutiger und klar definierter Ansprechpartner zur Verfügung.
   b) Um Kunden davon abzuhalten, Aufträge am Servicedesk vorbei zu vergeben.
   c) So kann gewährleistet werden, dass in die zwischen Kunden und Service-Provider vereinbarten Operational Level Agreements (OLAs) nur Dinge aufgenommen werden, die der Service-Provider auch leisten kann.
   d) Um sicherzustellen, dass Anwender keine Incidents und Service-Requests am Servicedesk vorbei, direkt an Techniker melden.

13. **Welche der folgenden Antworten stellt keine verpflichtende Anforderung an den Prozess Incident & Service Request Management aus FitSM-1 dar?**
   a) Erfassung, Klassifizierung und Priorisierung von Incidents auf konsistente Art und Weise
   b) Registrierung und Klassifizierung von Problemen und bekannten Fehlern auf konsistente Art und Weise
   c) Abschluss von Incidents auf konsistente Art und Weise
   d) Eskalation von Incidents auf konsistente Art und Weise

14. **Welchen Vorteil hat FitSM in föderierten IT-Infrastrukturen anderen ITSM-Rahmenwerken gegenüber?**
   a) FitSM definiert Anforderungen für Service Level Agreements (SLAs).
   b) FitSM ist deutlich umfangreicher als alle anderen ITSM-Ansätze.
   c) Keinen, da FitSM keine Unterstützung für föderierte Infrastrukturen bietet.
   d) FitSM berücksichtigt kollaborative (gemeinschaftliche) Ansätze, während andere Rahmenwerke von einer zentralen Kontrolle des Service-Providers über alle Service-Management-Prozesse ausgehen.

15. **Was ist eines der wesentlichen Ergebnisse (Outputs) des Prozesses Service Reporting Management?**
   a) Eine Liste der Serviceverantwortlichen und der Services, für die sie die Verantwortung tragen
   b) Eine Liste offener Incidents, Problems und bekannter Fehler über alle Prozesse hinweg
   c) Regelmäßig erstellte Serviceberichte, die definierten Spezifikationen entsprechen
   d) Ein aktuelles Abbild der Infrastruktur

16. **Welche der folgenden Aussagen ist falsch?**

Gemäß FitSM-1 muss der Prozess Information Security Management …

a) Serviceberichte spezifizieren, sicherstellen, dass diese auch Informationssicherheitsereignisse umfassen und die Serviceberichte mit ihren Empfängern abstimmen.
b) physische, technische und organisatorische Informationssicherheits-Maßnahmen umsetzen.
c) Informationssicherheits-Richtlinien definieren und in geplanten Abständen überprüfen.
d) Informationssicherheitsereignisse und -vorfälle angemessen priorisieren.

17. **Eine Aufgabe des Problem Management ist es, die Verfügbarkeit von Informationen über bekannte Fehler und effektive Workarounds sicherzustellen. Für welchen anderen Prozess ist die Verfügbarkeit dieser Informationen wichtig?**

a) Für den Prozess Service Portfolio Management
b) Für den Prozess Service Availability & Continuity Management
c) Für den Prozess Incident & Service Request Management
d) Für den Prozess Customer Relationship Management

18. **Welcher der folgenden Punkte ist im Servicekatalog und/oder in einem Service Level Agreement (SLA) zu finden?**

a) Details zu allen Services, einschließlich derer, die sich aktuell in Vorbereitung befinden, also noch nicht in Betrieb sind
b) Informationen zu Services einschließlich Servicedefinitionen und die mit Kunden vereinbarte Serviceziele
c) Die zur Serviceerbringung benötigten Configuration Items (CIs)
d) Vereinbarungen zwischen dem Service Level Management und dem Servicedesk

19. **Was genau soll im Rahmen des Service-Management-Systems (SMS) kontinuierlich verbessert werden?**

a) Services und Servicekomponenten sowie die Service-Management-Prozesse
b) Nur die Configuration Management Database (CMDB)
c) Nur die Serviceverantwortlichen
d) Nur die Dokumentation

20. **Was ist gemäß FitSM eines der wichtigsten Ziele bei der Einführung eines Service-Management-Systems (SMS)?**
    a) Lieferung von Infrastrukturkomponenten gemäß Vereinbarung an den Kunden
    b) Prozesse zu etablieren, die einen Beitrag dazu leisten, dass für Kunden Mehrwert durch Services generiert wird
    c) Die Verwaltung aller beteiligten Personen, der IT-Infrastruktur und der Kundenanforderungen
    d) Erreichen einer höchstmöglichen Servicequalität und einer Verfügbarkeit möglichst nahe an 100 Prozent

13.1.3 Lösungsschlüssel Foundation

Lösungsschlüssel zur Musterprüfung FitSM Foundation.

Frage 1 – Lösung: d
Hierbei handelt es sich um das grundlegende Ziel des Prozesses Capacity Management (siehe Abschnitt 5.3).

Frage 2 – Lösung: a
Verbesserungspotenziale müssen zwar auf konsistente Art und Weise identifiziert und erfasst werden, dies ist jedoch eine Anforderung an den Prozess Continual Service Improvement Management (siehe Abschnitt 8.2.3, PR14.1).

Frage 3 – Lösung: c
Mit dem Ablauf Plan-Do-Check-Act forciert der Deming-Kreislauf eine kontinuierliche Verbesserung (siehe Abschnitt 3.4).

Frage 4 – Lösung: a
Dies ist eine Kernaufgabe des Prozesses Release & Deployment Management (siehe Abschnitt 6.1.1). Antwort b) wäre eine Aufgabe des Problem Management, c) eine Aufgabe des Change Management. Antwort d), das Einspielen aller von Anwendern gewünschter Software, ist keine definierte Aufgabe, sondern eher ein Sicherheitsrisiko.

Frage 5 – Lösung: b
Per Definition ist ein CI ein Element, das zur Bereitstellung einer Servicekomponente oder eines Service beiträgt. Eine Servicekomponente wiederum ist ein logischer Bestandteil eines Service (siehe FitSM-0). Weitere Details sind in den Abschnitten 2.1.4 und 6.3.1 zu finden.

Frage 6 – Lösung: d
Services werden bereits mit der Planung in das Portfolio aufgenommen. In den Katalog gelangen sie, sobald sie produktiv angeboten werden (siehe Abschnitt 4.2.1).

Frage 7 – Lösung: d
Die anforderungsgemäße Sicherstellung ausreichender Serviceverfügbarkeit ist eines der beiden Kernziele des Prozesses (siehe Abschnitt 5.2).

Frage 8 – Lösung: c
Im Teil 1 der ISO/IEC 20000 werden Anforderungen an ein Service-Management-System beschrieben (siehe Abschnitt 12.2). Die ISO 9001 beschreibt die Anforderungen an ein (Qualitäts-)Managementsystem.

Frage 9 – Lösung: b
Die CMDB ist der zentrale Speicherort für Configuration Items, deren Attribute und Beziehungen (siehe Abschnitt 6.3.1).

Frage 10 – Lösung: d
Es handelt sich um die Anforderungen PR12.1, PR12.2 und PR12.4 (siehe Abschnitt 6.2.3).

Frage 11 – Lösung: b
Ein Prozess wandelt durch Aktivitäten Eingaben in Ausgaben um (siehe Abschnitt 2.2).

Frage 12 – Lösung: a
Der Kunde soll wissen, auf welchem Weg er seinen Dienstleister kontaktieren kann (siehe Abschnitt 4.1.1).

Zu b): Es gibt keine FitSM-Forderung, Aufträge des Kunden über den Servicedesk abzuwickeln.

Zu c): Zwischen Kunde und Service-Provider werden SLAs und keine OLAs vereinbart.

Zu d): Anwender sollen Incidents an den Servicedesk und nicht direkt an Techniker melden.

Frage 13 – Lösung: b
Die Identifikation von Problemen ist eine Anforderung des Prozesses Problem Management (siehe Abschnitt 7.2.3, PR10.1).

Bei Antwort a) handelt es sich um die Anforderungen PR9.1 und PR9.2. Antwort c) spiegelt die Anforderung PR9.4 wider. Antwort d) beschreibt die Anforderung PR9.3 (siehe Abschnitt 7.1.3).

Frage 14 – Lösung: d
In einer föderierten Infrastruktur erbringen mehrere IT-Service-Provider gemeinsam Services für Kunden. Dieser Aspekt wird derzeit von anderen Rahmenwerken nicht in der Form betrachtet (siehe Abschnitt 10.4).

Frage 15 – Lösung: c
Gemäß den Anforderungen PR3.2 und PR3.3 muss der Prozess Service Reporting Management Serviceberichte entsprechend den Spezifikationen erstellen. Zu den Spezifikationen gehört unter anderem die Frequenz (siehe Abschnitt 8.1.3).

Frage 16 – Lösung: a
Abstimmen und Spezifizieren von Serviceberichten ist eine Forderung aus dem Prozess Service Reporting Management (siehe Abschnitt 8.1.3, PR3.1).
Bei Antwort b) handelt es sich um die Anforderung PR6.2, bei Antwort c) um die Anforderungen PR6.1 und 6.3, bei Antwort d) um die Anforderung PR6.4, die allesamt Anforderungen des Prozesses Information Security Management sind.

Frage 17 – Lösung: c
Der Prozess Incident & Service Request Management ist in der Lage, auf Basis von Workarounds Incidents zu beseitigen (siehe Abschnitt 7.1.1).

Frage 18 – Lösung: b
Services werden im Servicekatalog spezifiziert und im SLA mit Kunden vereinbart (siehe Abschnitt 4.3.1). Die Informationen aus Antwort a) finden sich im Serviceportfolio, die aus Antwort c) in der CMDB und die aus Antwort d) in einem OLA.

Frage 19 – Lösung: a
Die kontinuierliche Verbesserung des Service-Management-Systems ist in den allgemeinen Anforderungen GR4 bis GR7 geregelt. Darin sollen unter anderem Ziele definiert sowie die Umsetzung des SMS und der damit verbundenen Prozesse geprüft und optimiert werden. Zu den Zielen des SMS gehört die vereinbarungsgemäße Erbringung von Services. Somit schließt die Verbesserung die Services, die Servicekomponenten und die Prozesse mit ein.

Frage 20 – Lösung: b
Die Antwort b) beschreibt das zentrale Ziel bei der Einführung eines Service-Management-Systems (siehe Abschnitt 2.1.1).

13.2 Die FitSM-Advanced-Prüfungen

13.2.1 Prüfungsanforderungen und -ablauf

Auch wenn die Advanced-Prüfungen jeweils nur einen Teil der Prozesse fokussiert, müssen für die restlichen Prozesse wenigstens die Anforderungen aus FitSM-1 bekannt sein. Da diese Prüfung die FitSM-Foundation-Prüfung voraussetzt, sollte dieses Wissen vorhanden sein. Liegt die Foundation-Prüfung schon länger zurück, schadet es nichts, sich die Anforderungen und Ziele aller Prozesse sowie die Beziehung zu anderen Normen und Rahmenwerken noch einmal anzusehen. Prüfungsfragen zu den Allgemeinen Anforderungen (General Requirements) können in beiden Advanced Prüfungen identisch sein.

Die Prüfung »Service Planning and Delivery« betrachtet die Bereitstellung von Services auf Basis der Kundenanforderungen. Dies betrifft insbesondere die folgenden Prozesse:

- Service Portfolio Management
- Service Level Management
- Service Reporting Management
- Service Availability & Continuity Management
- Capacity Management
- Information Security Management
- Customer Relationship Management
- Supplier Relationship Management

Die Prüfung »Service Operation and Control« betrachtet den Betrieb von Services und die damit zusammenhängende Unterstützung und Steuerung. Dabei werden insbesondere folgende Prozesse genauer betrachtet:

- Incident & Service Request Management
- Problem Management
- Configuration Management
- Change Management
- Release & Deployment Management
- Continual Service Improvement Management

Um die FitSM-Advanced-Prüfungen abzulegen, sollte man mit allen Anforderungen aus der Foundation-Prüfung vertraut sein. Darüber hinaus sollten für jeden in der entsprechenden Prüfung zu behandelnden Prozesse folgende Kenntnisse vorhanden sein:

- Ziele, grundlegende Konzepte und Anforderungen erklären können
- Eingaben, die wichtigsten Aktivitäten und Ausgaben kennen
- Typische, in den Prozess involvierte Rollen kennen

- Die wichtigsten Schnittstellen zu anderen Prozessen kennen
- Die wichtigsten Aspekte der praktischen Implementierung des Prozesses verstanden haben

Die zur Prüfung notwendigen Aspekte der Prozesse werden alle in den Kapiteln zum jeweiligen Prozess in diesem Buch beleuchtet.

Im Rahmen der Prüfung müssen innerhalb von 60 Minuten 30 Multiple-Choice-Fragen beantwortet werden. Hilfsmittel sind dabei keine zugelassen. Pro Frage gibt es vier Antwortmöglichkeiten, wovon genau eine korrekt ist. Werden 21 Fragen (70 Prozent) oder mehr richtig beantwortet, gilt die Prüfung als bestanden.

13.2.2 Musterprüfung »Advanced Service Planning and Delivery«

Die nachfolgende FitSM-Musterprüfung zu »Advanced Service Planning and Delivery« dient der Prüfungsvorbereitung und lehnt sich bezüglich Umfang und Niveau an die Originalprüfung an.

1. **Welche der folgenden Aussagen ist korrekt?**
   a) Gemäß den Vorgaben zur Vertraulichkeit im Information Security Management darf ein Servicekatalog nicht durch Kunden einsehbar sein.
   b) Der Servicekatalog ist an Kunden gerichtet und enthält eine Auflistung sowie relevante Informationen aller aktuell angebotenen Services.
   c) Das Serviceportfolio ist gemäß FitSM-0 ein Teil des Servicekataloges.
   d) Im Servicekatalog werden nur Informationen über einen Service aufgenommen, der nicht bereits im Serviceportfolio gespeichert ist.

2. **Die IT-Abteilung eines mittelständischen Unternehmens plant die Einführung des Prozesses Service Level Management. Bei der Umsetzung sollen die Anforderungen der Kunden im Vordergrund stehen. Bei einer Diskussion zwischen den Prozessbeteiligten sind verschiedene Ansichten hinsichtlich einzelner Dokumente zutage getreten. Welche der folgenden Aussagen ist korrekt?**
   a) OLAs und UAs sollten sich an den SLAs orientieren.
   b) SLAs sollten sich an den OLAs orientieren. Hierdurch wird vermieden, dass mit Kunden Leistungen vereinbart werden, die durch den IT-Service-Provider nicht geleistet werden können.
   c) SLAs enthalten ausschließlich Kundenwünsche und -anforderungen. Sie hängen daher nicht mit OLAs und UAs zusammen.
   d) UAs werden aus den SLAs abgeleitet, damit interne Bereiche wissen, was sie zu leisten haben. OLAs spielen hierbei keine Rolle.

3. **Welche Aufgabe fällt gemäß FitSM-1 dem Topmanagement zu?**
   a) Ziele des Service-Managements definieren und kommunizieren
   b) Serviceberichte spezifizieren und mit ihren Empfängern abstimmen
   c) Definition einer Informationssicherheits-Richtlinie
   d) Verbesserungspotenziale auf konsistente Art und Weise genehmigen und bewerten

4. **Welche der folgenden Antworten spiegelt eine Anforderung aus FitSM-1 zum Prozess Service Availability & Continuity Management wider?**
   a) Anforderungen an die Verfügbarkeit und Kontinuität werden aus den UAs abgeleitet.
   b) Effektivität und Leistung des SMS und seiner Service-Management-Prozesse müssen mithilfe geeigneter Leistungsindikatoren gemessen und bewertet werden.
   c) Ereignisse, die zu einer Steigerung der Serviceverfügbarkeit führen können, müssen identifiziert und in konsistenter Weise verwaltet werden, um eine Verletzung der im SLA definierten Werte zu vermeiden.
   d) Verfügbarkeits- und Kontinuitätsanforderungen im Zusammenhang mit Services müssen unter Berücksichtigung von SLAs identifiziert werden.

5. **FitSM-3 definiert einige grundsätzliche Rollen wie Prozessverantwortliche (Process Owner) und Prozessmanager (Process Manager). Darüber hinaus werden für jeden Prozess weitere prozessspezifische Rollen definiert. Bei welcher der folgenden Antworten handelt es sich gemäß FitSM-3 um eine prozessspezifische Rolle im Kontext des Supplier Relationship Management?**
   a) Risikomanager zur Identifikation von Lieferantenrisiken, wie beispielsweise Insolvenz
   b) Verantwortlicher für Compliance zum Einkauf von Waren und Dienstleistungen
   c) Pro Lieferant einen eigenen Lieferantenbetreuer (Supplier Relationship Manager)
   d) Einen Manager für die Lieferantendatenbank (Supplier Database Manager)

6. **Weisen Sie folgende Beschreibungen den entsprechenden FitSM-Bestandteilen zu.**

   1 – Unterstützt bei der Ermittlung der Fähigkeiten eines Prozesses und des Reifegrades des gesamten SMS
   2 – Enthält Vorlagen und Beispiele
   3 – Zeigt ein Rollenmodell auf

   a) 1: FitSM-6
      2: FitSM-4
      3: FitSM-3
   b) 1: FitSM-1
      2: FitSM-2
      3: FitSM-3
   c) 1: CMMI
      2: ITIL
      3: ISO/IEC 20000-2
   d) 1: FitSM-0
      2: FitSM-5
      3: FitSM-3

7. **Welche der folgenden Antworten stellt einen kritischen Erfolgsfaktor des Prozesses Service Portfolio Management dar?**

   a) Die Gesamtzahl der Informationen über einzelne Services
   b) Der Servicekatalog muss alle durch die Kunden buchbaren Services enthalten.
   c) Das Serviceportfolio wird gepflegt und ist aktuell.
   d) Häufigkeit der Aktualisierungen des Serviceportfolios

8. **Im Rahmen des Prozesses Service Reporting Management erstellt ein Prozessmanager eine Vorlage für einen Servicebericht für Kunden. Hierbei nimmt er Aspekte auf, die bei allen Services den Kunden regelmäßig kommuniziert werden sollen. Welche Antwort spiegelt diese Aspekte am ehesten wider?**

   a) Fähigkeits- und Reifegrad einzelner Service-Management-Prozesse
   b) Details aus dem aktuellen Service Design & Transition Package (SDTP)
   c) Die Verfügbarkeit des IT-Service sowie Anzahl und durchschnittliche Dauer der Ausfälle
   d) Die durchschnittliche Server-Uptime und die Anzahl durchgeführter Changes

9. **Bei welchen der nachfolgenden Antworten handelt es sich um Prozesse aus dem Bereich Service Planning and Delivery, bei denen das Risikomanagement gemäß FitSM-1 eine elementare Rolle spielt?**
   a) Service Availability & Continuity Management und Information Security Management
   b) Information Security Management und Customer Relationship Management
   c) Capacity Management und Service Availability & Continuity Management
   d) Service Availability & Continuity Management und Risikomanagement

10. **Welche der folgenden Definitionen von Begriffen aus dem Information Security Management ist falsch?**
   a) **Informationssicherheits-Maßnahme (Information Security Control)**
   Mittel zur Steuerung oder Behandlung eines oder mehrerer Risiken für die Informationssicherheit.
   b) **Integrität von Informationen (Integrity of Information)**
   Eigenschaft von Informationen oder Daten, für nicht berechtigte Parteien nicht zugänglich zu sein
   c) **Informationssicherheitsereignis (Information Security Event)**
   Vorkommnis oder zuvor unbekannte Situation, die auf eine mögliche Verletzung der Informationssicherheit hinweist.
   d) **Informationssicherheitsvorfall (Information Security Incident)**
   Informationssicherheitsereignis, bei dem eine erhebliche Wahrscheinlichkeit für negative Auswirkungen auf die Erbringung von Services für Kunden und damit auf die Geschäftsaktivitäten der Kunden besteht

11. Weisen Sie folgende Aufgaben gemäß FitSM den entsprechenden Rollen zu.

1 – Festlegung und Überwachung von Prozesszielen
2 – Verantwortung für die operative Durchführung eines Prozesses
3 – Ressourcen für einen Prozess bereitstellen
4 – Durchführung einer einzelnen Prozessaktivität
5 – Gesamtverantwortung für einen Prozess
6 – Eskalation an den Prozessmanager
7 – Bericht an den Prozessverantwortlichen (Process Owner)

a) Prozessverantwortlicher (Process Owner): 2, 3, 5
Prozessmanager (Process Manager): 1, 7
Prozessbeteiligte (Member of Process Staff): 4
Serviceverantwortlicher (Service Owner): 6

b) Prozessverantwortlicher (Process Owner): 2, 5
Prozessmanager (Process Manager): 4, 6
Prozessbeteiligte (Member of Process Staff):
Serviceverantwortlicher (Service Owner): 1, 3, 7

c) Prozessverantwortlicher (Process Owner): 1, 3, 5
Prozessmanager (Process Manager): 2, 7
Prozessbeteiligte (Member of Process Staff): 4, 6
Serviceverantwortlicher (Service Owner):

d) Prozessverantwortlicher (Process Owner): 3, 5
Prozessmanager (Process Manager): 1, 7
Prozessbeteiligte (Member of Process Staff): 4, 6
Serviceverantwortlicher (Service Owner): 2

12. Welche der folgenden Aspekte sind gemäß FitSM-1 bei der Kapazitätsplanung zu berücksichtigen?

1 – Personelle Ressourcen
2 – Finanzielle Ressourcen
3 – Technische Ressourcen
4 – UAs
5 – OLAs

a) Nur 1, 2 und 3
b) Nur 4 und 5
c) Nur 3, 4 und 5
d) Alle

13. **Welche der folgenden Punkte gehören gemäß FitSM-2 zu den initialen Aktivitäten im Prozess Information Security Management?**

1 – Definition eines Klassifizierungsschemas für den Schutzbedarf von Informationen
2 – Definition einer Informationssicherheits-Richtlinie
3 – Definition einer Vorgehensweise zur Identifikation von Informationssicherheitsrisiken
4 – Identifikation und Dokumentation der wichtigsten, bereits vorhandenen technischen, physischen und organisatorischen Informationssicherheits-Maßnahmen
5 – Definition einer Vorgehensweise zur Dokumentation von Informationssicherheits-Maßnahmen, die unter anderem den Status der Implementierung umfasst

a) Nur 1, 2 und 3
b) Alle
c) Nur 1, 2, 3 und 4
d) Nur 2, 3, 4 und 5

14. **Welche der folgenden Aussagen sind korrekt?**

1 – Dokumente umfassen Informationen und ihr Trägermedium.
2 – Beispiele für Dokumente sind Richtlinien, Pläne, Prozessbeschreibungen, Verfahren, SLAs, Verträge oder Aufzeichnungen über durchgeführte Aktivitäten.
3 – Eine Aufzeichnung (Record) ist die Dokumentation zu einem Ereignis oder über die Ergebnisse der Ausführung eines Prozesses oder einer Aktivität.
4 – Dokumente und Aufzeichnungen können als wichtige Inputs für interne und externe Audits dienen.

a) Nur 1, 3 und 4
b) Nur 2, 3 und 4
c) Nur 3 und 4
d) Alle

15. Welche der folgenden Punkte gehören gemäß FitSM-2 nicht zu den regelmäßigen Aktivitäten im Prozess Customer Relationship Management?

1 – Pflege der Kundendatenbank
2 – Verwaltung von Kundenzufriedenheit und Kundebeschwerden
3 – Identifikation und Erfassung von Verbesserungsmöglichkeiten bei Prozessen und Services
4 – Erstellung einer initialen Kundendatenbank
5 – Durchführung von Service-Reviews unter Einbeziehung der Kunden

a) Nur 1, 2 und 5
b) Nur 3
c) Nur 4 und 5
d) Nur 3 und 4

16. Ein IT-Service-Provider plant zur Reduktion der Verwaltung einige Vereinfachungen. Aktuell müssen alle Änderungen an Dokumenten durch das Topmanagement genehmigt werden. Zukünftig sollen Änderungen bei Verfahren, also im Prozessablauf, keiner Genehmigung durch das Topmanagement mehr unterliegen. Ist diese Vorgehensweise mit den Anforderungen in FitSM-1 vereinbar?

a) Ja, das Topmanagement muss nicht jede Änderung im operativen Ablauf genehmigen.
b) Nein, gemäß GR1.2 ist jede Änderung an der Dokumentation durch das Topmanagement abzuzeichnen.
c) Ja, da das Topmanagement gemäß FitSM-1 keine Vorgaben zum Genehmigungsverfahren von Dokumenten machen darf.
d) Nein, diese Vorgehensweise ist ausschließlich in föderierten Infrastrukturen erlaubt.

17. Welche der folgenden Punkte gehören gemäß FitSM-2 zu den initialen Aktivitäten im Prozess Service Portfolio Management?

1 – Definition von Struktur und Format des Servicekataloges
2 – Übersicht über die an der Serviceerbringung beteiligten Personen/Gruppen erstellen
3 – Initiales Serviceportfolio festlegen
4 – Durchführung einer regelmäßigen Aktualisierung des Serviceportfolios
5 – Dokumentationsrichtlinien für das Serviceportfolio festlegen

a) Nur 2, 3, 4 und 5
b) Nur 2, 3 und 5
c) Nur 1, 3 und 5
d) Nur 1, 2, 3 und 5

18. **FitSM-3 definiert unter anderem die Rollen des Prozessverantwortlichen (Process Owner) und des Prozessmanagers (Process Manager). Weisen Sie folgende Punkte FitSM-3-konform den jeweiligen Rollen zu.**

    1 – Primärer Ansprechpartner für alle operativen Belange des Prozesses
    2 – Definition von Zielen und Richtlinien für den Prozess
    3 – Entscheidung über die Bereitstellung von Ressourcen für den Prozess
    4 – Aufrechterhaltung eines angemessenen Levels an Bewusstsein und Kompetenz der Prozessbeteiligten
    5 – Pflege der Prozessbeschreibung und sicherstellen, dass sie für relevante Personen verfügbar ist
    6 – Ernennung des Prozessmanagers und sicherstellen, dass dieser ausreichende Kompetenzen zur Erledigung seiner Aufgaben hat

    a) Prozessverantwortlicher: 1, 2, 5, 6
       Prozessmanager: 3, 4
    b) Prozessverantwortlicher: 2, 5, 6
       Prozessmanager: 1, 3, 4
    c) Prozessverantwortlicher: 2, 3, 6
       Prozessmanager: 1, 4, 5
    d) Prozessverantwortlicher: 5, 6
       Prozessmanager: 1, 2, 3, 4

19. **Welche der folgenden Punkte sind Beispiele für Aussagen, die gemäß FitSM-1 Bestandteil einer Service-Management-Richtlinie sein sollten?**

    1 – Für alle erbrachten Services müssen SLAs vorhanden sein.
    2 – Die Lösungszeit von Incidents darf generell 10 Stunden nicht überschreiten.
    3 – Die an der Serviceerbringung beteiligten Prozesse müssen klar definiert sein.
    4 – Wir setzen ausschließlich Linux als Serverbetriebssystem ein.
    5 – Alle Services im Serviceportfolio müssen klar definiert und beschrieben sein.

    a) Alle
    b) Nur 1, 2, 3 und 5
    c) Nur 1 und 5
    d) Nur 1, 3 und 5

20. Welche der folgenden Punkte gehören gemäß FitSM-2 zu den initialen Aktivitäten im Prozess Service Level Management?

1 – Erstellung von Struktur und Format des Servicekataloges
2 – Erstellung von Vorlagen für SLAs, OLAs und UAs
3 – Erstellung einer initialen Kundendatenbank
4 – Identifikation der wichtigsten, kritischen Komponenten, die zur Serviceerbringung notwendig sind, und die Erstellung von OLAs bzw. UAs, um diese Komponenten abzusichern
5 – Erstellung einer Lieferantendatenbank

a) Alle
b) Nur 1, 2 und 4
c) Nur 1, 2, 3 und 4
d) Nur 1 und 2

21. Welche der folgenden Aussagen ist korrekt?

a) FitSM kennt die Service-Management-Richtlinie, die unter anderem Umfang und Ziel des SMS festlegt. Weitere Richtlinien kennt FitSM nicht.
b) Richtlinien werden immer durch das Topmanagement genehmigt. Sie beinhalten Prozesse, die durch operative IT-Mitarbeiter (z.B. Administratoren) ausgeführt werden.
c) Vorgaben aus Richtlinien werden durch Prozesse realisiert, die wiederum aus Aktivitäten bestehen, die von Personen im Einklang mit definierten Verfahren ausgeführt werden.
d) Eine Richtlinie ist ein dokumentierter Satz an Absichten, Erwartungen, Zielsetzungen, SLAs, UAs und OLAs.

22. Zu welchem der folgenden Begriffe gehört diese Definition:

»Dokumentierter Satz an Absichten, Erwartungen, Zielsetzungen, Regeln und Anforderungen, oftmals durch Vertreter des Topmanagements in einer Organisation oder Föderation formal zum Ausdruck gebracht.«

a) Verfahren (Procedure)
b) Governance
c) Service-Management-System (SMS)
d) Richtlinie (Policy)

23. Welche der folgenden Punkte gehören gemäß FitSM-2 zu den initialen Aktivitäten im Prozess Service Reporting Management?

1 – Erstellung von SLAs mit Kunden
2 – Regelmäßige Erstellung von Serviceberichten
3 – Erstellung einer Vorlage für Serviceberichte
4 – Spezifikation aktuell bereits erbrachter Serviceberichte über einen eindeutigen Namen, den Zweck, die Empfänger und die Häufigkeit
5 – Erstellung einer Liste aller Serviceberichte, die aktuell oder in Zukunft regelmäßig erstellt werden sollen

a) Nur 3, 4 und 5
b) Alle
c) Nur 2, 3, 4 und 5
d) Nur 1, 3, 4 und 5

24. Welche der folgenden Aspekte sollten Bestandteil eines SLA sein?

1 – Servicebeschreibung
2 – Servicekomponenten und -abhängigkeiten
3 – Servicezeiten und Wartungsfenster
4 – Mitwirkungspflichten/Verantwortlichkeiten des Kunden
5 – Haftungsausschluss für alle durch den IT-Service-Provider verursachten Schäden
6 – Kommunikationswege
7 – Inhalt und Frequenz von Berichten

a) Alle
b) Nur 1, 2, 3, 5, 6 und 7
c) Nur 1, 3, 4, 6 und 7
d) Nur 1, 2, 3, 4, 6 und 7

25. Ordnen Sie folgende Begriffe den korrekten FitSM-Standards zu.

1 – Rollenkonzept (Role model)
2 – Reifegradermittlung (Maturity/capability model and assessment scheme)
3 – Aktivitäten und Ziele (Objectives and activities)
4 – Überblick und Begriffe (Overview and vocabulary)
5 – Einführungsleitfäden (Implementation guides)
6 – Vorlagen (Templates and samples)
7 – Anforderungen (Requirements)

a) FitSM-0→4; FitSM-1→7; FitSM-2→3; FitSM-3→1; FitSM-4→6; FitSM-5→5; FitSM-6→2
b) FitSM-0→7; FitSM-1→4; FitSM-2→3; FitSM-3→1; FitSM-4→6; FitSM-5→5; FitSM-6→2
c) FitSM-0→4; FitSM-1→7; FitSM-2→3; FitSM-3→1; FitSM-4→5; FitSM-5→6; FitSM-6→2
d) FitSM-0→4; FitSM-1→7; FitSM-2→1; FitSM-3→3; FitSM-4→6; FitSM-5→5; FitSM-6→2

26. Welche der folgenden Informationen müssen gemäß FitSM-1 dokumentiert werden?

1 – Erklärung zum Geltungsbereich des Service-Managements
2 – Service-Management-Richtlinie
3 – Service-Management-Plan
4 – Beschreibung der Prozessziele
5 – Rollen und Verantwortlichkeiten
6 – Service Level Agreements (SLAs)
7 – Informationssicherheits-Richtlinie

a) Nur 1, 2, 3, 4 und 5
b) Alle
c) Nur 2, 4, 5, 6 und 7
d) Nur 1, 2, 4, 5, 6 und 7

27. **Welche der folgenden Punkte gehören gemäß FitSM-2 zu den initialen Aktivitäten im Prozess Service Availability & Continuity Management?**

1 – Identifikation der kritischsten Anforderungen an Verfügbarkeit und Kontinuität
2 – Ermittlung von Verfügbarkeitsanforderungen der Kunden und deren Vereinbarung in SLAs
3 – Definition von Struktur und Format eines allgemeinen Verfügbarkeits- und Kontinuitätsplans
4 – Definition eines Ansatzes zur Überwachung von Verfügbarkeit und Kontinuität
5 – Überwachung von Verfügbarkeit und Kontinuität

a) 1, 3, 4 und 5
b) 1, 2, 3 und 4
c) Nur 1, 3 und 4
d) Alle

28. **Ordnen Sie folgende Punkte den allgemeinen Anforderungen GR4 bis GR7 aus FitSM-1 zu.**

1 – Der Service-Management-Plan muss umgesetzt werden.
2 – Effektivität und Leistung müssen gemessen und bewertet werden.
3 – Ein Service-Management-Plan muss erstellt und gepflegt werden.
4 – Abweichungen von Zielen müssen identifiziert und korrigierende Maßnahmen eingeleitet werden.

a) GR4←1; GR5←2; GR6←3; GR7←4
b) GR4←3; GR5←1; GR6←4; GR7←2
c) GR4←1; GR5←3; GR6←4; GR7←2
d) GR4←3; GR5←1; GR6←2; GR7←4

29. **Welcher der folgenden Punkte ist keine Anforderung an den Prozess Capacity Management gemäß FitSM-1?**

a) Kapazitätspläne müssen erstellt und gepflegt werden.
b) Die Leistung der Zulieferer bezüglich der Kapazität muss überwacht werden.
c) Die Leistung von Services und Servicekomponenten muss auf Basis von Auslastung und identifizierten operativen Warnungen und Ausnahmen überwacht werden.
d) Kapazitäts- und Leistungsanforderungen im Zusammenhang mit Services müssen unter Berücksichtigung von SLAs identifiziert werden.

30. **Welche der folgenden Aussagen zu einem Underpinning Agreement (UA) ist falsch?**
    a) Ein UA wird oft auch als Underpinning Contract (UC) bezeichnet.
    b) Der Mehrwert (Value), der den Kunden in Form von Services zur Verfügung gestellt wird, leitet sich direkt aus der Summe des Mehrwerts der beteiligten UAs ab.
    c) Ein UA kann als Service Level Agreement (SLA) mit einem externen Zulieferer angesehen werden, in dessen Zusammenhang sich der Service-Provider in der Rolle des Kunden wiederfindet.
    d) Dokumentierte Vereinbarung zwischen einem Service-Provider und einem externen Zulieferer, die die vom Zulieferer bereitzustellenden unterstützenden Services oder Servicekomponenten sowie die entsprechenden Serviceziele spezifiziert.

13.2.3 Lösungsschlüssel »Advanced Service Planning and Delivery«

Lösungsschlüssel zur FitSM-Musterprüfung »Advanced Service Planning and Delivery«

Frage 1 – Lösung: b
Gemäß der Definition des Servicekataloges in FitSM-0 ist ein Servicekatalog ein Teil des Serviceportfolios. Antwort b) entspricht weitestgehend der Definition.

Frage 2 – Lösung: a
Nur Antwort a) sorgt dafür, dass die Anforderungen des Kunden im Vordergrund stehen. Die internen (OLAs) und externen Vereinbarungen (UAs) und die darin beschriebenen Leistungen orientieren sich an den Vereinbarungen im SLA (PR2.5). Die Vereinbarungen im SLA wiederum leiten sich aus den Kundenanforderungen ab.

Frage 3 – Lösung: a
GR1.1 definiert Verantwortlichkeiten des Topmanagements. Dies beinhaltet die Aussage: In Bezug auf das SMS muss das Topmanagement »Ziele definieren und kommunizieren«.

Frage 4 – Lösung: d
Es handelt sich bei Antwort d) um die Anforderung PR4.1. Antwort b) spiegelt eine Anforderung aus GR6 wider. Es handelt sich somit nicht um eine Anforderung des Prozesses Service Availability & Continuity Management. Alles andere sind keine Anforderungen aus FitSM-1.

Frage 5 – Lösung: c
FitSM-3 definiert für den Prozess Supplier Relationship Management die spezielle Rolle des Supplier Relationship Manager. Bei den anderen Antworten handelt es sich zwar grundsätzlich um Tätigkeiten, die jemand durchführen sollte, FitSM-3 definiert hierfür jedoch keine zusätzliche Rolle.

Frage 6 – Lösung: a
FitSM-3 beinhaltet ein Rollenmodell, FitSM-4 Vorlagen/Beispiele und FitSM-6 unterstützt bei der Reifegradermittlung (siehe FitSM-0, Kap. 4 »Überblick über die Familie der FitSM-Standards«).

Frage 7 – Lösung: c
Das Serviceportfolio ist der zentrale Teil des Prozesses Service Portfolio Management. Es muss gepflegt werden und aktuell sein. Die Häufigkeit der Änderungen hängt von äußeren Faktoren ab und liegt nicht in der Hand dieses Prozesses, genauso wie die Gesamtzahl der Services. Die Aussage zum Servicekatalog ist in sich zwar korrekt, die Erstellung desselben ist jedoch eine Aufgabe des Prozesses Service Level Management.

Frage 8 – Lösung: c
Gemäß FitSM-0 zeigt ein Servicebericht die Leistung eines Service im Vergleich zu den in den Service Level Agreements (SLAs) definierten Servicezielen. Die Verfügbarkeit eines Service spielt hierbei eine zentrale Rolle.

Frage 9 – Lösung: a
Sucht man in FitSM-1 nach dem Begriff Risiko, landet man bei den Prozessen Service Availability & Continuity Management, Information Security Management und Change Management. Das Change Management gehört jedoch in den Bereich »Service Operation and Control« und nicht in »Service Planning and Delivery« (siehe Abschnitt 13.2). Somit bleibt nur noch die Antwort a).

Frage 10 – Lösung: b
Die Erklärung bei der Antwort b) beschreibt den Begriff Vertraulichkeit (Confidentiality) nicht die Integrität.

Frage 11 – Lösung: c
Der Prozessverantwortliche trägt im Prozess die Gesamtverantwortung, legt die Ziele fest und stellt Ressourcen bereit. Der Prozessmanager steuert die operative Umsetzung, während die Prozessmitarbeiter die Aktivitäten ausführen (siehe FitSM-3).

Frage 12 – Lösung: a
PR5.3 besagt: »Die Kapazitätsplanung muss personelle, technische und finanzielle Ressourcen berücksichtigen.«

Frage 13 – Lösung: b
Gemäß FitSM-2 handelt es sich bei allen aufgeführten Punkten um initiale Aktivitäten des Prozesses Information Security Management.

Frage 14 – Lösung: d
Bei einem Dokument handelt es sich um Informationen und ihr Trägermedium (z.B. die Anforderungen an die Erstellung eines Serviceberichts). Eine Aufzeichnung ist eine Dokumentation zu einem Ereignis oder über die Ergebnisse der Ausführung eines Prozesses oder einer Aktivität (z.B. der Servicebericht selbst). In einem Audit werden Auditnachweise ermittelt, die unter anderem auf dokumentierten Informationen basieren. Siehe in FitSM-0 die Definitionen »Audit«, »Dokument (Document)« und »Aufzeichnung (Record)«.

Frage 15 – Lösung: d
Punkt 3 ist eine Aufgabe des Prozesses Continual Service Improvement Management. Punkt 4 ist eine initiale und keine regelmäßige Aktivität. Alle anderen Punkte sind initiale Aktivitäten des Prozesses Customer Relationship Management gemäß FitSM-2.

Vorsicht: Die Negation, also das Wort »nicht« in der Frage, wird gerne überlesen. Dies würde zur falschen Antwort a führen.

Frage 16 – Lösung: a
FitSM-1 legt fest, was im Rahmen eines Prozesses dokumentiert werden soll (GR2.2 und GR2.3) und dass Erstellung, Genehmigung und Änderung der Dokumentation geregelt sein müssen (GR2.4), macht jedoch keine direkte Vorgabe, dass das Topmanagement Änderungen genehmigen muss.

Frage 17 – Lösung: b
Der Servicekatalog wird im Prozess Service Level Management erstellt. Die regelmäßige Aktualisierung ist keine initiale, sondern eine regelmäßige Aktivität. Daher fallen die Punkte 1 und 4 raus. Alle anderen Punkte sind initiale Aktivitäten des Prozesses Service Portfolio Management gemäß FitSM-2.

Frage 18 – Lösung: c
Antwort 3 spiegelt die Verteilung von Aufgaben gemäß FitSM-3 wider (siehe FitSM-3, Kap. »Generic ITSM roles«).

Frage 19 – Lösung: d
GR1.2 fordert für die SMS-Richtlinie unter anderem ein Bekenntnis zur Erfüllung von Kundenanforderungen an Services sowie ein Bekenntnis zu einem serviceorientierten und einem prozessorientierten Ansatz. Lösungszeiten von Incidents und eine Festlegung auf ein bestimmtes Betriebssystem sind gemäß FitSM keine typischen Aussagen in einer SMS-Richtlinie.

Frage 20 – Lösung: b
Eine Kundendatenbank wird im Prozess Customer Relationship Management erstellt und eine Lieferantendatenbank im Prozess Supplier Relationship Management. Daher fallen die Punkte 3 und 5 raus. Alle anderen Punkte sind initiale Aktivitäten des Prozesses Service Level Management gemäß FitSM-2.

Frage 21 – Lösung: c

- FitSM kennt einige Richtlinien, wie die Service-Management-Richtlinie oder die Informationssicherheits-Richtlinien.
- Richtlinien können, müssen jedoch nicht durch das Top Management genehmigt werden. Sie enthalten in der Regel Vorgaben, keine Prozesse.
- Richtlinien beinhalten keine SLAs, UAs und OLAs.

Damit bleibt nur noch c) als richtige Antwort. Bei der Antwort c) handelt es sich um eine Anmerkung zur Definition des Begriffs Richtlinie in FitSM-0.

Frage 22 – Lösung: d
Bei diesem Satz handelt es sich um die Definition einer Richtlinie gemäß FitSM-0.

Frage 23 – Lösung: a
Punkt 1 ist eine Aktivität des Prozesses Service Level Management. Punkt 2 ist eine regelmäßige und keine initiale Aktivität. Die restlichen Punkte sind initiale Aktivitäten des Prozesses Service Reporting Management gemäß FitSM-2.

Frage 24 – Lösung: d
Die Komponenten eines Service und deren Abhängigkeiten sollten Bestandteil eines SLA sein, möglicherweise auch nur über einen Verweis auf den Servicekatalog. Dies dient der Verständlichkeit. Ein kompletter Haftungsausschluss für Schäden, die durch den Serviceprovider verursacht werden, ist unseriös.

Frage 25 – Lösung: a
Antwort a) zeigt die korrekte Zuordnung, wie sie in FitSM-0, Kapitel 4 »Überblick über die Familie der FitSM-Standards«, dargestellt ist.

Frage 26 – Lösung: b
Siehe FitSM-1, GR2 »Dokumentation«

Frage 27 – Lösung: c
Bei Punkt 2 handelt es sich um eine Aufgabe des Service Level Management. Punkt 5 gehört zwar zum richtigen Prozess, ist jedoch eine regelmäßige und keine initiale Aktivität. Alle anderen Punkte sind initiale Aktivitäten des Prozesses Service Availability & Continuity Management gemäß FitSM-2.

Frage 28 – Lösung: d
Die allgemeinen Anforderungen GR4 bis GR7 bilden den PDCA-Zyklus ab, mit den Stufen Plan, Do, Check, Act. Die Anforderungen 3-1-2-4 spiegeln diesen Zyklus in der richtigen Reihenfolge wider.

Frage 29 – Lösung: b
Die Überwachung der Leistung von Zulieferern ist zwar eine korrekte Anforderung, sie gehört jedoch zum Prozess Supplier Relationship Management (PR8.4).

Frage 30 – Lösung: b
Bei Antwort b) wird der Mehrwert durch interne Gruppen, vereinbart durch OLAs, nicht berücksichtigt. Alle anderen Antworten sind direkt aus der Definition des Begriffs Underpinning Agreement in FitSM-0 entnommen.

13.2.4 Musterprüfung »Advanced Service Operation and Control«

Die nachfolgende FitSM-Musterprüfung zu »Advanced Service Operation and Control« dient der Prüfungsvorbereitung und lehnt sich bezüglich Umfang und Niveau an die Originalprüfung an.

1. **Ordnen Sie folgende Aktivitäten aus dem Prozess Incident & Service Request Management chronologisch.**

   1 – Eskalation eines Incidents
   2 – Klassifizierung eines Incidents
   3 – Priorisieren von Incidents
   4 – Beseitigung eines Incidents
   5 – Incident-Erfassung
   6 – Incident-Abschluss

   a) 5-3-2-1-4-6
   b) 5-2-3-1-4-6
   c) 3-2-5-1-4-6
   d) 5-2-3-4-1-6

2. **Weisen Sie folgende Aufgaben gemäß FitSM den entsprechenden Rollen zu.**

   1 – Übernimmt die Gesamtverantwortung für einen Prozess
   2 – Übernimmt die Verantwortung für die Durchführung operativer Tätigkeiten
   3 – Stellt Ressourcen für einen Prozess bereit
   4 – Eskaliert an den Prozessmanager
   5 – Kümmert sich um die Festlegung und Überwachung von Prozesszielen
   6 – Führt einzelne Prozessaktivitäten durch
   7 – Berichtet an den Prozessverantwortlichen (Process Owner)

   a) Prozessverantwortlicher (Process Owner): 2, 3, 5
   Prozessmanager (Process Manager): 1, 7
   Prozessbeteiligte (Member of Process Staff): 4
   Serviceverantwortlicher (Service Owner): 6

b) Prozessverantwortlicher (Process Owner): 2, 5
Prozessmanager (Process Manager): 4, 6
Prozessbeteiligte (Member of Process Staff):
Serviceverantwortlicher (Service Owner): 1, 3, 7

c) Prozessverantwortlicher (Process Owner): 1, 3, 5
Prozessmanager (Process Manager): 2, 7
Prozessbeteiligte (Member of Process Staff): 4, 6
Serviceverantwortlicher (Service Owner):

d) Prozessverantwortlicher (Process Owner): 3, 5
Prozessmanager (Process Manager): 1, 7
Prozessbeteiligte (Member of Process Staff): 4, 6
Serviceverantwortlicher (Service Owner): 2

3. **Welche der folgenden Punkte gehören gemäß FitSM-2 zu den initialen Aktivitäten im Prozess Continual Service Improvement Management?**

1 – Durchführung regelmäßiger Managementreviews des gesamten Service-Management-Systems
2 – Definition einer standardisierten Vorgehensweise zur Aufzeichnung identifizierter Verbesserungen
3 – Identifikation aller relevanten Quellen potenzieller Verbesserungsvorschläge
4 – Einrichtung eines Werkzeugs zur Priorisierung, Bewertung und Genehmigung von Verbesserungsvorschlägen

a) Alle
b) Nur 2, 3 und 4
c) Nur 1, 2 und 3
d) Nur 2 und 3

4. **Bei welchem der folgenden Punkte handelt es sich um eine Anforderung aus FitSM-1?**

a) Die Priorisierung von Incidents und Service-Requests muss die in den SLAs festgelegten Serviceziele berücksichtigen.
b) Die Priorisierung von Problemen muss die in den SLAs festgelegten Serviceziele berücksichtigen.
c) Die Priorisierung von Incidents und Service-Requests muss die in den OLAs festgelegten operativen Ziele berücksichtigen.
d) Die Priorisierung von Problemen muss die in den OLAs festgelegten operativen Ziele berücksichtigen.

5. **Ein Serviceprovider nutzt derzeit verschiedene Werkzeuge, um verschiedene Teile der Infrastruktur zu dokumentieren. Bei der Implementierung des Prozesses Configuration Management plant er, anstatt die Werkzeuge zu konsolidieren und in eine einheitliche Datenbank zu überführen, einfach alle Werkzeuge als zugehörig zur Configuration Management Database (CMDB) zu definieren. Verknüpfungen zwischen Elementen verschiedener Werkzeuge sind möglich, müssen jedoch zum Teil manuell ausgewertet werden. Es ist also keine vollautomatische Darstellung möglich. Ist dies eine FitSM-1-konforme Vorgehensweise?**
   a) Ob diese Vorgehensweise FitSM-1-konform ist, hängt davon ab, inwieweit es möglich ist, eine Beziehung der CIs zu den Elementen des Servicekataloges herzustellen.
   b) Da nicht in jedem Falle eine vollautomatische Auswertung möglich ist, kann hier nicht von einer FitSM-1-konformen Vorgehensweise gesprochen werden.
   c) Gemäß dem Grundsatz »there can be only one« (es kann nur eine geben) muss die CMDB bei FitSM-1 immer durch eine einzelne Datenbank repräsentiert werden.
   d) Diese Vorgehensweise ist konform mit den Anforderungen aus FitSM-1, solange jedes CI und seine Beziehungen aufgezeichnet werden und eine effektive Kontrolle über die CIs unterstützt wird.

6. **Welche der folgenden Dinge werden in der Regel durch Anwender gemeldet?**
   1 – Probleme
   2 – Service-Requests
   3 – Aufzeichnungen (Records)
   4 – Änderungsanträge (Request for Changes, RFC)
   5 – Priorität (Priority)
   6 – Incidents
   7 – Post Implementation Review (PIR)
   a) Nur 2 und 6
   b) Alle
   c) Nur 1, 2 und 6
   d) Nur 1, 2, 4 und 6

7. **Welche der folgenden Punkte gehören gemäß FitSM-2 zu den initialen Aktivitäten im Prozess Release & Deployment Management?**
   1 – Definition einer standardisierten Vorgehensweise zur Planung von Releases auf Basis genehmigter Changes
   2 – Definition einer standardisierten Vorgehensweise zur Planung von Releases auf Basis genehmigter Incidents
   3 – Definition einer Release-Richtlinie
   4 – Definition von Kriterien für Notfall-Changes

a) Alle
b) Nur 2 und 3
c) Nur 1 und 3
d) Nur 1, 3 und 4

8. **Was ist ein direkt zu erwartender Output eines gut funktionierenden Problem-Management-Prozesses?**

1 – Eine Reduktion der Anzahl der Incidents
2 – Eine geringere Anzahl von Änderungen im Servicekatalog
3 – Eine aktuelle Datenbank mit bekannten Fehlern (Known Error Database, KEDB)
4 – Eine nachhaltig stabile Infrastruktur
5 – Eine aktuelle CMDB

a) Nur 1, 3 und 4
b) Nur 2, 3 und 4
c) Alle
d) Nur 3, 4 und 5

9. **Welche der folgenden Punkte müssen gemäß FitSM-1 dokumentiert werden?**

1 – Service-Management-Richtlinie
2 – Outputs aller Service-Management-Prozesse
3 – Operational Level Agreements (OLAs)
4 – Geltungsbereich des SMS
5 – Beschreibung der Prozessziele
6 – Incidents
7 – Service Level Agreements (SLAs)
8 – Service-Management-Plan
9 – Servicekatalog

a) Nur 1, 3, 4, 6, 7 und 8
b) Alle
c) Nur 2, 3, 6, 7, 8 und 9
d) Nur 1, 2, 4, 5 und 8

10. **Bei der Genehmigung von Changes durch den Change Manager oder das Change Advisory Board (CAB) müssen verschiedene Aspekte berücksichtigt werden. Welche der folgenden Antworten formuliert keinen gemäß FitSM-1 zu berücksichtigenden Aspekt?**

a) Nutzen und Risiken
b) Potenzielle Auswirkungen auf Services und Kunden
c) Technische Realisierbarkeit
d) Finanzielle Machbarkeit

11. Welche der folgenden Aussagen sind korrekt?

1 – Dokumente umfassen Informationen und ihr Trägermedium.
2 – Beispiele für Dokumente sind Richtlinien, Pläne, Prozessbeschreibungen, Verfahren, SLAs, Verträge oder Aufzeichnungen über durchgeführte Aktivitäten.
3 – Eine Aufzeichnung (Record) ist die Dokumentation zu einem Ereignis oder über die Ergebnisse der Ausführung eines Prozesses oder einer Aktivität.
4 – Dokumente und Aufzeichnungen können als wichtige Inputs für interne und externe Audits dienen.

a) Nur 1, 3 und 4
b) Nur 2, 3 und 4
c) Nur 3 und 4
d) Alle

12. Welche der folgenden Antworten gehört zu den Aufgaben eines Problemverantwortlichen (Problem Owner)?

a) Er definiert die Prozessziele im Prozess Problem Management und ernennt einen Prozessmanager.
b) Er ist Ansprechpartner für einen bestimmten Service und stellt eine Art Experte für alle technischen und nicht technischen Belange den Service betreffend dar.
c) Er koordiniert alle Aktivitäten im Lebenszyklus eines spezifischen Problems, einschließlich Problemanalyse und problemspezifische Behandlungsoptionen.
d) Er kümmert sich um die operative Umsetzung der Prozessaktivitäten.

13. Welche der folgenden Punkte gehören gemäß FitSM-2 zu den initialen Aktivitäten im Prozess Configuration Management?

1 – Identifikation von CI-Typen, ihren Attributen und den Beziehungstypen
2 – Regelmäßige Aktualisierung der CMDB
3 – Planung einer Vorgehensweise zur Genehmigung von Changes, bei denen CIs betroffen sind
4 – Festlegung des Umfangs der CMDB

a) Nur 1 und 4
b) Nur 1, 2 und 4
c) Alle
d) Nur 1, 3 und 4

14. **Ein bestimmter Incident tritt häufiger auf. Welche der folgenden Aktivitäten gehört in diesem Zusammenhang weder zum Prozess Incident & Service Request Management noch zum Prozess Problem Management?**
    a) Identifikation und Beseitigung des zugrunde liegenden Problems, um die Wahrscheinlichkeit eines neuen Auftreten des Incidents zu verringern
    b) Aufzeichnung eines Workarounds in der Datenbank der bekannten Fehler (KEDB)
    c) Hinzufügen des Incidents zu einer Liste von Standard-Incidents, damit der Incident bei erneutem Auftreten nicht mehr erfasst werden muss
    d) Erstellung einer Anleitung zur Behandlung dieses Incidents

15. **Zu welchem der folgenden Begriffe gehört diese Definition:**

    »Dokumentierter Satz an Absichten, Erwartungen, Zielsetzungen, Regeln und Anforderungen, oftmals durch Vertreter des Topmanagements in einer Organisation oder Föderation formal zum Ausdruck gebracht.«?
    a) Verfahren (Procedure)
    b) Governance
    c) Service-Management-System (SMS)
    d) Richtlinie (Policy)

16. **Welche der folgenden Antworten ist gemäß FitSM-2 kein typischer Input für ein effektives kontinuierliches Verbesserungsmanagement?**
    a) Identifizierte Service-Request
    b) Identifizierte Mängel bei der Effektivität und Effizienz der ITSM-Prozesse
    c) Identifizierte Abweichungen bei der Ausführung von ITSM-Prozessen
    d) Identifizierte Mängel bei der Serviceerbringung

17. Betrachten Sie den Prozess Incident & Service Request Management. Welche der folgenden Punkte sind dem Prozessverantwortlichen (Process Owner) und welche dem Prozessmanager zuzuordnen?

1 – Sicherstellen, dass alle Incidents und Service-Requests aufgezeichnet werden
2 – Definiert die Prozessziele und ist für die Zielerreichung verantwortlich
3 – Trägt die Gesamtverantwortung für die Lösung eines bestimmten Vorfalls und stellt eine Eskalationsinstanz dar
4 – Sicherstellen, dass jeder Prozessmitarbeiter seine Aufgaben kennt und ordnungsgemäß durchführt

a) Prozessverantwortlicher: 1, 4
Prozessmanager: 2, 3

b) Prozessverantwortlicher: 2, 3
Prozessmanager: 1, 4

c) Prozessverantwortlicher: 3, 4
Prozessmanager: 1, 2

d) Prozessverantwortlicher: 1, 2
Prozessmanager: 3, 4

18. Weisen Sie folgende Beschreibungen den entsprechenden FitSM-Bestandteilen zu.

1 – Unterstützt bei der Ermittlung der Fähigkeiten eines Prozesses und des Reifegrades des gesamten SMS
2 – Enthält Einführungsleitfäden
3 – Zeigt ein Rollenmodell auf

a) 1: FitSM-1
2: FitSM-2
3: FitSM-3

b) 1: CMMI
2: ITIL
3: ISO/IEC 20000-2

c) 1: FitSM-3
2: FitSM-5
3: FitSM-6

d) 1: FitSM-3
2: FitSM-4
3: FitSM-6

19. **Eine Festplatte in einem redundanten Festplattenverbund ist ausgefallen. Durch die funktionierende Redundanz merken die Anwender nichts von dem Ausfall. Handelt es sich um einen Incident?**

    a) Nein, denn die Redundanz wurde ja gerade implementiert, um die Anzahl der Incidents zu senken.
    b) Nein, denn ein Incident ist nur ein Vorfall, der von mindestens einem Anwender wahrgenommen wird.
    c) Ja, auch wenn kein Anwender den Vorfall bemerkt, handelt es sich trotzdem um einen Incident.
    d) Es kommt darauf an, was im SLA mit dem Kunden vereinbart wurde.

20. **Welche der folgenden Punkte gehören gemäß FitSM-2 zu den regelmäßig durchzuführenden Aktivitäten im Prozess Change Management?**

    1 – Changes verwalten
    2 – Aufzeichnung, Klassifizierung und Auswertung eines Request for Change (RFC)
    3 – Genehmigung von Changes
    4 – Implementierung von Changes
    5 – Durchführung von Post Implementation Reviews (PIR)
    6 – Pflege einer Liste von Standard-Changes
    7 – Pflege eines Schedule of Changes (Änderungskalender, Änderungszeitplan)

    a) Nur 1, 2, 3, 5 und 6
    b) Alle
    c) Nur 3, 4, 5, 6 und 7
    d) Nur 1, 3, 5 und 7

21. **Welche der folgenden Punkte beschreiben regelmäßige Aktivitäten im Prozess Problem Management gemäß FitSM-2?**

    1 – Pflege einer Datenbank für bekannte Fehler (KEDB)
    2 – Durchführung regelmäßiger Trendanalysen
    3 – Durchführung von KEDB-Reviews
    4 – Identifikation und Erfassung eines Problems
    5 – Verwaltung von Problemen und bekannten Fehlern

    a) Nur 1, 4 und 5
    b) Nur 1, 2, 4 und 5
    c) Nur 1, 3, 4 und 5
    d) Alle

22. **Welche Aufgabe fällt gemäß FitSM-1 dem Topmanagement zu?**
   a) Ziele des Service-Managements definieren und kommunizieren
   b) Serviceberichte spezifizieren und mit ihren Empfängern abstimmen
   c) Definition einer Informationssicherheits-Richtlinie
   d) Verbesserungspotenziale auf konsistente Art und Weise genehmigen und bewerten

23. **Welche der folgenden Aussagen zu Incidents und Problemen ist korrekt?**
   a) Probleme werden analysiert, um bekannte Fehler zu identifizieren, die zu Incidents werden, sobald die Ursachen identifiziert wurden.
   b) Incidents werden analysiert, um Probleme zu identifizieren, die zu bekannten Fehlern werden, sobald die Ursachen identifiziert wurden.
   c) Incidents werden analysiert, um bekannte Fehler zu identifizieren, die zu Problemen führen, sobald die Ursachen identifiziert wurden.
   d) Probleme werden analysiert, um Incidents zu identifizieren, die zu bekannten Fehlern werden, sobald die Ursachen identifiziert wurden.

24. **Zur Reduktion der Verwaltungstätigkeit hat ein Change Manager weitere Standard-Changes definiert. Welche der folgenden Aussagen gehört nicht zu den zu erwartenden Konsequenzen?**
   a) Die Anzahl aller Changes bleibt unverändert.
   b) Die Anzahl der Änderungsanträge (Request for Change, RFC) nimmt ab.
   c) Durch den Mehraufwand im Change Advisory Board (CAB) entstehen Verzögerungen bei der Genehmigung von Changes.
   d) Der Anteil der Notfall-Changes im Verhältnis zur Gesamtzahl aller Changes bleibt gleich.

25. **In einer IT-Abteilung ist folgende Situation aufgetreten:**

   Ein Problem sorgt für immer wieder auftretende Incidents. Im Problem Management wurde das Problem identifiziert, die Ursache ermittelt, ein Workaround dokumentiert und eine nachhaltige Lösung gefunden. Der für das Problem zuständige Problemverantwortliche (Problem Owner) reicht nun die Lösung als Änderungsantrag (Request for Change, RFC) beim Change Management ein. In der betreffenden Sitzung des Change Advisory Board (CAB) erläutert er die Notwendigkeit der Umsetzung. Aufgrund von finanziellen Abwägungen wird der Change abgelehnt. Für den Problemverantwortlichen ist die Problematik damit erledigt und er schließt das Problem. Wie ist die Situation zu beurteilen?

a) Die Vorgehensweise ist korrekt und entspricht FitSM.
b) Der Problemverantwortliche darf das Problem nicht schließen, auch wenn diese Vorgehensweise dazu führen kann, dass sich Probleme ansammeln, die nie geschlossen werden.
c) Das CAB darf keine Änderungsanträge ablehnen, deren Umsetzung letztendlich zur Vermeidung immer wieder auftretender Incidents führen würde.
d) Der Problemmanager hätte den Änderungsantrag überhaupt nicht stellen dürfen. Dies ist ausschließlich Aufgabe des Prozessmanagers, denn dieser kümmert sich um die operative Umsetzung der Prozessaktivitäten.

26. **Bei welchen der nachfolgenden Antworten handelt es sich um einen FitSM-Prozess aus dem Bereich »Service Operation and Control«, bei dem ein Augenmerk auf Risiken gelegt werden sollte?**
   a) Service Availability & Continuity Management
   b) Risikomanagement
   c) Information Security Management
   d) Change Management

27. **Ein Anwender meldet dem Servicedesk, dass er unbedingt auf das Dokumentenmanagementsystem zugreifen muss. Da er bisher diesen Zugriff nicht benötigte, hatte er auch noch keinen Antrag gestellt. Nun braucht er den Zugriff jedoch sehr kurzfristig, da sonst wichtige Geschäftsprozesse nicht mehr adäquat durchgeführt werden können. Worum handelt es sich bei dieser Beschreibung?**
   a) Da zeitnah Geschäftsprozesse des Kunden negativ beeinflusst sein können, handelt es sich in diesem Fall um einen Incident.
   b) Da Änderungen an Zugriffsrechten umgesetzt werden sollen, handelt es sich um einen Change, möglicherweise um einen Standard-Change.
   c) Der Anwender meldet einen Service-Request, der aufgrund der Dringlichkeit mit erhöhter Priorität behandelt werden kann.
   d) Die Situation stellt für den Anwender ein Problem dar, wodurch im Problem Management ein Problem erzeugt werden sollte.

28. Welche der folgenden Aussagen zu Configuration Items (CIs) sind korrekt?

1 – Ein CI ist ein Element, das zur Bereitstellung eines oder mehrerer Services oder Servicekomponenten beiträgt und daher eine Kontrolle seiner Konfiguration erfordert.
2 – Das Spektrum möglicher CIs ist groß und kann sowohl technische Komponenten als auch nicht technische Elemente wie Dokumente umfassen.
3 – Die Daten, die zur effektiven Kontrolle von CIs erforderlich sind, werden in einem CI-Datensatz erfasst.
4 – CI-Datensätze werden im Servicekatalog gespeichert.
5 – Der CI-Datensatz umfasst neben den CI-Attributen zumeist auch Informationen über Beziehungen zu anderen CIs, Servicekomponenten und Services.

a) Alle
b) Nur 1, 2, 4 und 5
c) Nur 1, 3, 4 und 5
d) Nur 1, 2, 3 und 5

29. Die IT-Abteilung eines mittelständischen Unternehmens plant die Einführung des Prozesses Incident & Service Request Management. Um die Verwaltung nicht unnötig in die Höhe zu treiben, wird festgelegt, dass auftretende Störungen nur als Incidents erfasst werden, wenn deren Lösung länger als 5 Minuten dauert. Ist diese Vorgehensweise konform mit FitSM?

a) Nein, laut FitSM-1, PR9.1 müssen alle Incidents erfasst werden.
b) Ja, den Incidents sollen laut FitSM-1, PR9.1 auf effiziente Art und Weise erfasst werden.
c) Ja, jedoch nur, wenn Gleiches auch für Service-Requests gilt.
d) Das hängt vom jeweiligen SLA ab.

30. Welche der nachfolgenden Aussagen zu Workarounds sind korrekt?

1 – Ein Workaround ist ein Mittel zur Umgehung oder Abschwächung der Symptome eines bekannten Fehlers.
2 – Workarounds werden oft in Situationen angewendet, in denen die eigentliche Ursache von (wiederkehrenden) Incidents aufgrund unzureichender Ressourcen oder Fähigkeiten nicht behoben werden kann.
3 – Ein Workaround kann aus einer Reihe von Aktionen bestehen, die entweder vom Service-Provider oder vom Anwender eines Service angewendet werden.
4 – Ein Workaround wird oft auch als vorübergehende Lösung oder Umgehungslösung bezeichnet.

a) Nur 1, 3 und 4
b) Alle
c) Nur 1, 2 und 4
d) Nur 1 und 4

13.2.5 Lösungsschlüssel »Advanced Service Operation and Control«

Lösungsschlüssel zur FitSM-Musterprüfung »Advanced Service Operation and Control«

Frage 1 – Lösung: b
Siehe Prozessbeschreibung in Abschnitt 7.1.1

Frage 2 – Lösung: c
Gemäß FitSM-3 trägt der Prozessverantwortliche die Gesamtverantwortung im Prozess, er legt die Ziele fest, überwacht die Zielerreichung und stellt Ressourcen bereit. Der Prozessmanager steuert die operative Durchführung und die Prozessbeteiligten führen die Aktivitäten durch.

Frage 3 – Lösung: b
Bei Antwort b) handelt es sich um die drei initialen Aktivitäten des Prozesses Continual Service Improvement Management aus FitSM-2. Der Punkt 1 gehört zum einen zu den allgemeinen Anforderungen an das Topmanagement, zum anderen ist es keine initiale, sondern eine regelmäßige Aktivität.

Frage 4 – Lösung: a
Bei Antwort a) handelt es sich um die Anforderung PR9.2.

Frage 5 – Lösung: d
FitSM-1 gibt nicht vor, dass die CMDB aus einer einzelnen Datenbank bestehen muss. Solange eine effektive Kontrolle möglich ist (PR11.2) und jedes CI und seine Beziehungen aufgezeichnet werden (PR11.3), ist diese Vorgehensweise FitSM-1-konform.

Frage 6 – Lösung: a
In einige der genannten Dinge können Informationen von Anwendern mit einfließen. Aber konkret gemeldet werden durch Anwender nur Incidents und Service-Requests.

Frage 7 – Lösung: c
Die Erstellung einer Release-Richtlinie und die Planung einer standardisierten Vorgehensweise gehören zu den initialen Aktivitäten des Prozesses. Die Definition von Kriterien für Notfall-Changes gehört zum Change Management und genehmigte bzw. ungenehmigte Incidents gibt es nicht.

Frage 8 – Lösung: a
Ein gutes Problem Management sorgt für eine nachhaltig stabile Infrastruktur, was die Anzahl der Incidents senkt. Es pflegt die KEDB mit Problemen, bekannten Fehlern und Workarounds.

Dies hat jedoch weder einen direkten Einfluss auf die Anzahl der Änderungen im Servicekatalog noch auf die Aktualität der CMDB.

Frage 9 – Lösung: b
Alle genannten Punkte müssen gemäß FitSM-1 dokumentiert werden.

Frage 10 – Lösung: d
PR12.5 fordert, dass bei der Entscheidung über die Genehmigung von Requests for Changes Nutzen, Risiken, potenzielle Auswirkungen auf Services und Kunden sowie die technische Realisierbarkeit berücksichtigt werden müssen. Die finanzielle Machbarkeit zu berücksichtigen ist sinnvoll, jedoch keine zwingende Forderung von FitSM-1.

Frage 11 – Lösung: d
Bei einem Dokument handelt es sich um Informationen und ihr Trägermedium (z.B. die Anforderungen an die Erstellung eines Serviceberichts). Eine Aufzeichnung ist eine Dokumentation zu einem Ereignis oder über die Ergebnisse der Ausführung eines Prozesses oder einer Aktivität (z.B. der Servicebericht selbst). In einem Audit werden Auditnachweise ermittelt, die unter anderem auf dokumentierten Informationen basieren. Siehe in FitSM-0 die Definitionen »Audit«, »Dokument (Document)« und »Aufzeichnung (Record)«.

Frage 12 – Lösung: c
Gemäß FitSM-3 hat jedes Problem einen eigenen Problemverantwortlichen (siehe Abschnitt 7.2.2). Zu seinen Aufgaben gehört es, ein spezifisches Problem über den gesamten Lebenszyklus hinweg zu begleiten.

Antwort a) beschreibt Aufgaben des Prozessverantwortlichen. Die Aufgaben in b) gehören zu einem Serviceverantwortlichen und um d) kümmert sich der Prozessmanager.

Frage 13 – Lösung: a
Punkt 1 und 4 zeigen initiale Aktivitäten des Prozesses Configuration Management gemäß FitSM-2 auf. Punkt 2 ist eine regelmäßige und keine initiale Aktivität. Punkt 3 ist falsch, da die Planung der Genehmigung von Changes keine Aufgabe des Configuration Management darstellt.

Frage 14 – Lösung: c
Alle Incidents müssen erfasst werden. Somit handelt es sich bei Antwort c) um eine Vorgehensweise, die nicht FitSM-konform ist. Daher kann es sich auch nicht um eine Aktivität der beiden genannten Prozesse handeln.

Frage 15 – Lösung: d
Bei diesem Satz handelt es sich um die Definition einer Richtlinie gemäß FitSM-0.

Frage 16 – Lösung: a
Die Antworten b), c) und d) spiegeln die Inputs des Prozesses Continual Service Improvement Management aus FitSM-2 wider.

Frage 17 – Lösung: b
Die Punkte 1 und 4 beziehen sich auf operative Tätigkeiten, also auf tägliche Aktivitäten, und sind somit dem Prozessmanager zuzuordnen. Die letztendliche Verantwortung für einen Prozess und seine Bestandteile trägt der Prozessverantwortliche (Punkte 2 und 3).

Frage 18 – Lösung: c
Siehe FitSM-0, Kapitel 4 »Überblick über die Familie der FitSM-Standards«

Frage 19 – Lösung: c
Bei einem Incident handelt es sich um eine ungeplante Unterbrechung eines Service/einer Servicekomponente oder um eine Verschlechterung der Servicequalität. Dies ist unabhängig davon, ob ein Anwender die Unterbrechung einer redundanten Servicekomponente bemerkt oder nicht.

Frage 20 – Lösung: b
Alle genannten Punkte sind regelmäßig durchzuführende Aktivitäten im Prozess Change Management gemäß FitSM-2 (siehe FitSM-2, PR12).

Frage 21 – Lösung: d
Alle aufgeführten Punkte werden in FitSM-2 im Prozess Problem Management als regelmäßig durchzuführende Aktivitäten aufgeführt (siehe FitSM-2, PR10).

Frage 22 – Lösung: a
GR1.1 definiert Verantwortlichkeiten des Topmanagements. Dies beinhaltet die Aussage: In Bezug auf das SMS muss das Topmanagement »Ziele definieren und kommunizieren«.

Frage 23 – Lösung: b
Einer der wichtigsten Inputs zur Identifikation von Problemen sind Incidents. Probleme bekommen den Status »Bekannter Fehler«, wenn die Ursache identifiziert (und ein Workaround gefunden) wurde (siehe Abschnitt 7.2.1).

Frage 24 – Lösung: c
Durch die Bildung weiterer Standard-Changes nimmt die Anzahl der Änderungsanträge ab. Dies führt nicht zu einem Mehraufwand im CAB, sondern eher zu einem geringeren Aufwand.

Frage 25 – Lösung: b
Das Problem besteht weiterhin, es darf also nicht geschlossen werden. Wenn die regelmäßige Umsetzung des vorhandenen Workarounds deutlich wirtschaftlicher ist als eine nachhaltige Beseitigung, darf das CAB den Change ablehnen. Der Problemmanager kümmert sich zwar um die operative Umsetzung der Prozessaktivitäten, er führt sie jedoch nicht alle selbst aus. Es ist sehr wahrscheinlich und völlig FitSM-konform, dass der Problemverantwortliche den Änderungsantrag stellt.

Frage 26 – Lösung: d
Sucht man in FitSM-1 nach dem Begriff Risiko, landet man bei den Prozessen Service Availability & Continuity Management, Information Security Management und Change Management. Das Change Management gehört in den Bereich »Service Operation and Control«, alle anderen zu »Service Planning and Delivery« (siehe Abschnitt 13.2).

Frage 27 – Lösung: c
Ein Service-Request ist eine Anwenderanfrage nach Informationen, Beratung, Zugriff auf einen Service oder zur Einleitung eines vorautorisierten Change. Da hier Zugriffsrechte an einem Service angefragt werden, handelt es sich um einen Service-Request.

Frage 28 – Lösung: d
Punkt 4 ist falsch, da die CI-Datensätze in der CMDB gespeichert werden, nicht im Servicekatalog. Alle anderen Aussagen stammen aus der Definition eines CIs in FitSM-0.

Frage 29 – Lösung: a
FitSM-1, PR9.1: »**Alle Incidents** und Service-Requests **müssen** auf konsistente Art und Weise **erfasst**, klassifiziert und priorisiert **werden.**«

Frage 30 – Lösung: b
Alle Aussagen sind der Definition des Begriffs Workaround aus FitSM-0 entnommen.

Anhang

A Glossar

Die folgenden Begriffe und Definitionen finden im Rahmen der FitSM-Standards Anwendung und sind im Dokument FitSM-0 »Überblick und Begriffe« erläutert. Die Sortierung entspricht der alphabetischen Reihenfolge der deutschen Begriffe, die englischen Originalbegriffe sind in Klammern angegeben. Wir geben an dieser Stelle das Glossar mit allen Anmerkungen wieder, damit die Leser die Begriffe zu FitSM komplett im Originalkontext vorfinden und somit unsere Interpretationen nachvollziehen können. Dafür nehmen wir eine mögliche Redundanz zu unseren Ausführungen in Kauf.

Abschluss (Closure)

Finale Aktivität in einem Ablauf eines Prozesses, um anzuzeigen, dass für den aktuellen Vorgang keine weiteren Aktionen erforderlich sind

Anmerkung: Beispiele für Vorgänge, die abgeschlossen werden können, sind Incidents, Probleme, Service-Requests oder Changes. Die Aktivität des Abschlusses überführt die jeweilige Aufzeichnung (also die Incident-Aufzeichnung, Problem-Aufzeichnung, Service-Request-Aufzeichnung oder Change-Aufzeichnung) in ihren finalen Status, der typischerweise die Bezeichnung 'abgeschlossen' trägt.

Aktivität (Activity)

Satz von Aktionen, die innerhalb eines Prozesses ausgeführt werden

Anwender (User)

Person, die primär von einem Service profitiert und diesen nutzt

Audit (Audit)

Systematischer, unabhängiger und dokumentierter Prozess, um Auditnachweise zu erlangen und auf ihrer Basis zu ermitteln, in welchem Grad Auditkriterien erfüllt werden

Anmerkung 1: Auditnachweise basieren typischerweise auf dokumentierten Informationen oder Informationen, die im Rahmen von Audit-Interviews oder durch Beobachtung gewonnen wurden.

Anmerkung 2: Auditkriterien können auf Anforderungen aus einem Managementsystem (einschließlich Richtlinien, Prozessen und Verfahren), aus Vereinbarungen (einschließlich Service Level Agreements und Underpinning Agreements), aus Verträgen, aus Standards oder aus gesetzlichen Vorgaben basieren.

Anmerkung 3: Ein Audit kann intern erfolgen (internes Audit), wenn es in Verantwortung der Organisation oder Föderation durchgeführt wird, die selbst Gegenstand des Audits ist. Wird das Audit von einer externen Organisation durchgeführt, so spricht man von einem externen Audit.

Anmerkung 4: Sowohl interne als auch externe Audits sollten von ausgebildeten und erfahrenen Auditoren durchgeführt werden. Um die Objektivität der Auditergebnisse sicherzustellen, sollten Auditoren nicht ihre eigenen Arbeitsergebnisse oder ihre eigenen Verantwortungsbereiche auditieren.

Aufzeichnung (Record)

Dokumentation zu einem Ereignis oder über die Ergebnisse der Ausführung eines Prozesses oder einer Aktivität

Bekannter Fehler (Known error)

Problem, das (noch) nicht beseitigt wurde, für das jedoch ein dokumentierter Workaround oder eine Übergangslösung existiert, um (unverhältnismäßige) negative Auswirkungen auf Services zu verhindern

Bewertung (Assessment)

Satz von Aktionen, um den Fähigkeitsgrad eines Prozesses oder den übergreifenden Reifegrad eines Managementsystems zu evaluieren

Change (Change)

Veränderung (wie das Hinzufügen, Entfernen, Modifizieren, Ersetzen) an einem Configuration Item (CI)

Configuration Item (Configuration item, CI)

Element, das zur Bereitstellung eines oder mehrerer Services oder Servicekomponenten beiträgt und daher eine Kontrolle seiner Konfiguration erfordert

Anmerkung 1: Das Spektrum möglicher CIs ist groß und kann sowohl technische Komponenten (z.B. Computer-Hardware, Netzkomponenten, Software) als auch nicht-technische Elemente wie Dokumente (z.B. Service Level Agreements, Betriebshandbücher, Lizenzdokumentation) umfassen.

Anmerkung 2: Die Daten, die zur effektiven Kontrolle von CIs erforderlich sind, werden in einem CI-Datensatz (CI record) erfasst. Der CI-Datensatz umfasst neben den CI-Attributen zumeist auch Informationen über Beziehungen zu anderen CIs, Servicekomponenten und Services. CI-Datensätze werden in einer Configuration Management Database (CMDB) gespeichert.

Configuration Management Database (Configuration management database, CMDB)

Speicherort für Daten über Configuration Items (CIs)

Anmerkung: Eine CMDB ist nicht notwendigerweise eine einzelne Datenbank, die alle CIs abdeckt. Sie kann vielmehr aus mehreren physischen Datenspeichern zusammengesetzt sein.

Dokument (Document)

Informationen und ihr Trägermedium

Anmerkung: Beispiele von Dokumenten sind Richtlinien, Pläne, Prozessbeschreibungen, Verfahren, Service Level Agreements (SLAs), Verträge oder Aufzeichnungen über durchgeführte Aktivitäten.

Effektivität (Effectiveness)

Grad, zu dem Ziele und Erwartungen erfüllt werden

Anmerkung: In einem Managementsystem wird Effektivität meistens an den definierten Zielen der Prozesse, die Teil des Systems sind, gemessen.

Effizienz (Efficiency)

Grad der Fähigkeit, Ziele und Erwartungen mit einem minimalen Einsatz an Ressourcen zu erfüllen

Anmerkung 1: In einem Managementsystem wird Effizienz meistens im Kontext der Prozesse betrachtet, die Teil des Systems sind.

Anmerkung 2: Beispiele für Kategorien von Ressourcen sind Personal, Technologie, Informationen und Finanzmittel.

Eskalation (Escalation)

Übertragung der Zuständigkeit für einen Vorgang (wie einen Incident, einen Service-Request, ein Problem oder einen Change) oder eine Aktivität an eine andere Person oder Gruppe

Anmerkung: Man unterscheidet zwei grundsätzliche Arten der Eskalation: Hierarchische Eskalation überträgt Zuständigkeit (temporär) an jemanden mit einem höheren Grad an Autorität. Funktionale Eskalation überträgt Zuständigkeit an jemanden mit einer unterschiedlichen Ausprägung an Kompetenzen oder Befugnissen, die zur Behandlung des Vorgangs oder der Aktivität erforderlich sind.

Fähigkeitsgrad (Capability level)

Erreichtes Niveau an Effektivität eines einzelnen Prozesses oder eines allgemeinen Managementaspekts

Föderation (Federation)

Situation, in der mehrere Parteien, die Föderationsmitglieder, gemeinsam zur Erbringung von Services an Kunden beitragen, ohne dabei in einer strikten Hierarchie oder Lieferkette organisiert zu sein

Föderationsmitglied (Federation member)

Person, Organisation oder Institution, die mit anderen Föderationsmitgliedern in einer Föderation zusammenarbeitet, um einen oder mehrere Services bereitzustellen

Anmerkung: Oftmals sind Föderationsmitglieder nicht durch verbindliche vertragliche Vereinbarungen aneinander gebunden.

Federator

Institution, die in einer Menge von Föderationsmitgliedern koordinierend agiert

Incident (Incident)

Ungeplante Unterbrechung im Betrieb eines Service bzw. einer Servicekomponente oder Verschlechterung der Servicequalität gegenüber dem erwarteten oder vereinbarten Niveau gemäß Service Level Agreements (SLAs), Operational Level Agreements (OLAs) und Underpinning Agreements (UAs)

Informationssicherheit (Information security)

Erhalt der Vertraulichkeit, Integrität und Zugreifbarkeit von Informationen

Informationssicherheits-Ereignis (Information security event)

Vorkommnis oder zuvor unbekannte Situation, die auf eine mögliche Verletzung der Informationssicherheit hinweist

Anmerkung: Ein Vorkommnis bzw. eine zuvor unbekannte Situation wird als mögliche Verletzung der Informationssicherheit angesehen, wenn es bzw. sie zu negativen Auswirkungen auf die Vertraulichkeit, Integrität und/oder Zugreifbarkeit eines oder mehrerer Informationswerte führen kann.

Informationssicherheits-Maßnahme (Information security control)

Mittel zur Steuerung oder Behandlung eines oder mehrerer Risiken für die Informationssicherheit

Informationssicherheits-Vorfall (Information security incident)

Einzelnes Informationssicherheits-Ereignis oder Reihe an Informationssicherheits-Ereignissen, bei denen eine erhebliche Wahrscheinlichkeit für negative Auswirkungen auf die Erbringung von Services für Kunden und damit auf die Geschäftsaktivitäten der Kunden besteht

Integrität von Informationen (Integrity of information)

Eigenschaft von Informationen, nicht Gegenstand unautorisierter Modifikation, Duplizierung oder Löschung zu sein

IT-Service (IT-Service)

Service, der durch den Einsatz von Informationstechnologie (IT) ermöglicht wird

IT-Service-Management (IT-Service-Management, ITSM)

Gesamtheit der Aktivitäten, die von einem IT-Service-Provider durchgeführt werden, um die seinen Kunden angebotenen IT-Services zu planen, bereitzustellen, zu betreiben und zu steuern.

Anmerkung: Die im ITSM-Kontext ausgeführten Aktivitäten sollten sich an definierten Richtlinien orientieren und durch Prozesse und unterstützende Verfahren strukturiert und organisiert werden.

Kapazität (Capacity)

Obergrenze, bis zu der ein bestimmtes Infrastruktur-Element (wie z.B. ein Configuration Item) genutzt werden kann

Anmerkung: Damit kann etwa die Gesamtkapazität eines Datenträgers oder die Bandbreite in einem Kommunikationsnetz gemeint sein; es könnte aber der maximale Durchsatz an Transaktionen eines Systems sein.

Klassifikation (Classification)

Zuordnung von Elementen zu definierten Gruppen auf Basis von gemeinsamen Eigenschaften, Beziehungen oder anhand anderer Kriterien

Anmerkung 1: Gegenstand einer Klassifikation können etwa sein: Dokumente, Aufzeichnungen (wie etwa Incident-Aufzeichnungen, Change-Aufzeichnungen), Services, Configuration Items (CIs) etc. Beispiele für definierte Gruppen sind Kategorien (wie Incident-Kategorien oder Change-Kategorien) oder Prioritätsstufen.

Anmerkung 2: Der Vorgang der Klassifikation umfasst häufig die Anwendung von mehr als einem Klassifikationsschema. Zum Beispiel kann eine Incident-Aufzeichnung einer technischen Incident-Kategorie wie 'Software', 'Kommunikationsnetz' etc. zugeordnet werden, wie auch einer Prioritätsstufe wie 'geringe Priorität', 'mittlere Priorität' etc. Auch die Zuordnung verschiedener Incidents, Service-Requests, Changes und Probleme zu einem betroffenen CI stellt eine Klassifikation dar.

Anmerkung 3: Eine Klassifikation kann neben der Darstellung und Analyse von Zusammenhängen auch der Steuerung von Prozessabläufen dienen, z.B. bei der Zuweisung einer Prioritätsstufe zu einem Incident.

Kompetenz (Competence)

Menge an Wissen, Fähigkeiten und Erfahrung, die eine Person oder Gruppe benötigt, um eine bestimmte Rolle effektiv übernehmen zu können

Konfiguration (Configuration)

Ausprägung eines spezifizierten Satzes an Attributen, Beziehungen und anderen relevanten Eigenschaften eines oder mehrerer Configuration Items (CIs)

Anmerkung: Die dokumentierte Konfiguration einer Menge an CIs zu einem gegebenen Zeitpunkt wird Configuration Baseline genannt und wird typischerweise erstellt, bevor ein oder mehrere Changes an diesen CIs in die Produktivumgebung ausgerollt werden.

Konformität (Conformity)

Grad, zu dem Anforderungen in einem bestimmten Zusammenhang erfüllt werden

Anmerkung: Im Zusammenhang mit (der englischen Fassung von) FitSM wird der Begriff 'Compliance' generell als Synonym für Konformität verwendet. Manchmal wird allerdings Konformität hauptsächlich im Kontext der Einhaltung interner Vorschriften und Anforderungen verwendet, wie sie etwa durch Richtlinien, Prozesse oder Verfahren festgelegt werden, während Compliance eher im Zusammenhang mit der Einhaltung externer Vorgaben, wie etwa Gesetze, Standards oder Verträge, Anwendung findet.

Kontinuität (Continuity)

Eigenschaft eines Service, seine Funktionalität ganz oder teilweise auch in Ausnahmesituationen aufrechtzuerhalten

Anmerkung: Ausnahmesituationen können Notfälle, Krisen oder Katastrophen sein, die die Fähigkeit zur Bereitstellung von Services über längere Zeiträume erheblich beeinträchtigen können.

Kunde (Customer)

Organisation oder Teil einer Organisation, die einen Service-Provider mit der Bereitstellung eines oder mehrerer Services beauftragt

Anmerkung: Ein Kunde vertritt typischerweise eine Menge an Anwendern.

Leistungsindikator (Key performance indicator, KPI)

Messung, die verwendet wird, um die Leistung, Effektivität oder Effizienz eines Service oder Prozesses zu bestimmen

Anmerkung: Grundsätzlich sind KPIs wichtige Messungen, die an kritischen Erfolgsfaktoren und wichtigen Zielen ausgerichtet sind. KPIs stellen daher eine Untermenge aller möglichen Messungen dar, die eingesetzt werden könnten, um einen Service oder Prozess zu überwachen.

Management-Review (Management review)

Periodische Bewertung der Angemessenheit, Reife und Effizienz eines Managementsystems durch den bzw. die obersten Verantwortlichen, auf deren Basis Verbesserungspotenziale identifiziert und Folgemaßnahmen festgelegt werden

Anmerkung: Der oberste Verantwortliche eines Managementsystems ist normalerweise ein Vertreter des Topmanagements der Organisation, die das Managementsystem betreibt. In einer Föderation ist der oberste Verantwortliche normalerweise eine Person, die durch Topmanagement-Vertreter aller involvierten Organisationen (d.h. der Föderationsmitglieder) benannt wird.

Managementsystem (Management system)

Gesamtheit von Richtlinien, Prozessen, Verfahren und zugehörigen Ressourcen und Fähigkeiten, die das Ziel verfolgen, Managementaufgaben eines bestimmten Fachgebiets in einem gegebenen Umfeld effektiv auszuführen

Anmerkung 1: Ein Managementsystem ist grundsätzlich immateriell. Es beruht auf der Vorstellung einer systematischen, strukturierten und prozessorientierten Art und Weise, Dinge zu managen.

Anmerkung 2: Während Dokumentation (wie z.B. Prozessdefinitionen, Verfahren und Aufzeichnungen) und Werkzeuge (wie z.B. Tools zur Workflow-Unterstützung und zum Monitoring) Teil eines Managementsystems sein können, sollten Überlegungen zur Einführung eines Managementsystems nicht auf die Aspekte der Dokumentation und Werkzeuge beschränkt sein.

Anmerkung 3: Im Zusammenhang mit (IT-)Service-Management und dem FitSM-Standard ist das Service-Management-System (SMS) ein zentrales Konzept, bei dem das Umfeld des Managementsystems dem organisatorischen Umfeld des Service-Providers entspricht und das betrachtete Fachgebiet das Planen, Bereitstellen, Betreiben und Steuern von (IT-)Services ist.

(Mehr-)Wert (Value)

Durch einen Service generierter Nutzen für einen Kunden und die zugehörigen Anwender

Anmerkung: Der (Mehr-)Wert setzt sich aus der Zweckmäßigkeit und der Erfüllung eines gegebenen Leistungsversprechens (einschließlich ausreichender Verfügbarkeit/Kontinuität, Kapazität/Performance und Informationssicherheit) zusammen, die mit einem Service verknüpft sind.

Nichtkonformität (Nonconformity)

Vorgang oder Situation, in der eine Anforderung nicht erfüllt wird

Anmerkung: In der englischen Sprache kann statt »Nonconformity« auch das Synonym »Noncompliance« verwendet werden.

Operational Level Agreement (Operational level agreement, OLA)

Dokumentierte Vereinbarung zwischen einem Service-Provider und einem anderen Teil der Organisation des Service-Providers oder einem Föderationsmitglied über die Bereitstellung einer Servicekomponente oder eines unterstützenden Service, die/der erforderlich ist, um Services für Kunden erbringen zu können

Operativer Zielwert (Operational target)

Referenz-/Zielwert für einen Parameter zur Messung der Leistung einer Servicekomponente, gelistet in einem Operational Level Agreement (OLA) oder Underpinning Agreement (UA) mit Bezug zu dieser Servicekomponente

Anmerkung: Typische operative Zielwerte können im Zusammenhang mit der Verfügbarkeit oder erlaubten Wiederherstellungszeit im Falle von Incidents stehen.

Post Implementation Review (Post Implementation Review, PIR)

Überprüfung im Anschluss an die Umsetzung eines Change, um zu ermitteln, ob der Change erfolgreich war

Anmerkung: Abhängig vom spezifischen Typ und der Komplexität eines Change kann das Post Implementation Review in seinem Umfang stark variieren.

Priorität (Priority)

Relative Wichtigkeit eines Ziels, eines Objekts oder einer Aktivität

Anmerkung: Oftmals erhalten Incidents, Service-Requests, Probleme und Changes eine Priorität. Im Falle von Incidents und Problemen basiert die Priorität üblicherweise auf der situationsspezifischen Auswirkung und Dringlichkeit.

Problem (Problem)

Zugrunde liegende Ursache eines oder mehrerer Incidents, die eine weitere Untersuchung erfordert, um zu vermeiden, das gleichartige Incidents wiederholt auftreten, oder um negative Auswirkungen auf Services zu reduzieren

Prozess (Process)

Strukturierter Satz an Aktivitäten mit klar definierten Verantwortlichkeiten, durch den auf Basis definierter Eingaben (Inputs) ein bestimmtes Ziel erreicht oder ein bestimmtes Ergebnis (Output) geliefert werden soll

Anmerkung: Typischerweise besteht ein Prozess aus einer Reihe von Aktivitäten, die benötigt werden, um Services zu managen, sofern der Prozess Teil eines Service-Management-Systems (SMS) ist.

Reifegrad (Maturity level)

Erreichte übergreifende Effektivität eines Service-Management-Systems, basierend auf den Fähigkeitsgraden seiner Prozesse und allgemeinen Management-Aspekten

Release (Release)

Ein oder mehrere Changes an Configuration Items (CIs), die zu einer logischen Einheit zusammengefasst und als solche ausgerollt werden

Request for Change (Request for Change, RFC)

Dokumentierter Vorschlag für einen Change an einem oder mehreren Configuration Items (CIs)

Richtlinie (Policy)

Dokumentierter Satz an Absichten, Erwartungen, Zielsetzungen, Regeln und Anforderungen, oftmals durch Vertreter des Topmanagements in einer Organisation oder Föderation formal zum Ausdruck gebracht

Anmerkung: Vorgaben aus Richtlinien werden durch Prozesse realisiert, die wiederum aus Aktivitäten bestehen, die von Personen im Einklang mit definierten Verfahren ausgeführt werden.

Risiko (Risk)

Mögliches Vorkommnis, das eine negative Auswirkung auf die Fähigkeit des Service-Providers hat, vereinbarte Services an Kunden zu erbringen, oder das zu einer Verminderung des Mehrwerts führt, der durch einen Service generiert wird

Anmerkung: Ein Risiko ist charakterisiert durch die Eintrittswahrscheinlichkeit einer bestimmten Bedrohung, die Anfälligkeit (Verwundbarkeit) eines bestimmten Werts (Asset) für diese Bedrohung sowie die Auswirkung, die durch diese Bedrohung verursacht werden würde.

Rolle (Role)

Zusammenfassung von Verantwortlichkeiten und damit verbundenen Verhaltensweisen oder Aktionen, die einer Person oder Gruppe zugewiesen werden können

Anmerkung: Eine Person kann mehrere Rollen ausüben.

Service (Service)

Mittel zur Lieferung eines Mehrwerts für Kunden, indem die Ziele der Kunden unterstützt werden

Anmerkung: Im Zusammenhang mit dem FitSM-Standard sind üblicherweise IT-Services gemeint, wenn von Services gesprochen wird.

Service Design & Transition Package (Service design & transition package, SDTP)

Gesamtheit aller Planungen für das Design (Entwurf, Konzeption) und die Transition (Entwicklung, Produktivsetzung) eines spezifischen neuen oder geänderten Service

Anmerkung: Ein SDTP sollte für jeden neuen oder geänderten Service erstellt werden. Es kann aus einer Vielzahl dokumentierter Pläne und anderer relevanter Informationen bestehen, die in unterschiedlichen Formaten vorliegen können, einschließlich einer Liste der Anforderungen und Service-Abnahmekriterien, einer Projektplanung, eines Kommunikations- und Schulungsplans, technischer Pläne und Spezifikationen, Ressourcenplänen, Terminplänen für die Entwicklung und Produktivsetzung etc.

Service Level Agreement (Service level agreement, SLA)

Dokumentierte Vereinbarung zwischen einem Kunden und einem Service-Provider, die den zu erbringenden Service und die Serviceziele, die der Bereitstellung des Service zugrunde gelegt werden, spezifiziert

Service-Abnahmekriterien (Service acceptance criteria, SAC)

Kriterien, die zu dem Zeitpunkt erfüllt sein müssen, wenn ein neuer oder geänderter Service ausgerollt und Kunden/Anwendern zugänglich gemacht wird

Anmerkung: SACs werden definiert, wenn ein neuer oder geänderter Service entworfen wird. Sie können während der Entwicklungs- oder Transition-Phase aktualisiert oder verfeinert werden und können funktionale oder nicht funktionale Aspekte des spezifischen auszurollenden Service abdecken. SACs sind Teil des Service Design & Transition Package (SDTP).

Servicebericht (Service report)

Bericht, in dem die Leistung eines Service im Vergleich zu den in den Service Level Agreements (SLAs) definierten Servicezielen dargestellt wird – oft auf der Grundlage von Leistungsindikatoren (KPIs)

Servicekatalog (Service catalogue)

An Kunden gerichtete Auflistung aller aktuell angebotenen Services zusammen mit relevanten Informationen über diese Services

Anmerkung: Der Servicekatalog kann als gefilterte Version des Serviceportfolios und Kundensicht auf das Serviceportfolio betrachtet werden.

Servicekomponente (Service component)

Logischer Bestandteil eines Service, der eine Funktionalität zur Verfügung stellt, die den Service ermöglicht oder aufwertet

Anmerkung 1: Ein Service ist typischerweise aus mehreren Servicekomponenten zusammengesetzt.

Anmerkung 2: Eine Servicekomponente besteht typischerweise aus einem oder mehreren Configuration Items (CIs).

Anmerkung 3: Eine Servicekomponente generiert für sich allein genommen typischerweise noch keinen Mehrwert für den Kunden und ist deswegen selbst kein Service, auch wenn sie einem oder mehreren Services untergeordnet ist.

Service-Management (Service-Management)

Gesamtheit aller von einem Service-Provider durchzuführenden Aktivitäten, um Services für Kunden zu planen, zu erbringen, zu betreiben und zu steuern

Anmerkung 1: Die im Zusammenhang mit dem Service-Management durchzuführenden Aktivitäten sollten durch Richtlinien festgelegt und gelenkt sowie durch Prozesse und unterstützende Verfahren strukturiert und organisiert werden.

Anmerkung 2: Im Zusammenhang mit dem FitSM-Standard ist meistens IT-Service-Management (ITSM) gemeint, wenn von Service-Management die Rede ist.

Service-Management-Planung (Service-Management-Plan)

Umfassende Planung für die Implementierung und Anwendung eines Service-Management-Systems (SMS)

Service-Management-System (Service-Management-System, SMS)

Übergreifendes Managementsystem, das das Management von Services innerhalb einer Organisation oder Föderation steuert und unterstützt

Anmerkung: Das SMS kann als Gesamtheit aller miteinander in Beziehung stehenden Richtlinien, Prozesse, Verfahren, Rollen, Vereinbarungen, Planungen, zugehörigen Ressourcen und anderen vom Service-Provider benötigten und genutzten Elemente gesehen werden, die für ein effektives Management der Erbringung von Services an Kunden benötigt werden.

Serviceportfolio (Service portfolio)

Interne Auflistung, die Informationen zu allen von einem Service-Provider angebotenen Services enthält, einschließlich Services in Vorbereitung, Services im Betrieb und stillgelegter Services

Anmerkung: Für jeden Service kann das Serviceportfolio u.a. folgende Informationen enthalten: Wertbeitrag, Zielgruppe(n) auf Kundenseite, Servicebeschreibung, relevante technische Spezifikationen, Kostenplanung und Preiskalkulation, Risiken für den Service-Provider, angebotene Service-Level-Pakete etc.

Service-Provider (Service provider)

Organisation oder Föderation (oder Teil einer Organisation oder Föderation), die einen oder mehrere Services für Kunden verwaltet und bereitstellt

Service-Request (Service request)

Anwender-Anfrage nach Informationen, Beratung, Zugriff auf einen Service oder zur Einleitung eines vorautorisierten Change

Anmerkung: Service-Requests werden oft über den gleichen Prozessen und mithilfe der gleichen Werkzeuge (Tools) verwaltet wie Incidents.

Service-Review (Service review)

Periodische Bewertung der Qualität und Leistung eines Service unter Einbeziehung des Kunden oder unter Berücksichtigung von Kunden-Rückmeldungen, auf deren Basis Verbesserungspotenziale identifiziert und Folgemaßnahmen mit dem Ziel der Steigerung des Werts des Service festgelegt werden

Serviceziel (Service target)

Referenz-/Zielwert für einen Parameter zur Messung der Leistung eines Service, gelistet in einem Service Level Agreement (SLA) über diesen Service

Anmerkung: Typische Serviceziele können im Zusammenhang mit der Verfügbarkeit oder erlaubten Wiederherstellungszeit im Falle von Incidents stehen.

Topmanagement (Top management)

Oberstes Management in einer Organisation, das über die Autorität verfügt, verbindliche Richtlinien festzulegen und übergreifende Kontrolle über die Organisation auszuüben

Underpinning Agreement (Underpinning agreement, UA)

Dokumentierte Vereinbarung zwischen einem Service-Provider und einem externen Zulieferer, die die vom Zulieferer bereitzustellenden unterstützenden Services oder Servicekomponenten sowie die entsprechenden Serviceziele spezifiziert

Anmerkung 1: Ein UA kann als Service Level Agreement (SLA) mit einem externen Zulieferer angesehen werden, in dessen Zusammenhang sich der Service-Provider in der Rolle des Kunden wiederfindet.

Anmerkung 2: Ein UA wird oft auch als Underpinning Contract (UC) bezeichnet.

Underpinning Contract (Underpinning contract, UC)

Siehe: Underpinning Agreement (UA)

Verbesserung (Improvement)

Aktion oder Menge von Aktionen, die ausgeführt werden, um das Niveau an Konformität, Effektivität oder Effizienz eines Managementsystems, Prozesses oder einer Aktivität zu steigern, oder um die Qualität oder Leistung eines Service oder einer Servicekomponente zu erhöhen

Anmerkung: Eine Verbesserung wird typischerweise realisiert, nachdem ein Verbesserungspotenzial beispielsweise während eines Service-Reviews, eines Audits oder eines Management-Reviews identifiziert wurde.

Verfahren (Procedure)

Definierter Satz an Schritten oder Anweisungen, die von einer Person oder Gruppe angewendet werden, um eine oder mehrere Aktivitäten eines Prozesses auszuführen

Verfügbarkeit (Availability)

Fähigkeit eines Service oder einer Servicekomponente, ihre gewünschte Funktionalität zu einer bestimmten Zeit oder in einem bestimmten Zeitraum zu erfüllen

Vertraulichkeit von Informationen (Confidentiality of information)

Eigenschaft von Informationen oder Daten, für nicht berechtigte Parteien nicht zugänglich zu sein

Workaround (Workaround)

Mittel zur Umgehung oder Abschwächung der Symptome eines bekannten Fehlers, das bei der Wiederherstellung nach Incidents, die durch diesen bekannten Fehler verursacht werden, eingesetzt wird, ohne dabei die eigentliche zugrunde liegende Ursache permanent zu beseitigen

Anmerkung 1: Workarounds werden oft in Situationen angewendet, in denen die eigentliche Ursache von (wiederkehrenden) Incidents aufgrund unzureichender Ressourcen oder Fähigkeiten nicht behoben werden kann.

Anmerkung 2: Ein Workaround kann aus einer Reihe von Aktionen bestehen, die entweder vom Service-Provider oder vom Anwender eines Service angewendet werden.

Anmerkung 3: Ein Workaround wird oft auch als vorübergehende Lösung oder Umgehungslösung bezeichnet.

Zugreifbarkeit von Informationen (Accessibility of information)

Eigenschaft, dass Informationen für autorisierte Parteien zugreifbar und nutzbar sind

Zulieferer (Supplier)

Externe Organisation, die für den Service-Provider einen (unterstützenden) Service oder eine oder mehrere Servicekomponenten erbringt bzw. bereitstellt, die dieser wiederum benötigt, um Services für seine Kunden/Anwender zu erbringen

B Abbildungsverzeichnis

C Quellen und weiterführende Informationen

AXELOS

Inhaber der Rechte an ITIL
http://www.axelos.com

Bayerischer IT-Sicherheitscluster e.V.

Inhaber der Rechte an ISIS12
http://www.it-sicherheit-bayern.de

Bundesamt für Sicherheit in der Informationstechnik, BSI

Inhaber der Rechte am IT-Grundschutz
http://www.bsi.bund.de

Bundesfachverband der IT-Sachverständigen und -Gutachter e.V., BISG

Sachverständigen-Gutachten und BISG-Zertifikat
http://www.bisg-ev.de/fachbereiche/it-service-management

CMMI Institute LLC

Inhaber der Rechte an CMMI
http://cmmiinstitute.com

CORDIS, Informationsdienst der Gemeinschaft für Forschung und Entwicklung

Informationen zum Projekt Nummer 312851 der EU
»FedSM – Service Management in Federated e-Infrastructures«
http://cordis.europa.eu/project/rcn/104760_de.html

FitSM-offizielle Website

Auf dieser Website stehen die jeweils aktuellen Dokumente zu FitSM-0 bis 6 zum Download zur Verfügung.
http://fitsm.itemo.org

Information Systems Audit and Control Association, ISACA

Inhaber der Rechte an COBIT
http://www.isaca.org

International Organization for Standardization

Inhaber der Rechte an ISO-Normen
http://www.iso.org

IT Education Management Organization e.V., ITEMO

Inhaber der FitSM-Rechte
http://www.itemo.org

itSMF Deutschland e.V.

Anwenderorganisation zu Themen des IT-Service-Managements
http://www.itsmf.de

Websites der Autoren

Anselm Rohrer, *http://rohrer.info*
Dierk Söllner, *http://www.dsoellner.de*
FitSM-Website der Autoren, *www.fitsm.de*

Index

Q

R

S

Nadin Ebel

Basiswissen ITIL® 2011 Edition

Grundlagen und Know-how für das IT Service Management und die ITIL®-Foundation-Prüfung

1. Auflage 2015,
1066 Seiten, Festeinband
€ 59,90 (D)

ISBN:
Print 978-3-86490-147-8
PDF 978-3-86491-606-9
ePub 978-3-86491-607-6

Dieses Lern- und Nachschlagewerk bietet einen umfassenden Einstieg in die aktuelle Version der IT Infrastructure Library und vermittelt das notwendige Wissen zur Vorbereitung auf die ITIL-Basis-Zertifizierung.

Im Mittelpunkt stehen Grundlagenkenntnisse zum IT Service Management und den Inhalten des ITIL Service Lifecycle. Sie lernen die ITIL-Terminologie, -Funktionen und -Kernprozesse kennen und erhalten ein grundlegendes Verständnis zu Planung, Entwicklung, Implementierung und Betrieb von Dienstleistungen in IT-Organisationen.

Robert Scholderer

IT-Servicekatalog

Services in der IT professionell designen und erfolgreich implementieren

1. Auflage 2017,
434 Seiten, Festeinband
€ 49,90 (D)

ISBN:
Print 978-3-86490-396-0
PDF 978-3-96088-160-5
ePub 978-3-96088-161-2
mobi 978-3-96088-162-9

Ein IT-Servicekatalog beschreibt IT-Services, die ein Dienstleister seinen Servicenehmern anbietet, in einer einheitlichen Systematik. Er ist das zentrale Hilfsmittel, um auf Anforderungen des Servicenehmers optimal reagieren oder Service-Level-Agreements präzise erstellen zu können.

Dieses Buch bietet einen praxisorientierten Leitfaden zur Erstellung eines Servicekatalogs oder Optimierung eines bestehenden Servicekatalogs. Dabei werden auf Basis von bewährten Praxislösungen aus über 100 Servicekatalogen relevante Themen wie Servicepreis, Kennzahlen, Katalogorganisation und Orderprozesse behandelt. Weiter wird mit CECAR (Customer Enabled Catalogue ARchitecture) ein Konzept vorgestellt, mit dem Servicekatalog-Manager einen Servicekatalog erstellen und verwalten können. Dabei werden über den Plan-Do-Check-Act-Zyklus zielgerichtete Managementstrategien, Designmodelle, Reifegradbeurteilung und Servicekatalog-Management eingeordnet. Das Buch richtet sich sowohl an Unternehmen mit einer internen IT-Abteilung als auch an externe IT-Service-Provider.

Robert Scholderer

Management von Service-Level-Agreements

Methodische Grundlagen und Praxislösungen mit COBIT, ISO 20000 und ITIL

2., aktualisierte und erweiterte Auflage 2016,
394 Seiten, Festeinband
€ 46,90 (D)

ISBN:
Print 978-3-86490-397-7
PDF 978-3-96088-024-0
ePub 978-3-96088-025-7
mobi 978-3-96088-026-4

Kundenorientierung und ein professionelles Service Level Management (SLM) entscheiden langfristig über den Erfolg von Dienstleistungsunternehmen. Dieses Buch zeigt den Weg zur Professionalisierung der Schnittstelle zwischen Servicenehmer und IT-Dienstleister auf. Nach einem Überblick werden die aktuellen Standards für SLM (COBIT, ITIL, ISO 20000) sowie deren Anwendung anhand von Fallstudien beschrieben. Schwerpunkte bilden dabei in der Praxis anwendbare und belastbare Service Level Agreements (SLAs), das Monitoring von Geschäftsprozessen sowie Nachweise zur Einhaltung von SLAs. Es werden Arbeitskonzepte und Werkzeuge für Service-Level-Manager vorgestellt sowie Stolpersteine bei Service-Level-Agreements.

Die 2. Auflage ist komplett überarbeitet und aktualisiert. Dies betrifft insbesondere die IT-Standards, Entwicklungen im Bereich Servicekatalog und ein neues Pönalenkonzept für Schadensersatzforderungen.

Rezensieren & gewinnen!

Besprechen Sie dieses Buch und helfen Sie uns und unseren Autoren, noch besser zu werden.

Als Dankeschön verlosen wir jeden Monat unter allen neuen Einreichungen fünf dpunkt.bücher. Mit etwas Glück sind dann auch Sie mit Ihrem Wunschtitel dabei.

Wir freuen uns über eine aussagekräftige Rezension, aus der hervorgeht, was Sie an diesem Buch gut finden, aber auch was sich verbessern lässt. Dabei ist es egal, ob Sie den Titel auf Amazon, in Ihrem Blog oder bei YouTube besprechen.

Schicken Sie uns einfach den Link zu Ihrer Besprechung und vergessen Sie nicht, Ihren Wunschtitel anzugeben:
www.dpunkt.de/besprechung oder besprechung@dpunkt.de

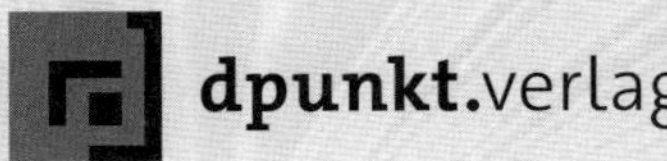

dpunkt.verlag GmbH · Wieblinger Weg 17 · 69123 Heidelberg
fon: 0 62 21/14 83 22 · fax: 0 62 21/14 83 99